交通运输行业高层次人才培养项目著作书系

王笑风　编著
常兴文　刘东旭　主审

路用废旧轮胎胶粉复合改性沥青应用技术

Application Technology of Composite Modified Asphalt with Crumb Rubber Powder for Road Use

人民交通出版社股份有限公司
北京

内 容 提 要

本书对国内外橡胶沥青技术的发展和研究成果进行了系统的回顾，对作者及其科研团队在路用废旧轮胎胶粉复合改性沥青领域开展的科研、设计、咨询和工程应用成果进行了全面的总结。主要内容包括：导论、橡胶沥青的作用机理及性能影响因素、废旧轮胎胶粉改性沥青技术要求、湿法工艺废旧轮胎胶粉复合改性沥青混合料配合比设计、干拌直投复合改性胶粉沥青混合料配合比设计、橡胶沥青应力吸收层应用技术研究、湿法工艺废旧轮胎胶粉复合改性沥青技术应用案例、干拌直投复合改性胶粉技术应用案例以及橡胶沥青混合料设计与施工质量智能控制系统等。本书内容对路用废旧轮胎胶粉复合改性沥青技术的推广应用具有重要的指导意义。

本书可供从事公路与城市道路设计、施工和科研人员使用，也可供相关专业高等院校教师和研究生等参考。

图书在版编目(CIP)数据

路用废旧轮胎胶粉复合改性沥青应用技术 / 王笑风编著. — 北京 : 人民交通出版社股份有限公司, 2019.12

ISBN 978-7-114-15525-3

Ⅰ. ①路… Ⅱ. ①王… Ⅲ. ①旧轮胎—粉末橡胶—橡胶沥青—研究 Ⅳ. ①TE626.8

中国版本图书馆 CIP 数据核字(2019)第 081627 号

交通运输行业高层次人才培养项目著作书系
Luyong Feijiu Luntai Jiaofen Fuhe Gaixing Liqing Yingyong Jishu

书　　名：**路用废旧轮胎胶粉复合改性沥青应用技术**
著 作 者：王笑风
责任编辑：潘艳霞
责任校对：孙国靖　扈婕
责任印制：刘高彤
出版发行：人民交通出版社股份有限公司
地　　址：(100011)北京市朝阳区安定门外外馆斜街 3 号
网　　址：http://www.ccpress.com.cn
销售电话：(010)59757973
总 经 销：人民交通出版社股份有限公司发行部
经　　销：各地新华书店
印　　刷：北京虎彩文化传播有限公司
开　　本：787 × 1092　1/16
印　　张：14.75
字　　数：333 千
版　　次：2019 年 12 月　第 1 版
印　　次：2019 年 12 月　第 1 次印刷
书　　号：ISBN 978-7-114-15525-3
定　　价：90.00 元
(有印刷、装订质量问题的图书，由本公司负责调换)

书系前言

Preface of Series

进入21世纪以来，党中央、国务院高度重视人才工作，提出人才资源是第一资源的战略思想，先后两次召开全国人才工作会议，围绕人才强国战略实施做出一系列重大决策部署。党的十八大着眼于全面建成小康社会的奋斗目标，提出要进一步深入实践人才强国战略，加快推动我国由人才大国迈向人才强国，将人才工作作为“全面提高党的建设科学化水平”八项任务之一。十八届三中全会强调指出，全面深化改革，需要有力的组织保证和人才支撑。要建立集聚人才体制机制，择天下英才而用之。这些都充分体现了党中央、国务院对人才工作的高度重视，为人才成长发展进一步营造出良好的政策和舆论环境，极大激发了人才干事创业的积极性。

国以才立，业以才兴。面对风云变幻的国际形势，综合国力竞争日趋激烈，我国在全面建成社会主义小康社会的历史进程中机遇和挑战并存，人才作为第一资源的特征和作用日益凸显。只有深入实施人才强国战略，确立国家人才竞争优势，充分发挥人才对国民经济和社会发展的重要支撑作用，才能在国际形势、国内条件深刻变化中赢得主动、赢得优势、赢得未来。

近年来，交通运输行业深入贯彻落实人才强交战略，围绕建设综合交通、智慧交通、绿色交通、平安交通的战略部署和中心任务，加大人才发展体制机制改革与政策创新力度，行业人才工作不断取得新进展，逐步形成了一支专业结构日趋合理、整体素质基本适应的人才队伍，为交通运输事业全面、协调、可持续发展提供了有力的人才保障与智力支持。

“交通青年科技英才”是交通运输行业优秀青年科技人才的代表群体，培养选拔“交通青年科技英才”是交通运输行业实施人才强交战略的“品牌工程”之一，1999年至今已培养选拔282人。他们活跃在科研、生产、教学一线，奋发有为、锐意进取，取得了突出业绩，创造了显著效益，形成了一系列较高水平的科研成果。为加大行业高层次人才培养力度，“十二五”期间，交通运输部设立人才培养专项经费，重点资助包含“交通青年科技英才”在内的高层次人才。

人民交通出版社以服务交通运输行业改革创新、促进交通科技成果推广应用、支持交通行业高端人才发展为目的,配合人才强交战略设立"交通运输行业高层次人才培养项目著作书系"(以下简称"著作书系")。该书系面向包括"交通青年科技英才"在内的交通运输行业高层次人才,旨在为行业人才培养搭建一个学术交流、成果展示和技术积累的平台,是推动加强交通运输人才队伍建设的重要载体,在推动科技创新、技术交流、加强高层次人才培养力度等方面均将起到积极作用。凡在"交通青年科技英才培养项目"和"交通运输部新世纪十百千人才培养项目"申请中获得资助的出版项目,均可列入"著作书系"。对于虽然未列入培养项目,但同样能代表行业水平的著作,经申请、评审后,也可酌情纳入"著作书系"。

高层次人才是创新驱动的核心要素,创新驱动是推动科学发展的不懈动力。希望"著作书系"能够充分发挥服务行业、服务社会、服务国家的积极作用,助力科技创新步伐,促进行业高层次人才特别是中青年人才健康快速成长,为建设综合交通、智慧交通、绿色交通、平安交通做出不懈努力和突出贡献。

交通运输行业高层次人才培养项目
著作书系编审委员会
2014 年 3 月

作者简介

Author Introduction

王笑风，1974 年生，河南新乡人，博士后经历，正高级工程师，交通运输部中青年科技创新领军人才，中原科技创新领军人才，河南省学术技术带头人，第九届中国公路青年科技奖获得者，河南十大工程设计大师，长安大学、河南工业大学硕士导师。

主持参与 1000 余公里高速公路改扩建及 6000 余公里公路养护工程勘察设计，主持多项科研项目，获得多项省部级奖励。

研究方向：公路改扩建及养护设计，管养系统平台开发，道路施工与检测，路面新材料、新技术、新工艺的研发与推广。

前　言

Foreword

路用废旧轮胎胶粉复合改性沥青技术以废旧轮胎循环再生利用为核心，将废旧轮胎加工成胶粉并用于沥青及沥青混合料，不仅解决了废旧轮胎黑色污染的问题，实现了废旧轮胎变废为宝的目的；而且大量实践表明，可以有效改善沥青及沥青混合料的路用性能，具有良好的环保效益和技术优势，是现阶段废旧轮胎无害化、资源化、"一站式"利用的主要途径之一。

为加快落实党的十九大关于建设美丽中国的战略部署，加强固体废弃物处理，建立健全绿色低碳循环发展的经济体系，政府相关部门相继出台了一系列支持路用废旧轮胎胶粉技术推广应用的政策，目前全国大约有三分之二的省（自治区、直辖市）已经使用废旧轮胎胶粉改性沥青技术，铺筑超过4000km各等级橡胶沥青路面。

我国早在20世纪80年代就开展了路用废旧轮胎胶粉改善沥青技术的研究，经过近40年的研究应用，路用废旧轮胎胶粉技术得到了长足的发展：湿法工艺由胶粉+基质沥青的单一改性技术逐步发展为胶粉+基质沥青、胶粉+聚合物外加剂复合改性等多种改性技术；对于干法工艺，则经历了由添加普通胶粉向添加胶粉改性剂的新型干法工艺的转变，实现了胶粉改性剂对混合料的双重改性效应。新技术的发展进一步增强了橡胶沥青混合料的环保效益和综合路用性能表现，改善了橡胶沥青混合料的施工和易性，有效降低了橡胶沥青路面全寿命周期的使用成本。

笔者及其科研团队长期致力于橡胶沥青路面的研究工作，见证了我国橡胶沥青路面技术从初期应用到技术升级的全过程，深感在应用过程中理论与经验相结合的重要性。为此，笔者组织编写了《路用废旧轮胎胶粉复合改性沥青应用技术》一书，重点对长期以来在废旧轮胎胶粉复合改性沥青技术方面的研究成果和工程应用经验进行总结，以期为胶粉复合改性沥青技术的应用提供一定的参考。

本书共9章内容，在编写过程中：长安大学王振军教授、长沙理工大学吕松涛教授、上海交通大学王仕峰研究员参与了相关试验研究和数据分析，河南宛龙高速公路有限公司赵志刚及中国建筑第七工程局有限公司毋存粮、冯大阔参与了部分技术应用案例组织实施和技术总结，许昌金欧特沥青股份有限公司徐琦参与了路用废旧轮胎胶粉复合改性沥青生产工艺研究，河南省交通规划设计研究院股份有限公司杨博、万晨光、郝孟辉、褚付克、田延峰、陈蒙蒙参与了相关试验分析、数据处理与书稿整理工作，在此一并表示感谢。

由于编著者水平所限，书中疏漏和不妥之处在所难免，恳请读者不吝批评指正。

作　者

2019年1月

目　　录

Contents

第1章　导　　论

橡胶沥青(Asphalt Rubber)是废旧轮胎(简称废胎)经粉碎后制成的橡胶粉(CRM)和沥青拌和而成的一种产物,美国材料试验协会(American Society of Testing Materials,ASTM)将橡胶沥青定义为由沥青、回收轮胎橡胶粉以及一定的添加剂组成的混合物,其中胶粉含量不少于结合料质量的15%,且要求橡胶颗粒能够在热沥青中发生充分的溶胀反应。

橡胶改性沥青混合料是一种综合性能较为均衡的道路面层材料,不仅具有良好的抗车辙性能和低温抗裂性能,还具有良好的抗疲劳性能和降低交通噪声的功能(这得益于橡胶颗粒的弹性材料性质),能够有效延长沥青路面的使用寿命。同时,将废旧轮胎加工而成的胶粉制备成橡胶沥青,铺筑沥青路面,可以减轻废旧轮胎给环境带来的压力,具有显著的经济和社会环境效益,也符合我国当前建设节约型社会和发展循环经济的政策。

1.1　橡胶沥青的应用背景

伴随着汽车运输行业的快速发展,世界上每年产生大量废弃橡胶轮胎,据统计,全球每年报废轮胎约20亿条,仅美国一个国家每年废弃的车辆轮胎就达2.82亿条,现已积存废旧轮胎超过20亿条等待处理。我国2017年废旧轮胎已超过3亿条,质量超过1080万t,并以每年8%~10%速度增长。

废旧轮胎被称为“黑色污染”,属于国际上公认的有害工业固体废弃物。由于废旧轮胎具有很强的耐热、耐老化和难以降解的属性,使得在对其进行填埋、堆积处理时占用大量土地(图1-1),并给自然环境、生态环境、人类健康和植被生长带来严重危害。同时,大量堆放的废旧轮胎极易引起火灾(图1-2),进而产生大量有毒烟雾和油类污染物,对环境造成不可逆转的伤害,因此,废旧轮胎的妥善处理愈来愈得到全球关注。

图1-1　废旧轮胎堆积成山

图1-2　废旧轮胎对环境的污染

另一方面,废旧轮胎中含有大量天然橡胶、合成橡胶(如丁苯橡胶、顺丁橡胶等)、炭黑和硫黄等成分,我国虽为世界橡胶制品的生产大国,但橡胶资源却较为匮乏,无害化、资源化地利用废旧轮胎将对社会经济的可持续发展、缓解环境污染和橡胶资源匮乏带来的压力起到积极的作用,已经成为我国建设“资源节约、环境友好”型社会亟待解决的问题。目前我国的废胎分类利用情况如下:

40%用于生产再生橡胶;10%生产橡胶粉,主要用于制备改性沥青,铺筑沥青路面或生产防水卷材;10%用于码头防冲击设施,制作鞋底等制品;10%用于裂解制燃料油和炭黑;6%用作翻新后再利用;24%散落在大西北和大西南山区,因交通不便、运费昂贵而处于堆积状态。根据调查统计结果,2018年、2019年废旧轮胎生产量分别为1220万t、1280万t,回收量分别为580万t、616万t,未来三年废旧轮胎生产量与回收量预测如图1-3所示。

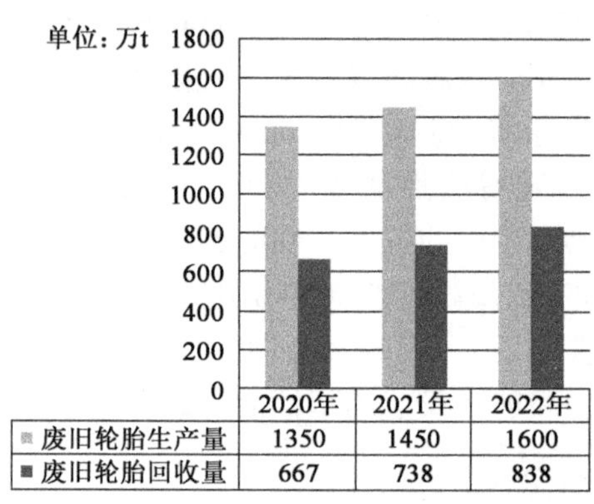

	2020年	2021年	2022年
废旧轮胎生产量	1350	1450	1600
废旧轮胎回收量	667	738	838

图1-3 未来三年废旧轮胎产量及回收量预测

从以上数据来看,当前将废胎加工成胶粉并作为沥青改性剂应用于道路工程建设已得到了广泛的关注,这也是大量处理废旧轮胎,将废胎无害化、资源化利用的主要途径之一。这种再生利用方法不仅可以达到废弃物“一站式”的无害化处理和利用,并能够显著改善沥青面层性能、提高道路耐久性,对于新建路面可以起到减薄面层厚度、提高使用寿命的作用,且对于旧路改建或罩面项目,能够起到减缓原路面反射裂缝、减轻行车噪声的作用,这与我国现阶段交通基础设施建设对道路的使用性能和使用寿命要求越来越高、越来越注重节约资源和环保的大的政策背景不谋而合。

目前,全国大约有三分之二的省(自治区、直辖市)正在使用橡胶改性沥青。2016年7月,河南省交通运输厅召开的“全省交通运输环境保护和节能减排工作攻坚推进电视电话会议”特别提出要充分利用废旧轮胎橡胶粉制作新材料,以加快新型技术应用,积极改善交通生态环境;2017年,河南省交通运输厅印发的《关于加快推进建筑废弃物再生利用等四项科技成果推广应用的指导意见》明确提出“鼓励各种等级公路新建和改建工程在沥青路面各结构层位应用废胎胶粉改性沥青”,这些都为废旧轮胎橡胶粉在公路路面工程中的应用提供了政策支持。

废旧轮胎橡胶粉在沥青路面的应用中主要有湿法和干法两种工艺。

湿法工艺是指先将废胎胶粉和沥青在高温条件下加工形成橡胶沥青,再与矿料拌和生产橡胶沥青混合料的生产方法。废胎胶粉的加入会增加沥青的黏度,当胶粉掺量太大时,会导致橡胶沥青泵送、施工困难,所以从技术、经济的角度出发,胶粉的用量不宜超过基质沥青的20%。现阶段,湿法工艺橡胶沥青技术已十分成熟,且性能稳定,常用于铺筑高等级公路的沥青面层或应力吸收层,依靠提高橡胶沥青混合料在生产、摊铺、碾压过程中的温度要求,来满足施工和易性要求，通常较 SBS 改性沥青混合料提高 20℃，甚至需要达到 200℃，较高的拌和、施工温度下沥青容易老化，会在一定程度上影响混合料的性能。同时，对于湿法工艺，需要增加现场橡胶沥青生产设备，这在一定程度上增加了湿法橡胶沥青的生产成本。另外，湿法工艺橡胶沥青还存在存储稳定性较差以及空气污染和劳动保护问题。

干法工艺是将废胎胶粉不经过与基质沥青混溶环节，直接投入拌和锅用于生产沥青混合料的工艺。与湿法工艺相比，干法工艺常因配合比设计不当、混合料不易压实等原因导致沥青路面性能不稳定，胶粉与沥青反应时间短、对沥青改性不充分也是造成干法工艺沥青混合料性能不稳定的重要因素，这样会导致沥青路面在早期出现裂缝、剥落和坑槽等病害，因此在现阶段的应用上受到很大的限制。除了上述存在的问题，干法工艺在以下几方面具有明显优势：

(1)可将胶粉直接加入到集料中进行拌和，施工工艺简单，污染物排放量低。

(2)无须在普通热拌沥青混合料生产设备的基础上增加设备，较湿法工艺更有经济优势。

(3)混合料具有比湿法工艺更优越的高温稳定性，同时还使沥青路面具有优良的抑冰、破冰及抗滑性能。

(4)胶粉掺量大，可以消耗更多的废旧轮胎胶粉。

随着研究的不断深入，湿法与干法工艺都在不断改进，以期达到更好的改性效果。本书将在回顾橡胶沥青技术历史的基础上，对湿法和干法橡胶沥青的改性机理、混合料设计方法、路用性能表现及在河南省的典型应用案例进行重点介绍，以供道路工作者参考使用，进而创造出更大的社会和经济效益。

1.2　橡胶沥青技术的历史回顾

1.2.1　国外橡胶沥青技术的历史回顾

橡胶沥青在工程上的应用主要集中于应力吸收层、新建结构层、结构加铺层以及排水磨耗层等。从 20 世纪起各国开始致力于废旧轮胎的废物再利用，因此对橡胶沥青技术的发展前景逐步看好，其中美国、日本、德国等发达国家对橡胶沥青的研究尤为突出，下面主要针对国外几个国家以及国内的橡胶沥青技术的发展历史及现状进行总结回顾。

1)美国

美国是世界上汽车保有量最多的国家，每年产生数以亿计的废旧轮胎，美国对废旧轮胎的利用主要集中在从废旧轮胎中回收能量、制造橡胶再生产品、热解、应用于铺面沥青中等几个方面。1982—1986 年，美国用废旧胶粉作为沥青改性剂制备改性沥青铺筑的试验路达到了 210 个路段，共 1.1 万 km，观察发现，路面的稳定性能和防冻性能都有所提高，路面维修费用减少。

1968 年，美国亚利桑那州开始研究橡胶沥青，成功将废胶粉与热沥青混合，20 世纪 80 年代以后，更多的州加入了橡胶沥青的研究开发。这一阶段用 PlusRide 铺设了 7 段试验路，结果表明橡胶粉试验路有更好的低温抗裂性能，图 1-4 所示是早期橡胶沥青铺设的美国州际高速公路。

图 1-4　橡胶沥青铺设的美国州际高速公路

亚利桑那州交通厅很早就采用湿法工艺生产高黏度橡胶沥青。1964 年，在亚利桑那州交通厅(ADOT)的推动下，橡胶沥青作为一种养护的辅助措施使用，在很多州县的试验路中取得了成功。整个州气候多样，既有高热低海拔沙漠地区，又有高海拔低温地区。亚利桑那州运输部的惯例做法是在现存或新建的路面上加铺橡胶沥青混凝土磨耗层(AR-ACF)，这样既能保证良好的抗滑性能，又能延缓面层由于环境因素引起的老化。AR-ACFC 混合料采用高含量的湿法工艺高黏度橡胶沥青，混合料油石比高达 9% ~9.5%，如此高的胶结料含量使得混合料具有很强的抗反射裂缝和抗疲劳开裂能力。1968—1972 年，该州先后在 6 个项目中使用橡胶沥青碎石封层。1972 年，亚利桑那州交通厅使用橡胶沥青封层或 SAM，实施了第一个现场试验。1974—1989 年，该州有近 660 英里[1]使用了 SAM 或 SAMI。

自 1988 年以来，亚利桑那州已经建设了 2500km 使用良好的橡胶沥青路面，消耗废旧轮胎 8.6 亿条。亚利桑那州的橡胶沥青结合料一般采用 80% 的基质沥青 +20% 的橡胶粉。根据路面类型、现场条件和气候条件，采用两种橡胶沥青混合料：一种是作为抗滑表层的开级配混合料，设计孔隙率不小于 15%，结合料含量不小于 9%；另一种是密级配混合料，设计孔隙率为 5% 左右，这种混合料的细集料比较少，形成类似于 SMA 的断级配形式，结合料含量一般为 7.5% ~8.5%。

1978 年，加利福尼亚州第一条橡胶沥青路面正式在 Meyers Fat 的 SR 50 上竣工，采用的是干法工艺橡胶沥青混合料。1978 年，加利福尼亚州运输部采用湿法工艺制备了高黏度橡胶沥青，并将其用于生产橡胶沥青密级配混合料，用于 SR 50 和 Donner summit 公路铺筑。结果显示，橡胶沥青混凝土路面在抵抗轮胎表纹摩擦和抗反射裂缝方面效果显著。

1983—1986 年，阿拉斯加州用 PlusRide 法铺设了 8 段总计 45km 的橡胶沥青路面，并于 1988 年首次应用了湿法工艺。1996 年美国学者 Saboundjian 采用弯曲梁疲劳试验、约束试件温度应力试验和佐治亚轮辙试验等试验方法，对这些使用时间达 7 ~17 年的橡胶沥青路面及对比路段进行了使用性能评价。结果表明，虽然室内试验结果表明橡胶沥青混合料抗疲劳性能较普通沥青路面有很大改善，但实际工程中表现并不明显，而抗低温裂缝方面橡胶沥青混合料则有着优良的表现。

1983—1991 年，俄勒冈州分别铺设了干法和湿法工艺的橡胶沥青试验路，在工程完工 10 年后，通过对橡胶沥青路面使用性能的观测得出了如下结论：

[1] 1 英里 =1609.344m，下同。

(1)橡胶粉的加入使得材料的模量等指标有比较大的下降,但劈裂性能大大增加;

(2)橡胶粉的加入显著改善了路面的抗低温开裂能力;

(3)在认真施工的条件下不会发生比普通沥青路面更多的水损坏。

1990—1993 年,弗吉尼亚州用 MacDonald 法(掺量约 18%)和 Rouse 法(掺量 5%、10%)铺筑了 5 段试验路。经过 4 年的行车荷载作用后对试验段进行性能检测,结果表明,添加橡胶沥青的路段比未添加的路段的车辙深度小、抗滑性能有所提高,但是抗裂性能没有很大的区别。

迫于轮胎带来的环境压力,美国甚至于 1991 年通过了陆上运输经济法案(ISTEA),同时配合积极的技术推广,大多数州也相继启动了相关立法程序,极大地促进了废旧轮胎在道路工程中的应用,废胎胶粉路用研究进入了新的阶段。截至 1993 年,美国已有 27 个州对橡胶粉改性沥青及沥青混合料进行了研究,橡胶沥青混合料在 38 个州的路面工程中得到了应用,它们大多使用湿法工艺,将橡胶沥青作为一种常规公路沥青路面材料来使用,并制定了完整的质量控制规范。华裔专家黄宝山和 Louary N. Mohammad 等对美国橡胶沥青技术研究成果进行了总结,其研究对象包括美国常用的 8 种橡胶粉改性沥青技术,分别为:

(1)亚利桑那州的湿法工艺间断级配橡胶沥青混合料;

(2)亚利桑那州的湿法工艺 SAMI;

(3)亚利桑那州的湿法工艺开级配橡胶沥青磨耗层;

(4)PlusRide 干拌工艺间断级配橡胶沥青混合料;

(5)Rouse 湿法工艺密级配橡胶沥青混合料;

(6)Terminal-blended 集中拌和工艺密级配橡胶沥青混合料;

(7)Rouse 干拌工艺密级配橡胶沥青混合料;

(8)Generic 干拌工艺间断级配橡胶沥青混合料。

2)日本

日本在橡胶沥青技术方面的研究起步较晚,但自 1952 年在东京都祝天桥附近首先用 NR 胶粉改性沥青铺筑试验路以来,改性道路沥青的研究及应用迅速发展。1963 年,在名古屋至神户高速公路铺设了 SBR(丁苯胶)改性沥青试验路,1968 年前后扩大到全国。日本从 20 世纪 70 年代末期参考瑞典的资料,开始进行防冻路面的研究开发,采用日本国内使用的沥青混合料试验方法进行室内试验,从 1979 年开始,日本已在北海道及本州的山间公路上铺筑了十几处掺橡胶颗粒的沥青路面。该路面在有积雪的情况下具有较好的防滑性能,但由于橡胶颗粒的混入,路面不易达到充分的密实度。施工时,由于要掺入弹性材料,所以在碾压时难以获得充分的压实效果,使强度和耐久性下降。为此,进行摊铺时首先使用兼作初期压实效果大的振动夯实摊铺机,而在压实时使用水平振动压路机。

20 世纪 70 年代后,日本对橡胶改性沥青的研究步入了高潮阶段,1983 年开发的改性Ⅰ型、Ⅱ型和“筑波 1 号”最具代表性。20 世纪 90 年代后,为进一步提高改性沥青的性能,日本合成橡胶公司相继开发出改性 SBR(丁苯胶)胶乳等改性剂。日本试验研究认为,使用橡胶沥青作为结合料铺筑密级配路面,其使用寿命可明显延长,而对于 SMA 混合料,可以不添加纤维,如果在橡胶沥青中再添加其他添加剂,可进一步提高其性能,橡胶沥青路面施工完全可以采用常规的施工机具。日本在对橡胶沥青的研究过程中将橡胶沥青的优越性总结为以下几点：

(1)橡胶沥青具有良好的低温性能，即使在很低的温度下，路面仍具有一定的弹性；

(2)橡胶沥青材料的特殊性增强了轮胎与路面之间的滑动阻力，增加了路面行驶安全性；

(3)很大程度地降低了车辆的行驶噪声；

(4)提高了路面的耐磨性能。

3)南非

南非的橡胶沥青在公路行业中的应用十分成功，自20世纪60年代至今已有几十年的研究和应用历史，和美国加利福尼亚州一样拥有历时20~25年仍然完好的橡胶沥青路面。图1-5所示为橡胶沥青铺设的南非国道开普N2从1989年至2002年的对比图。应用领域包括混合料、应力吸收层、应力吸收中间层等，基本上已经拥有了一整套橡胶沥青相关的技术指标，相关理论及施工工艺也趋于成熟。据了解，目前南非60%以上的道路沥青使用橡胶沥青，而且根据其经验，认为对于超重轴载的使用环境，橡胶沥青混凝土尤为有利。

a)1989年

b)2002年

图1-5　1989—2002年的南非国道开普N2

4)德国

橡胶沥青在高温下的黏度要比普通沥青高很多，因此施工和易性较差，必须相应提高橡胶沥青混合料在生产、摊铺、碾压过程中的温度要求，这一方面增加了功耗，降低了橡胶沥青混合料的经济性，另一方面，过高的温度会加速沥青的老化，进而影响其性能表现。为缓解这种情况，德国Degussa公司研发的辛烯聚合物橡胶连接剂(Trans-Polyoctenamer Rubber Reactive Modifier，TOR)就是一个成功的例子。TOR是一种白色颗粒，是一种具有双键结构的聚合物。它可以将硬沥青质和软沥青质中的硫与橡胶屑表面的硫交联起来形成一大环状和链状聚合物组成的网状结构。连接剂可以降低橡胶沥青的黏度，同时加速胶粉与沥青的反应效率。大量的试验和工程应用经验表明，TOR连接剂在改善橡胶沥青的相容性和提高橡胶沥青混合料的施工和易性方面具有良好的效果。

TOR连接剂在干法(维他干法)和湿法工艺中均有应用。维他干法是指在拌和时，将胶粉(胶粉和TOR按照比例配好)在干拌时加入拌锅，然后再加入沥青，拌成橡胶沥青混合料的生产工艺。该工艺同样无须增加额外设备。湿法是指用胶粉和沥青生产成橡胶沥青，将橡胶沥青作为胶结料加入拌锅，拌成混合料的生产工艺。

5)其他国家与地区

在积雪寒冷地区和路面容易冻结的山间道路,为了确保车辆的行驶要求,需采用具有抑制冻结功能的路面。当路面具有弹性时,通过车轮行驶荷载将路面结冰层破碎、融解,进而防止冻结的路面称作物理式冻结抑制路面。掺入橡胶颗粒的沥青路面就是这种利用橡胶颗粒弹性的物理式冻结抑制路面。该路面的基本概念是在20世纪60年代由瑞典道路研究所提出的。它是将橡胶颗粒作为部分粗集料掺入,从而形成使部分橡胶颗粒突出于路表面的面层。使用的橡胶颗粒是将废旧轮胎(苯乙烯、丁二烯橡胶系、加硫橡胶)切碎,去除异物并进行分级,使之成为6mm以下的颗粒,掺入量为集料质量的2% ~4%,级配为开级配,与常规的混合料相比,沥青用量增加1.5 ~2倍。

英国的科拉斯公司开发了自己的废旧橡胶粉改性沥青路面技术,在布拉克内尔铺设了第一条橡胶沥青路面。试验结果显示,加入橡胶粉的沥青路面将路面噪声降低了70%,充分证明了橡胶沥青路面的降噪效果。英国于1998年将7月1日定为"全国反噪日"。

多空隙路面发源于法国,1990年,法国铺筑了第一条橡胶沥青路面,截至1995年,橡胶沥青多孔隙混凝土已经累计摊铺了超过100万m^2路面。法国学者Alain Sainton通过室内研究表明:在抵抗重交通、保持持久排水性能、抗剪切、抵抗不良气候影响等方面,橡胶粉改性PAC与普通PAC相比,具有明显的优势。

除了以上国家,橡胶沥青技术在葡萄牙、西班牙、澳大利亚和巴西也均有应用,这些国家针对本国的环境、交通特点,发展出了适合自己的橡胶沥青路面应用技术。

国际上橡胶沥青及橡胶沥青混凝土的发展历程:20世纪60 ~70年代,主要研究橡胶沥青在应力吸收层中的应用技术。70年代中期,橡胶粉应用领域的重点转向沥青混合料,并首先在开级配沥青混合料中应用。70年代后期,在以连续级配为主的密实型沥青混合料中开始应用橡胶沥青。80年代后期,橡胶沥青主要应用于间断级配沥青混合料中,并且通过多年的研究和应用经验总结,大多数国家沥青路面技术指南中都明确要求橡胶沥青混合料宜采用间间断级配。进入90年代以后,"可持续发展"的理念越来越被人们提及,人类面临着资源、环境、社会、经济协调发展的新挑战:随着汽车行业的飞速发展,大量废旧轮胎将面临处理问题;社会和经济的发展导致了大量公路基础设施的建设,路面建设将面临严重的资源匮乏问题;普通路面材料造成的噪声、大气、水污染也同时出现。保护环境、节约能源、性能良好的橡胶沥青的使用迎合了"可持续发展"这一理念,橡胶沥青应用技术得以飞速发展。

总的来说,美国、日本、英国、法国等发达国家对湿法工艺研究时间长、应用范围广,各国应用技术已经较为成熟。湿法工艺生产的橡胶沥青可对基质沥青起到改性作用,可作为密级配、间断级配或开级配沥青混凝土的胶结料,可以显著地提高沥青混合料的性能。湿法橡胶沥青技术经过半个多世纪的发展,已从单一的胶粉与基质沥青的融合发展到胶粉与SBS等添加剂形成复合型橡胶改性沥青,所用胶粉类型、胶粉掺量及胶粉颗粒大小向着既统一又各有特点的方向发展,生产工法也呈现出现场湿法、工厂化、成品湿法的多元化新格局。成品湿法橡胶沥青由于具有胶粉掺量大(15%以上)、黏度高、存储稳定性好、使用性能好的特点,得到了推广应用。

总体来看,干法工艺在世界各国的应用量相对较少,尽管与湿法相比在施工工艺、设备要求等方面具有一定优势,但现阶段仍存在一些问题。新型干法工艺也只是近几年才应用到实际工程中，虽然早期路用性能表现优异，但仍缺乏全面、系统的研究。

1.2.2 国内橡胶沥青技术的历史回顾

我国对橡胶改性沥青的研究起步较晚，但发展较快。20 世纪 80 年代初，出于改善国产沥青性能的目的，同济大学率先与江西省公路局合作，在多蜡沥青或渣油中掺加 30 目胶粉来制备橡胶沥青，研制出了简单的橡胶沥青生产设备并铺筑了试验段，验证了橡胶沥青的路用价值。依据研究成果，江西省在全省范围内大规模铺筑橡胶沥青路面，此后 10 年累计铺筑里程达 400 多公里，对改善当时沥青路面行车条件起到了积极作用。

20 世纪 90 年代，我国发展橡胶沥青技术具备了一定的基础和条件，但技术瓶颈仍没有得到根本解决，广大科研人员和工程技术人员仍在不断探索和积累经验。该时期浙江杭州市公路局在萧山区大力推广应用橡胶沥青路面，路面较好地满足了大交通量的行车需求。同时，江苏常州等城市市政部门也积极在市政道路上铺筑橡胶沥青路面，取得了较好的效果。到了 20 世纪 90 年代后期，随着 SBS、SBR 等改性沥青加工技术的发展及其良好的性能表现，聚合物改性沥青开始在我国沥青路面中全面应用，但废胎胶粉在路面工程中的研究与应用发展缓慢。1995—1998 年铺设的试验路段见图 1-6。

a) 北京小红门

b) 广东韶关国道

图 1-6 1995—1998 年铺设的试验路段

进入 21 世纪，国家提倡建设生态文明，保护环境和自然资源，同时，我国汽车工业发展迅猛，随着国外橡胶沥青技术及成套装备先后进入我国，并在一些公路项目上得到应用，橡胶沥青混合料在我国进入快速发展阶段。

2001 年，交通部科教司、西部办在第一批交通部西部科技项目中专门立项开展“废旧橡胶粉用于筑路技术的研究”。该项目由交通部公路科学研究院主持，联合同济大学、长沙理工大学以及河北、山东、广东、四川、贵州等省的公路部门开展联合公关，研究主要以干拌工艺为主，对橡胶沥青以及橡胶沥青混合料的路用性能及力学特性开展了研究，提出了橡胶沥青的改性工艺和控制指标，以及橡胶沥青混合料的设计方法和技术标准。同年，交通部公路科学研究院首次在钢桥桥面铺装中使用橡胶沥青混凝土，胶粉掺量为沥青用量的 30%。该铺装结构经受了 4 个夏季重交通考验，各项性能指标保持良好。

2003 年，北京市交通委员会“废胎胶粉改性沥青应用研究”项目立项。该项目由北京市路政局、交通部公路研究院和另外两家公司联合承担，项目以湿法工艺研究为主，依托研究成果编制了我国第一部橡胶沥青地方性应用指南《北京市废胎胶粉沥青及混合料设计施工技术指南》。2004年,我国从美国引进了第一套橡胶沥青加工设备和橡胶沥青热洒铺设备,同年,依托北京顺义顺平路铺筑了橡胶沥青试验路,2006—2007年,北京铺筑了多条橡胶沥青路面,总面积超过10万m^2。

2001—2006年,河北、山东、广东、四川等地先后将橡胶沥青混合料应用于新建和改建道路面层,干法工艺和湿法工艺均有采用,并对实体工程进行跟踪调查,总结了橡胶沥青混合料的设计和施工经验。2006年3月,中国公路学会在海南海口举办了"橡胶沥青在路面工程中应用技术交流会",总结了我国在橡胶沥青路面领域的设计和施工经验。

2007年,交通部公路科学研究院承担的"橡胶粉在筑路工程中的应用"项目被列为交通部第一批科技推广项目,并联合多家单位在北京召开了"废胎胶粉在沥青路面中应用技术交流会"。同年,橡胶沥青混合料在奥林匹克水上公园周边道路、首都机场南线高速公路工程等奥运工程中全面使用,展现了我国建设"资源节约、环境友好"型社会的决心。

2008年,交通运输部编制了《废胎胶粉沥青及混合料设计施工技术指南》,并出版了《橡胶沥青及混凝土成套技术》专著,同时,"橡胶沥青加工工法""橡胶沥青混凝土施工工法""热洒布式改性沥青(橡胶沥青)防水黏结层施工工法"被确定为中国公路工程工法。

2009年,安徽六武高速公路采用AR-AC20橡胶沥青混合料作为中面层材料。材料高温稳定性、水稳定性和低温性能室内试验结果表明,该项目所采用的AR-AC20橡胶沥青混合料综合性能良好。

2010年,广西隆百高速公路顺利开展了橡胶沥青路面的铺筑工作。该项目全长177.5km,其主线路面大规模采用橡胶沥青摊铺。这是我国第一条全线大规模采用橡胶沥青混合料铺筑的高速公路,在我国高速公路路面施工中尚属首例。

2011年,崇启通道上海段高速公路主线沥青路面全线贯通,设计者成功应用了具有抗变形、降噪功能的橡胶沥青混凝土路面。同年,陕西西铜高速公路主线沥青路面上面层采用4cm橡胶沥青混合料铺筑,全线24km,是橡胶沥青在陕西省内首次在高速公路上的大面积应用。得益于橡胶沥青混凝土路面的良好性能表现,2013—2015年,与西铜高速公路相连的铜黄高速公路主线沥青路面上面层同样采用4cm橡胶沥青混合料铺筑。

2015年开建的安徽省蚌埠至五河高速公路沥青路面上面层采用AC-13橡胶沥青混合料,全线62km,这是安徽省另一个大面积采用橡胶沥青路面的高速公路项目,可为我国橡胶沥青路面技术的完善和发展提供丰富的实践经验。

河南省作为我国交通大省,近年来也开展了橡胶沥青路面的研究和应用工作,河南省交通规划设计研究院股份有限公司承担了2014年河南省交通运输厅科技项目"废胎胶粉橡胶沥青应用技术研究",提出了废胎胶粉及其改性沥青技术标准,编制了河南省地方标准《废胎胶粉复合改性沥青路面施工技术规范》(DB 41/T 1286—2016),并将研究成果成功应用于宁洛高速公路漯周界段、平顶山至临汝高速公路、许平南高速公路等河南省内多个重点项目,合计超过200km的高速公路和市政道路。2017年,该公司又承担了河南省交通运输厅科技项目"干拌直投废胎胶粉改性沥青混合料应用技术",重点对干拌直投废胎胶粉复合改性剂、干法工艺矿料级配设计、混合料配合比设计和路用性能表现以及干法工艺橡胶沥青混合料的施工关键技术展开系统的研究，依托研究成果编制了河南省地方标准《干拌废胎胶粉改性沥青路面施工技术规范》(DB 41/T 1611—2018)，并将研究成果应用于许平南高速公路、机西二期高速公路项目，取得了良好的效果。

综合国内研究现状可知，对于湿法工艺橡胶沥青混合料，国内经历了由"普通胶粉+基质沥青"到"胶粉+SBS或PE等高聚物改性剂+基质沥青"的发展历程，现阶段湿法工艺应用技术已较为成熟，混合料性能也十分稳定。

对于干法工艺橡胶沥青混合料，近年来其应用技术经历了由"普通胶粉+沥青"的传统干法工艺到"普通胶粉+TOR等连接剂+沥青"和"改性胶粉+沥青"的新干法工艺的转变。传统干法工艺中，橡胶粉或橡胶颗粒用来代替混合料中的部分细集料，主要起到物理填充作用，胶粉改性沥青的化学作用无法充分发挥，这与胶粉与沥青反应时间短、反应效率低有关。针对传统干法工艺的不足，德国采用TOR连接剂来进行改善，收到了良好的效果，但现阶段TOR价格昂贵，在一定程度上限制了其推广应用。同时，另一种新干法工艺也在近年来逐渐兴起，即直接对胶粉进行改性进而得到的改性胶粉。该种工艺在改善混合料性能的同时，使造价也得以控制，具有非常广阔的应用和发展前景。

1.3 橡胶沥青的生产工艺

橡胶沥青制备工艺在满足胶粉与基质沥青改性机理要求的基础上，应当尽量使得其生产过程更加经济、高效、工艺简单和方便。目前，橡胶沥青混合料的制备工艺主要包括干法工艺和湿法工艺两种，其中湿法生产工艺由于研究时间长、应用范围广，现阶段已十分成熟，混合料性能也更加稳定，已得到工程技术人员广泛的认可。

1.3.1 湿法橡胶沥青生产工艺

湿法生产工艺是指先将废胎胶粉添加到加热的基质沥青中，在高温条件下进行搅拌，通过胶粉颗粒与基质沥青之间的相互作用而使沥青的性能得到改善，再将制得的橡胶沥青投入拌和站中，用于制备橡胶沥青混合料。湿法工艺流程如图1-7所示。

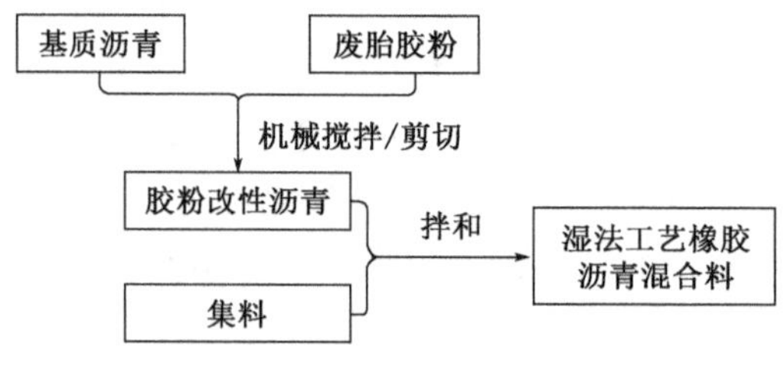

图1-7 湿法生产工艺

目前，湿法生产工艺中，根据胶粉和基质沥青混合作用方式的不同，主要有机械搅拌法和高速剪切法两种。

1)机械搅拌法

对于机械搅拌法，首先需要通过一套快速升温装置将基质沥青加热至180~200℃，同时，将胶粉添加到搅拌罐中进行充分的搅拌，使胶粉和基质沥青能够快速且均匀地混合，这个过程持续10~15min，然后再将沥青胶粉混合料泵送至发育罐中并在高温和持续搅拌的环境下充分反应约45min，通过这种方法得到橡胶沥青称为机械搅拌法。图1-8、图1-9所示分别是机械搅拌法工艺流程和生产设备。

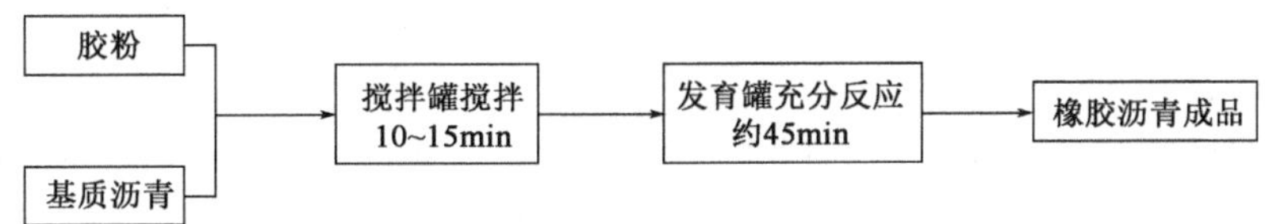

图1-8 机械搅拌法工艺流程

图1-9 机械搅拌法生产设备

2)高速剪切法

高速剪切法是在机械搅拌法的基础上加入胶体磨或高速剪切机,在胶粉和基质沥青经过初搅拌混合后,沥青胶粉混合物通过胶体磨或者高速剪切机进行进一步的研磨和均化从而制得橡胶沥青。图1-10、图1-11所示分别是高速剪切法的工艺流程和生产设备。

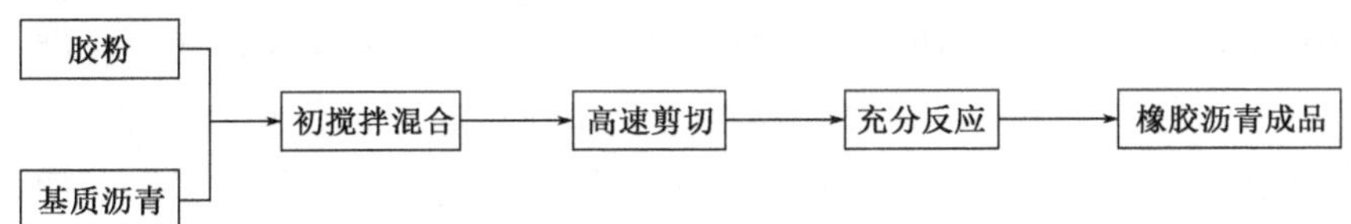

图1-10 高速剪切法生产流程

图1-11 高速剪切法生产设备

3)湿法工艺的选择

关于湿法工艺机械搅拌法和高速剪切法的选择,已有研究表明,不同生产工艺对原材料的需求不同,生产的橡胶沥青性能也有所区别。下面从两种工艺生产的橡胶沥青性能特点和适用的橡胶粉细度两个方面对橡胶沥青的两种制备工艺进行对比分析。

黏度是橡胶沥青生产过程中一个重要的控制指标。李雪峰等对 60 目橡胶进行高速剪切,这样可以通过胶体磨或高速剪切机将胶粉颗粒进一步研磨,使粒径变小,加大沥青与胶粉颗粒的反应面积,增加反应效率,对初始胶粉粒径和反应温度也可降低一些要求。并且在制备过程中可以更加快速地达到要求的黏度范围值,在胶粉颗粒粒径大小相同的情况下更容易促进胶粉和基质沥青的反应,所需的制备时间也较短,节约了一部分的生产成本,提高了产能。

孙建等通过试验研究了机械搅拌工艺和高速剪切工艺对 80 目橡胶沥青的改性效果。研究指出,在测力延度、弹性恢复能力和软化点方面,机械搅拌法制备的橡胶沥青都要优于高速剪切法制备,而高速剪切法对沥青黏度的影响最为显著,并且随着剪切时间的增加,沥青的黏度越来越低,这样虽然改善了橡胶沥青施工和易性,但在一定程度上影响了混合料的高温性能,因此黏度也不是越低越好,要适中。

丁新旗则从橡胶沥青黏度变化和胶粉对沥青改性机理进行程度两个方面对比了两种生产工艺。在橡胶沥青黏度变化方面,与前述研究成果具有相似性,即同等条件下,高速剪切法较机械搅拌法更容易促进胶粉与基质沥青之间的反应,达到要求的黏度范围所需的时间也更短。而在对沥青改性集料进行程度方面,丁新旗认为随着胶粉在高速剪切下被进一步细化,胶粉的弹性恢复性能会被削弱,同时也不利于胶粉半固态连续结构的形成。并且在增大胶粉与基质沥青接触面积的同时也加快了橡胶的脱硫降解化学反应,不利于生产高品质的橡胶沥青。结合同济大学孙大权的试验研究成果,当使用细度较小的 60 目胶粉采用高速剪切法生产橡胶沥青时,由于剪切导致胶粉粒径进一步减小,使得橡胶沥青黏度一直呈衰减趋势变化。高速剪切工艺在一定程度上偏离了橡胶沥青的改性机理及其要求,其作用等同于使用粒径更小的胶粉,因此,没有必要使用耗能更高的剪切工艺来增加生产橡胶沥青的复杂程度。

王倩等采用湿法工艺,设计了 4 种方案制备橡胶沥青,通过性能指标分析确定适宜的制备工艺。试验中采用 40 目橡胶粉,掺量为 20% ,橡胶沥青制备方法见表 1-1。

橡胶沥青制备方法 表 1-1

方　　案	制 备 工 艺
方案一	180℃ ,2000r/min,搅拌 90min
方案二	180℃ ,4000r/min,搅拌 90min
方案三	180℃ ,3500r/min,剪切 90min
方案四	180℃ ,2000r/min,搅拌 45min、3500r/min,剪切 45min

对比 4 种制备工艺下橡胶沥青的性能指标发现,方案二和方案四制备的橡胶沥青性能较优,且二者性能指标接近,机械搅拌 + 高速剪切相结合的工艺黏度更高一些,这主要是机械搅拌时橡胶粉在沥青中充分分散,高速剪切设备强制将橡胶粉打碎,使橡胶粉更加充分地分散到基质沥青中;高速剪切工艺制备的橡胶沥青弹性恢复和热稳定性(离析指标)明显较差;机械搅拌工艺需要足够的搅拌速度,才能使橡胶粉在沥青中充分分散,达到均质的效果。

综合以上对两种工艺的对比分析可知,高速剪切工艺更适用于大粒径的橡胶颗粒(如30目、40目),可以加快反应速度、增加反应效率、节约反应时间。当使用小粒径的橡胶粉时,可以直接采用高速搅拌制备工艺,在保证橡胶沥青性能的同时,还可以降低生产过程中的能耗,而且对加工设备要求也相对较低。因此,在实体工程应用中,要根据具体情况,针对不同的生产和使用需求,选择合理的加工工艺,这样在节约成本的同时,使材料性能也可以最大限度地发挥。

1.3.2 干法橡胶沥青生产工艺

干法是指在混合料拌和时,直接将胶粉(胶粉和相关添加剂按照比例配好)加入拌锅,然后再加入沥青,拌成橡胶沥青混合料的生产工艺。与湿法工艺相比,干法工艺相对较为简单,且无须额外增加橡胶沥青加工设备。干法工艺流程如图1-12所示。

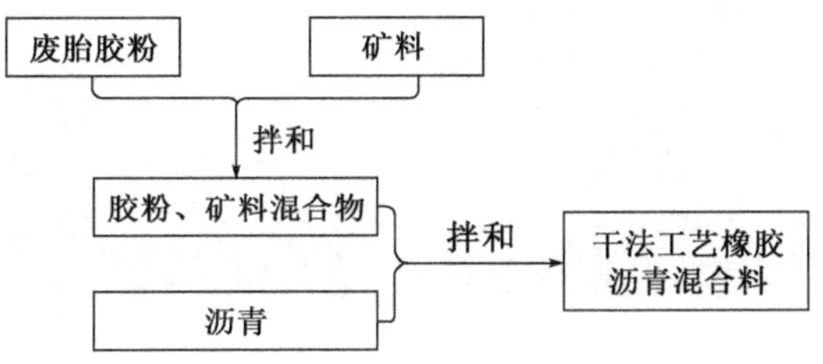

图1-12 干法生产工艺

干法工艺经历了“原状胶粉+沥青”到“原状胶粉+TOR等连接剂+沥青”和“改性胶粉+沥青”的发展历程,虽然工艺大同小异,但是对胶粉规格的要求及对胶粉的处理工艺是有区别的,下面分别对这三种工艺进行介绍。

1)“原状胶粉+沥青”干法工艺

干法工艺作为橡胶沥青混合料两大生产工艺之一,经历了从早期的大掺量、大粒径的传统工艺发展到后来的小掺量、小粒径的新工艺,其发展历程主要可分为三个阶段:第一阶段是PlusRide系统,该阶段并未考虑橡胶颗粒对沥青的改性作用,其特点是掺加的橡胶颗粒粒径大,最大甚至达到了9.5mm,同时掺量高,可以达到混合料质量的3%~5%。得益于橡胶颗粒良好的弹性,该阶段修筑的干法工艺橡胶沥青路面具有较好的破除路面薄冰和抗滑能力,但是总体路用性能表现差,易出现剥落、松散等早期病害,并没有得到大范围的推广应用。第二阶段在第一阶段的基础上增加了一部分细橡胶粉以改善沥青性能,称为类集料TAK系统。第三阶段是全部采用细橡胶粉(20~60目),去掉了胶粉弹性集料的功能,主要考虑其对矿质混合料的填充作用,同时赋予胶粉改善沥青性能的作用,橡胶粉用量也下降到混合料的1%以下。新的干法工艺改善了橡胶沥青混合料的可压实性能,同时也在一定程度上增强了混合料的路用性能表现。

2)“原状胶粉+TOR等连接剂+沥青”干法工艺

TOR连接剂(图1-13)是一种具有双键结构的高分子聚合物,是德国Degussa公司开发的一种用于橡胶制品的处理剂和增塑剂,可以将沥青结合料中的硫与橡胶屑表面的硫交联起来形成一大片环状和链状聚合物组成的网状结构。20世纪末至21世纪初,美国首次利用其与沥青和橡胶屑之间的交联作用将其作为一种相溶剂和反应剂用于橡胶沥青中,降低橡胶沥青的高温黏度,从而大大改善了干法工艺橡胶沥青混合料的施工和易性,并且还能在一定程度上改善橡胶沥青的性能，在提高行车安全及防治沥青路面早期病害等方都有很大的优势。从另一方面来看，根据已有研究成果，在保持相同施工和易性的前提下，TOR 连接剂的加入通常可降低 15 ~ 25℃的拌和、施工温度。目前，国内也生产出了类似的橡胶沥青反应剂，简称 CTOR（国产 TOR，如图 1-14 所示）。其原理也是利用其双链结构，与沥青和橡胶上的硫发生交联反应，形成稳定的网状结构，降低沥青黏度，提高沥青路用性能。

图 1-13　德国 TOR

图 1-14　CTOR（国产 TOR）

采用该干法工艺生产橡胶沥青混合料时，仅需先将 TOR 连接剂作为一种添加剂预先与胶粉、集料进行拌和，之后再分别与沥青、矿粉进行拌和。对于胶粉的选择，现阶段的研究成果和应用经验表明，通常选择 20 ~ 40 目粒径的胶粉。对胶粉的其他要求需根据实际情况进行调控，以便于满足沥青的施工与路用性能要求。目前，“原状胶粉 + TOR 等连接剂 + 沥青”干法工艺存在的主要问题仍是连接剂价格昂贵、不经济，这在一定程度上限制了该工艺的推广应用。

3）“改性胶粉 + 沥青”干法工艺

在橡胶沥青湿法工艺中，一般认为橡胶沥青改性以物理共混为主，但过程中存在着脱硫、降解等化学反应，随着共混时间的延长，化学作用越来越明显。由于胶粉和沥青的化学结构以及分子量的差异很大，二者的相容性很差，直接混合很容易发生离析，通常需要对胶粉进行改性，国内外对胶粉材料的改性工艺和改性机理进行了广泛的研究，“改性胶粉 + 沥青”干法工艺也是在对胶粉改性的不断探索中发展起来的。

“改性胶粉 + 沥青”干法工艺的核心在于胶粉的改性，现阶段主要有物理、化学、机械以及生物等改性方法，虽然实现手段不同，但改性机理具有相似性，即由于 C—S 键、S—S 键、C—C 键的键能分别为 289kJ/mol、286kJ/mol、345kJ/mol，可知在同样条件下，S—S 键最容易发生断裂，C—S 键次之，C—S 键较难发生断裂。反应式如图 1-15 所示。

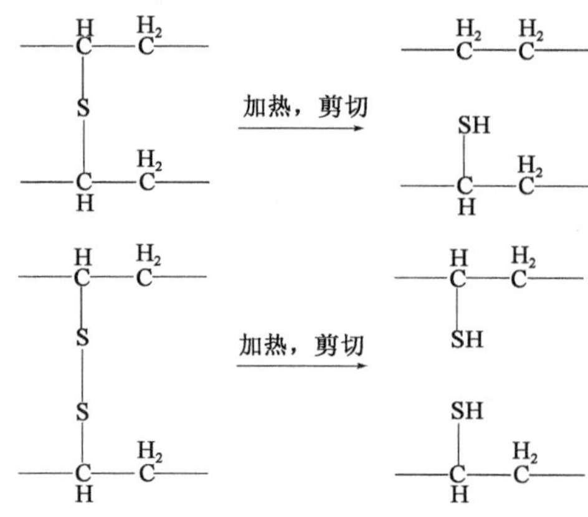

图 1-15　胶粉改性反应机理

胶粉的物理改性方法有很多种,如微波脱硫法、超声波脱硫改性法等。其中,微波脱硫法是由于炭黑具有很强的吸收微波的能力,硫化胶可吸收更多的微波能量,从而使硫键断裂,使硫化胶的网状结构破坏而获得塑性。

化学改性法是胶粉在机械力和化学助剂的共同作用下,发生裂解的过程,主要有接枝改性、聚合物涂层改性、核—壳改性、活气体改性法及其他化学再生剂法。其中,接枝改性是在一定条件下通过加入接枝改性剂使胶粉表面产生接枝的改性方法。核—壳改性是胶粉由芯到表面进行改性的一种新方法。聚合物涂层法是借助黏附力对胶粉进行表面包覆的方法。

热剪切法是在机械剪切力和热能或者化学助剂的共同作用下完成的,主要有 RD-F 机械化学法、开炼机捏炼法及螺杆挤出机法。其中,RD-F 机械化学法是在高速搅拌机(图 1-16)中使胶粉表面涂覆上再生剂,胶粉在开炼机的机械剪切作用下再生改性的一种方法。开炼机捏炼法是指把胶粉在开炼机上进行捏炼,可以加入化学助剂,也可不添加。

图 1-16 开炼机

螺杆挤出机法属于连续操作法,再生剂不断地与细胶粉混合并传送到螺杆挤出机中,通过容器壁和螺杆之间形成的管道来传送并挤出物料,其结构如图 1-17 所示。

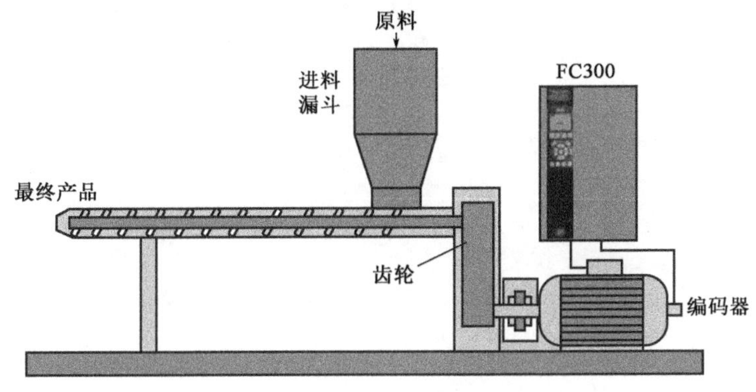

图 1-17 螺杆挤出机示意图

针对传统干法工艺橡胶沥青混合料存在的问题,以及 TOR 连接剂添加的新干法工艺成本高的现状,本书考虑将湿法工艺中胶粉与沥青的溶胀、裂解过程“移植”至胶粉的预处理环节,在预处理过程中同时添加助剂,以形成稳定可存储的干拌直投胶粉复合改性剂。本书后续章节中所采用的胶粉改性方法属于化学法。该方法选择软化剂、活性剂、降黏剂等改性添加剂，在高温下对胶粉进行特殊加工工艺处理，进而得到具有一定粒径规格，可直接与集料一起投入拌缸进行拌和，并能够在运输、摊铺、碾压过程中继续发育的干拌直投胶粉改性剂，制备工艺和设备要求简单，可在工业上大量生产。

第2章 橡胶沥青的作用机理及性能影响因素

对胶粉与沥青之间作用机理的探究有助于改善橡胶沥青的生产工艺。胶粉与沥青之间的相互作用十分复杂，尽管通过相关试验可以说明一些问题，但要完全搞清楚胶粉与沥青之间的相互作用机理现阶段还存在困难。对于湿法工艺，现阶段公认的改性理论主要有物理共混机理、网络填充、溶胀机理以及化学共混机理，这些理论相互交叉，并不是单独存在的；而对于干法工艺，除了胶粉对沥青的改性，胶粉对矿质混合料的填充作用对沥青混合料的路用性能表现有着同样甚至更加重要的影响。

2.1 湿法工艺橡胶沥青作用机理及性能影响因素

2.1.1 湿法工艺橡胶沥青作用机理

1）物理共混机理

胶粉加入沥青中后，会吸收沥青组分中芳香烃和饱和烃的作用发生溶胀和溶解，均匀分散在沥青中形成共混体系。在物理共混中没有发生化学作用，仅是物理作用，要求胶粉与沥青有较好的相容性和分散性，以达到较好的物理混合。Maccarrone 经研究认为橡胶粉在沥青中分散成丝状与沥青质胶团均匀地分布于沥青油分中，形成一个稳定的、不发生相分离的物理意义上的相容体系，与橡胶的溶度参数相近的油蜡组分会缓慢地扩散进入橡胶链段的空隙中，使橡胶链段松动、脱离以致溶解。叶智刚等研究认为延长搅拌时间、提高搅拌温度和速度能使废橡胶粉在沥青中的溶解量增加，可以改善改性沥青的流变性。

2）网络填充机理

胶粉加入沥青中后，胶粉会受到沥青中油分和芳香分的作用而被分开，发生溶胀和部分溶解过程，然后发生扩散或溶胀胶粉的分散过程，胶粉以微粒或丝状随机分布在沥青基体中。胶粉分子自由基相互结合和交联，形成松弛的网络结构存在于沥青基体中，这种互穿的网络结构增加了聚合物分子的可移动性，使沥青呈现出良好的弹性和塑性。随着热沥青中胶粉颗粒的脱硫和降解，胶粉颗粒会与沥青发生物质交换，橡胶颗粒中的硫、炭黑、氧化硅、氧化铁等物质进入沥青胶体体系中，起到改善沥青温度敏感性、低温性能及耐老化性能的作用。

3）溶胀机理

胶粉吸收沥青中的轻质组分发生溶胀，沥青中的轻质组分会与其他组分相互作用，形成部分相容体系。胶粉在与沥青高温充分混合状态下吸收沥青中的轻质组分发生溶胀，橡胶粉颗粒相互接触机会大大增加，橡胶沥青中橡胶粉掺量通常为15%～25%，溶胀后橡胶粉体积达到胶结料的30%～40%，橡胶粉颗粒通过凝胶膜连接，形成一个黏度很大的半固态连续相的体系。其改性机理是这样的，胶粉加入到沥青后，相互之间不会发生化学反应，在沥青的轻组分作用下，只是胶粉发生部分溶解和体积上的溶胀现象。胶粉和沥青的混合物组成了分散相共混结构，胶粉为分散相，沥青为分散介质，形成了胶粉与沥青连续或者相互交错连续的三维空间结构。少量胶粉加入沥青中后，所溶胀的橡胶相分散在沥青中，呈现“海岛”状微结构。橡胶沥青溶胀机理示意如图2-1所示。

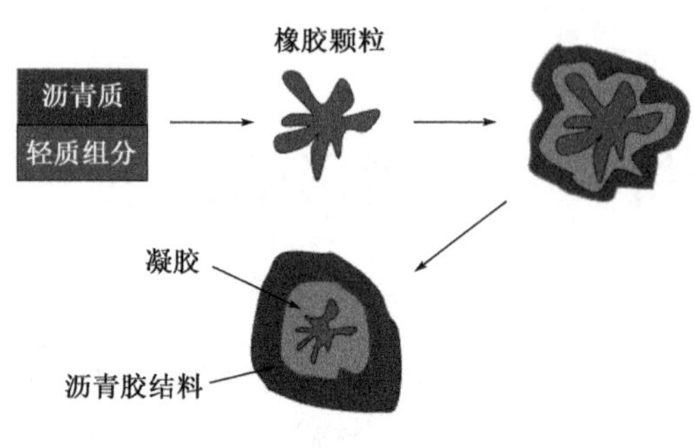

图2-1　橡胶沥青溶胀机理示意

4）化学共混机理

在沥青中不仅有烷烃、烯烃和芳香烃，还有极性和非极性化合物，存在着烃基、脂基等有机官能团，可以和许多物质发生化学反应，产生化学交联或化学加成，生成新的化学键。胶粉化学指标的含量会直接影响胶粉的路用性能，胶粉主要由炭黑含量、天然橡胶含量、橡胶烃含量、灰分及丙酮抽出物等指标组成，控制这些化学成分的含量能有效地控制胶粉的使用品质，提高路用性能。

上述4种学说所论及的橡胶粉与沥青的相互作用，在其共混过程中都有可能存在，只是程度不同，这与胶粉成分、沥青品质、添加剂的种类以及加工工艺等因素有关。结合以上4种机理，胶粉与沥青的作用机理可概述为胶粉加入沥青后，吸收沥青的轻组分而溶胀。胶粉不断溶胀的同时，其表面的高分子链可以扩散到沥青中，也有少数残链聚合物分子和链长度较短的聚合物分子脱离胶粉而溶解于沥青中。扩散到沥青中的高分子链被沥青中起溶剂作用的沥青轻质组分所饱和，同时，这部分起溶剂作用的沥青轻质组分进入了胶粉的高分子网络。扩散到沥青中的高分子链和起溶剂作用的沥青轻质组分构成了界面层。在分子力长程效应下，界面层的外围吸附了沥青中的胶质形成界面过渡层。界面层与沥青中胶团（沥青质和胶质）的外层胶质有亲和作用。这样，在高温下，由于沥青中分子热运动的作用，使沥青中的胶团与胶粉表面的界面层通过界面过渡层紧紧地结合为一体。在胶粉表面结合处（节点），胶团填补了胶粉的网络结构，从而形成了胶粉和沥青连续或相互交错的三维空间网络结构，如图2-2所示。

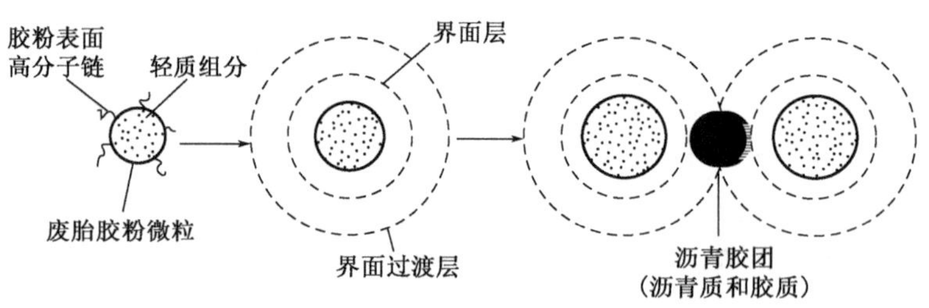

图2-2　胶粉改性沥青改性机理的物理模型

5）复合改性沥青改性机理

SBS改性沥青凭借良好的综合性能在公路工程中应用广泛，已成为我国应用最为广泛的改性沥青材料。然而，SBS改性沥青混合料也存在许多问题。例如，随着SBS改性沥青的大量使用，SBS颗粒的需求量迅速升高，导致其价格上涨，工程造价成本较高；SBS改性沥青老化后变脆,易发生开裂等路面病害。橡胶粉是一种由橡胶、炭黑、软化剂、硫化机、促进剂等多种材料组成的含交联结构的材料,其表面呈非极性,物理共混时需要外加能量的帮助,才能形成稳定的共混体系。结合 SBS 和橡胶粉的特点,将橡胶粉加入 SBS 改性沥青中制成复合改性沥青,能有效解决橡胶粉与 SBS 分别添加到沥青的不足之处。SBS 吸收沥青中的轻质组分发生溶胀,SBS 中的苯乙烯嵌段(PS)和丁二烯嵌段(PB)展开形成网状结构。同时,胶粉在高温搅拌作用下发生脱硫和降解反应,释放出橡胶烃分子链,这些橡胶烃分子链进入到 SBS 网络结构中,起到支撑网络结构的作用;橡胶烃分子链与体系中的 SBS 网络结构进一步交联形成完善的网络结构。橡胶/SBS 复合改性沥青中橡胶粉颗粒间的化学交联网状结构和聚合物 SBS 颗粒间的物理交联网状结构会相互协同和补充,使材料的综合性能得以改善和提高,性能较单一改性剂有所提升。橡胶粉在沥青中形成的网络结构是不规则的,而橡胶/SBS 共混物与沥青拌和后,橡胶粉的不规则网络结构随 SBS 网络结构形式而存在,共同改善改性沥青的性能。SBS/CR 复合改性机理如图 2-3 所示。

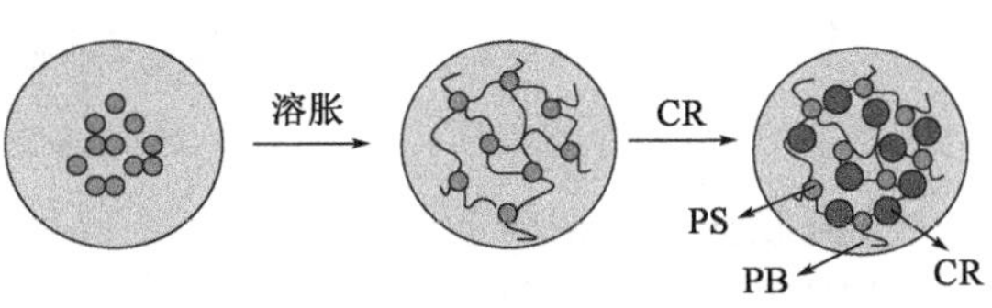

图 2-3　SBS/CR 复合改性机理

SBS 废胶粉复合改性沥青不仅可以大量利用废旧轮胎橡胶,减少废轮胎对环境造成的危害,而且可获得良好的改性效果。在复合改性沥青中,可添加部分废胶粉替代 SBS(由 4% ~ 6% 降低到 1% ~3%),降低改性沥青的生产成本。

2.1.2　湿法工艺橡胶沥青性能影响因素

依托河南省相关科研项目,选用胶粉种类、细度、掺量和基质沥青种类等关键影响参数,从改性机理角度出发,分析其对湿法工艺橡胶沥青性能的影响。需要说明的是,本节试验结果所呈现的规律仅针对试验用原材料,由于胶粉改性沥青反应的复杂性,当改变原材料时试验结果可能呈现不同的变化规律。如无特殊说明,本节橡胶沥青加工工艺均采用机械搅拌法,温度为 180℃,转速为 4000r/min,搅拌时间为 90min。

1)胶粉种类对橡胶沥青性能的影响

分别选用 40 目货车轮胎胶粉和小车轮胎胶粉对 70 号道路石油沥青进行改性,橡胶粉掺量统一为 20%,具体试验结果见表 2-1。不同类型胶粉改性沥青性能对比如图 2-4 所示。

不同类型胶粉改性沥青性能　　表 2-1

试验项目	货车轮胎胶粉	小车轮胎胶粉
针入度(25℃)(0.1mm)	57.3	63.9
软化点(℃)	72.6	67.6
弹性恢复(25℃)(%)	89	82.0
5℃延度(cm)	10.2	9.4

由试验结果可得出以下主要结论:

(1)加入橡胶粉以后货车轮胎胶粉和小车轮胎胶粉对沥青均起到了良好的改性效果,沥青的针入度下降,软化点提高,沥青的高低温性能都得到了改善。

(2)但货车轮胎胶粉橡胶沥青的常温和高温性能要优于小车轮胎胶粉橡胶沥青,货车轮胎同样要比小车轮胎的弹性恢复性能要好。因此,从橡胶粉的来源考虑,货车轮胎胶粉的改性效果明显优于小车轮胎胶粉。

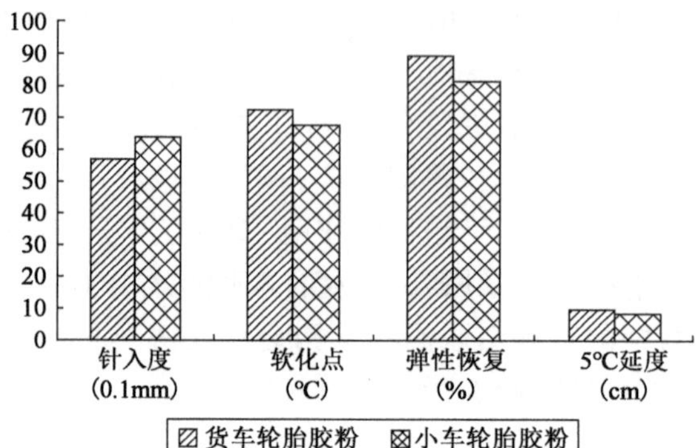

图 2-4　不同类型胶粉改性沥青性能对比

2)橡胶粉细度对橡胶沥青性能的影响

分别选用 5 种不同细度的货车轮胎胶粉对 70 号道路石油沥青进行改性,橡胶粉掺量统一为 20%,具体试验结果见表 2-2。不同细度胶粉改性沥青性能试验结果如图 2-5 所示。

不同胶粉类型橡胶沥青性能指标　表 2-2

试验项目	20 目	40 目	60 目	80 目	100 目
针入度(25℃)(0.1mm)	57.3	59.3	58.2	57.5	54.3
软化点(℃)	72.6	75.7	72.7	70.1	65.3
5℃延度(cm)	10.2	11.3	11.9	12.1	12.7
弹性恢复(25℃)(%)	89	87	85	79	74

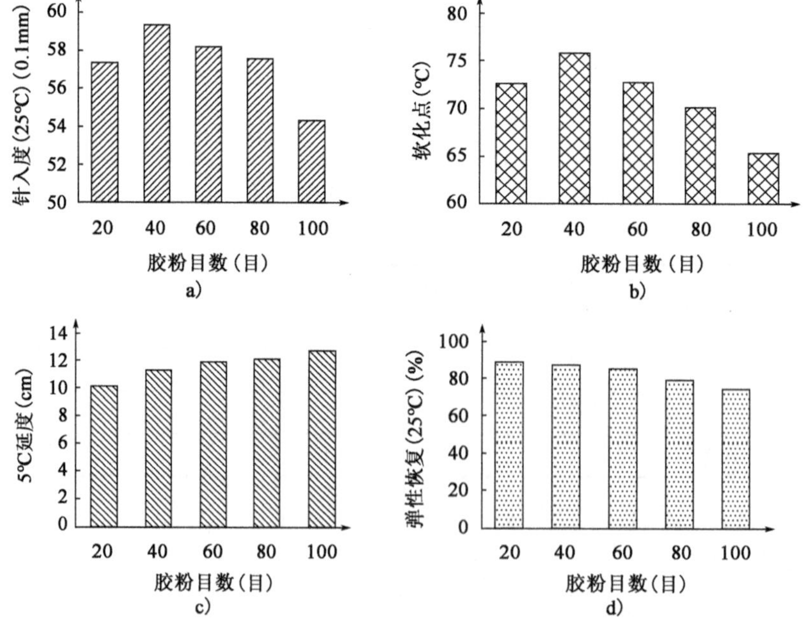

图 2-5　不同细度胶粉改性沥青性能试验结果

由试验结果可得出以下主要结论：

(1)橡胶沥青针入度随着胶粉目数的增加呈现先增加后减小的趋势，胶粉随着目数的增加，比表面积增大，吸收轻质组分含量增加，有助于形成相对稳定的网络结构，但胶粉目数超过40目后，过多吸收轻组分使得胶粉脱硫和降解速率增大，橡胶沥青中橡胶分子链段增多导致沥青变硬，针入度下降。

(2)胶粉细度在40目以下时，随着胶粉细度的增加，比表面积增大，其所发生的溶胀反应越来越充分，胶粉之间的交联作用增强，导致软化点升高。当胶粉超过40目时，同样由于比表面积的增大，增强了胶粉脱硫和降解的作用，致使胶粉颗粒的体积变小，可能会导致胶粉之间的交联作用减弱，分子力减小，且随着目数的增大，胶粉颗粒在沥青中难以形成骨架结构，导致胶粉改性沥青软化点逐渐下降。

(3)基质沥青的模量低于胶粉颗粒，在拉伸方向产生较大的应变，自由沥青的大变形能力和橡胶颗粒的低流动能力造成橡胶颗粒与沥青界面的应力集中，随着胶粉细度的增加界面应力降低，胶粉改性沥青的延度逐渐增加。

(4)随着胶粉细度增加，胶粉与沥青接触的比表面积增大，沥青中的降解和脱硫现象增多，轻组分含量降低，同时橡胶颗粒越大，橡胶沥青中有效橡胶颗粒越多，其弹性特性保存越好，且其整体性越好，弹性恢复就好。因此，橡胶沥青弹性恢复率随着胶粉目数的减小逐渐增大。

3)基质沥青类型对橡胶沥青性能的影响

不同标号基质沥青由于组分有所不同，对胶粉改性的效果也会有所差异，为此选用不同标号基质沥青生产橡胶沥青，胶粉统一采用40目货车轮胎胶粉，试验结果见表2-3。不同标号基质沥青的橡胶沥青性能试验结果如图2-6所示。

采用不同标号基质沥青的橡胶沥青性能试验结果　　表2-3

基质沥青标号	70号	90号
针入度(25℃)(0.1mm)	28.6	44.7
软化点(℃)	72.6	69.9
5℃延度(cm)	9.6	10.2
弹性恢复(25℃)(%)	89	91

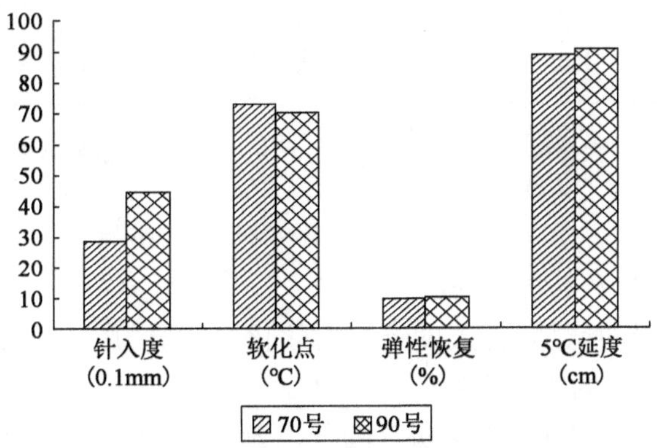

图2-6　不同标号基质沥青的橡胶沥青性能试验结果

由试验结果可知,70号基质沥青的软化点大于90号基质沥青,延度、针入度和弹性恢复率均小于90号基质沥青,究其原因是90号基质沥青中饱和分、芳香分含量较70号高,胶粉改性沥青的溶胀效果较好,改性沥青软化点下降,延度、针入度以及弹性恢复率提高。因此,在橡胶沥青的工程应用中,应根据不同的气候条件和路面受力特点,有针对性地选择基质沥青。

4)橡胶粉掺量对橡胶沥青性能的影响

橡胶粉掺量是影响橡胶沥青技术性能的主要参数之一,分别进行不同掺量橡胶沥青性能试验,采用40目货车轮胎胶粉、70号道路石油沥青,试验结果见表2-4。不同橡胶粉掺量橡胶沥青性能指标如图2-7所示。

不同橡胶粉掺量橡胶沥青性能指标　　表2-4

胶粉掺量(%)	12	16	20	24
针入度(25℃)(0.1mm)	41.9	38.0	28.6	27.8
软化点(℃)	60.7	65.6	72.6	89.5
弹性恢复(25℃)(%)	81	86	89	92
5℃延度(cm)	7.4	8.9	10.2	9.7

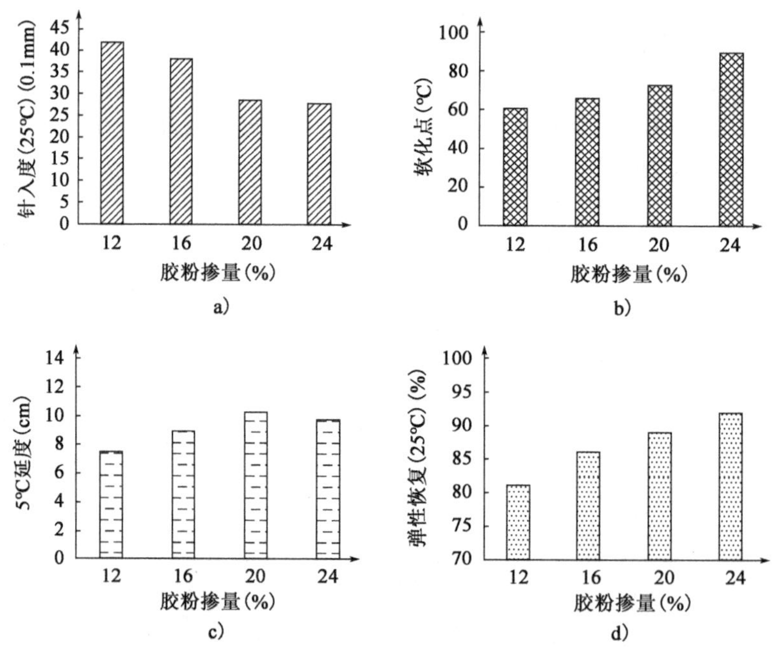

图2-7　不同橡胶粉掺量橡胶沥青性能指标

由试验结果可得出以下主要结论:

(1)随着橡胶粉掺量的增加,针入度降低而软化点提高,胶粉掺量的增加使得形成交联结构,提升了胶粉改性沥青的抗变形能力。

(2)随着橡胶粉掺量的增加,橡胶沥青的低温延度明显增加。当橡胶粉掺量大于20%时,延度有下降的趋势。掺量较小时橡胶粉与沥青质界面充分结合,其延度随着橡胶粉剂量的增加而逐渐升高。当橡胶粉掺量大于20%时,橡胶粉颗粒数量达到饱和,这样在分散介质中就会形成胶粉小团粒,导致胶粉改性沥青延度下降。

(3)随着橡胶粉掺量增加,橡胶沥青的弹性恢复性能显著提高。橡胶粉本身是一种良好的弹性材料,试验试件依靠橡胶沥青中大掺量橡胶的弹性性能恢复变形。但在掺量超过20%后,弹性恢复的增加幅度减小,可见当橡胶粉掺量加到一定程度时,弹性恢复性能对橡胶粉掺量变化的敏感性会降低。

2.2　干法工艺橡胶沥青混合料作用机理及性能影响因素

2.2.1　干法工艺橡胶沥青混合料作用机理

在干法工艺中,随着搅拌时间的延长,橡胶颗粒在拌和过程中逐渐均匀分散在集料中,加入沥青后,橡胶颗粒与沥青开始反应,但由于橡胶颗粒与沥青作用时间短,因此橡胶颗粒对沥青改性作用有限,反应结束后未参与反应的部分橡胶颗粒在沥青混合料中主要起到填充作用。

大量的室内外试验研究表明,干拌橡胶沥青混合料可以显著提高沥青混合料的高温性能,因此揭示干拌橡胶沥青混合料高温性能提升的原因,对于研究干拌橡胶沥青的作用机理具有很好的指导意义。沥青混合料高温稳定性能取决于沥青混合料的抗剪能力,而黏结力和内摩擦角则综合表征了混合料的抗剪性能。黏结力可以反映胶粉对沥青的改性效果,而内摩擦角则反映了胶粉对混合料骨架结构的填充效应,填充效应越明显,内摩擦角的增幅也就越大。

故本节主要以黏结力和内摩擦角来综合分析橡胶粉对于干拌橡胶沥青混合料的改性作用机理和填充机理。

1)干法工艺橡胶沥青混合料改性作用机理

传统干法工艺中,普通胶粉与沥青的反应效率低且作用时间短,因此对混合料的改性效果并不明显。根据汪水银对干拌橡胶沥青混合料抗剪能力的三轴试验分析结果,当掺加胶粉的粒径较大时(如40 目),胶粉的添加甚至在一定程度上降低了混合料的黏结力;随着胶粉粒径的减小,比表面积增大,与沥青的反应效率得以改善,干拌橡胶沥青混合料黏结力呈增加趋势变化,当胶粉粒径达到120 目时,10% 掺量的干拌胶粉混合料黏结力已经反超不掺加胶粉的沥青混合料。对于不同细度的胶粉,随着掺量的增加,干拌胶粉沥青混合料的黏结力呈逐渐减小的趋势变化,这主要是因为随着胶粉掺量的增加,混合料比表面积增大,胶粉吸收更多的沥青,橡胶沥青混合料沥青膜减薄,混合料黏结力降低。

与传统干法工艺不同,对于“原状胶粉 + TOR 连接剂 + 沥青”新干法工艺,TOR 连接剂是一种具有双键结构的高分子聚合物,维他连接剂分子包括环形和线形大分子,且环状大分子含量高,并且在维他连接剂中,每 8 个碳原子有一个双键,硫黄、硫化剂、过氧化物或硫化树脂均可使其交联。维他连接剂的分子组成如图 2-8 所示。

维他连接剂的掺入会促进胶粉与基质沥青之间的反应,改善胶粉与沥青的反应效率,并且维他连接剂可以将橡胶粉与沥青表面的硫交联起来后形成环状或链状聚合物网状结构,使溶胀、吸附、脱硫和降解等物理化学反应更充分。具体宏观性能表现就是干拌胶粉沥青混合料的黏结力提升,进而改善橡胶沥青结合料的黏附性和混合料的抗剪切性能。

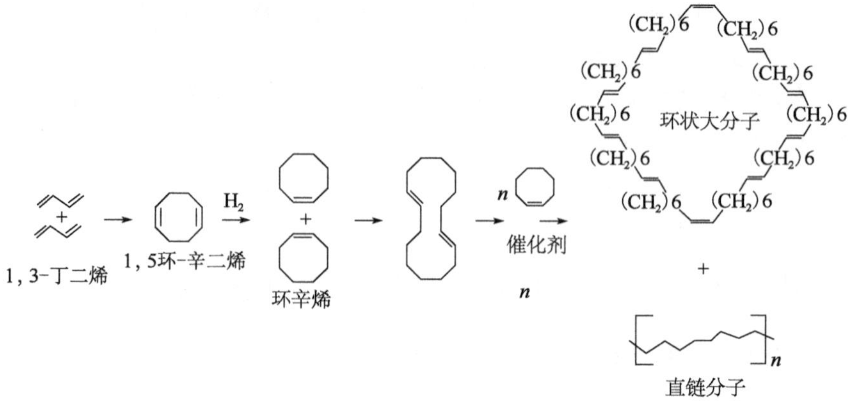

图 2-8　维他连接剂的分子组成

“改性胶粉 + 沥青”干法工艺的思路与“原状胶粉 + TOR 连接剂 + 沥青”干法工艺不同，前者通过相应的胶粉预处理方法，借助外部能量，打断废胶粉的三维交联网络，从而使得大分子链变成小分子量的段状分子链，使胶粉中的 S—S 键断裂，生成高活性的—SE 基团，从而实现胶粉的改性。在混合料拌和过程中，改性后的胶粉中的—SH 基团进一步与沥青的活性基团（碳碳双键、碳硫键）反应，完成交联，见图 2-9。

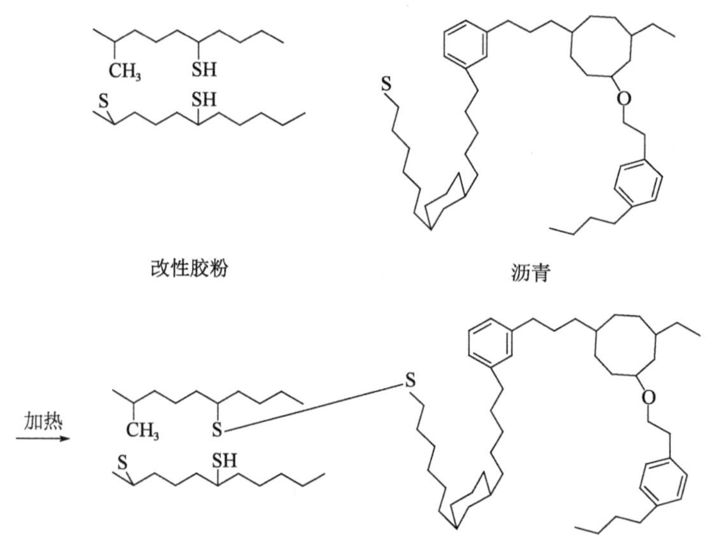

图 2-9　改性胶粉与沥青发生的交联反应图

改性后的胶粉可以显著改善与沥青结合料的反应效率，可以在较短时间内实现对沥青的改性，使得干拌胶粉沥青混合料的黏结力高于不掺加胶粉的普通沥青混合料。

2）干法工艺橡胶沥青混合料填充机理

对于采用三种干法工艺的干拌胶粉沥青混合料的内摩擦角，当掺加胶粉目数较高（20 ~ 120 目）时，混合料内摩擦角均较不掺加的混合料有显著的提升，同时随着胶粉掺量的增加，混合料内摩擦角均总体呈增加趋势变化，这主要是因为随着胶粉掺量的增加，混合料中内接触角增多，内摩擦能力增强，但是胶粉掺量的增加会降低干拌胶粉沥青混合料的施工和易性，使得混合料压实困难，因此在实际应用时，要综合考虑各方面的因素，选择合适的胶粉掺量。

另外，随着胶粉目数的增大，胶粉越细，与干拌胶粉沥青混合料黏结力的变化趋势相似，内摩擦角同样逐渐增加，这一变化规律与车辙试验结果非常吻合，说明胶粉越细越有利于橡胶沥青混合料抗剪切性能的提高，越有利于高温性能的改善，但由于胶粉生产工艺的原因，工程造价也将有一定程度的提高。在具体应用时，需要在综合分析经济和质量效益的基础上，选择适度细度的胶粉。

通过以上分析可知，干法工艺橡胶沥青混合料经历了从早期的大粒径、大掺量的传统工艺到后来的小粒径、小掺量的新工艺的发展过程，新干法工艺采用细橡胶粉，去除了橡胶粉的弹性集料功能，用量也下降到混合料的 1% 以下，这些措施都大大改善了胶粉的改性效果。

2.2.2　干法工艺橡胶沥青混合料性能影响因素

1）矿料级配

美国公路发展战略研究计划（SHRP）对沥青混合料高温稳定性的研究成果表明，沥青性能的贡献率仅为 29%，其余贡献则主要来自沥青用量、矿质混合料级配组成和集料特性等因素。因此，良好的矿料级配设计是混合料高温稳定性的重要保障。

长期以来，除了 SMA、OGFC 等少数混合料类型，我国沥青路面大都采用连续级配，粗集料比例相对较少，而细集料和矿粉则相对较多，混合料级配通常呈悬浮密实结构。依托早年富勒（W. B. Fuller）、泰波（A. N. Tallbal）等研究的最大密实级配理论，采用这种悬浮密实结构的沥青混合料矿料间隙率小，由于细集料和矿粉用量较多，使得沥青混合料孔隙率较小、路面密实不透水，同时混合料还具有强度高、抗疲劳性能好的特点，故长期以来得到广泛应用。

对于湿法工艺橡胶沥青混合料，由于橡胶沥青黏附在集料表面的油膜厚，而连续密级配矿料间隙率小，无法容纳较多的橡胶沥青，尤其是在采用较粗的胶粉制备橡胶沥青时。国内外研究和实践经验表明，当采用湿法工艺铺筑橡胶沥青混凝土路面时，矿质混合料应首选矿料间隙率较大的开级配或间断级配，以容纳更多的橡胶沥青。

亚利桑那州是美国应用湿法橡胶沥青最多且最成功的州之一，所铺橡胶沥青路面大多采用间断级配，其间断级配见表 2-5。

美国亚利桑那州橡胶沥青混合料间断级配　　表 2-5

筛孔（mm）	19	12.5	9.5	4.75	2.36	0.075
	3/4in	1/2in	3/8in	4 目	8 目	200 目
通过率（%）	100	80 ~ 100	65 ~ 80	28 ~ 42	14 ~ 22	0 ~ 2.5

由表 2-5 可知，该级配所用细集料很少，2.36mm 以下的细集料仅占 18% 左右，矿质混合料主要由 2.36mm 以上的粗集料组成，这点与 SMA 混合料级配较为相似，但橡胶沥青混合料基本不用矿粉，混合料依靠填充橡胶沥青形成密实结构，这点与 SMA 沥青混合料又有很大区别。

美国加利福尼亚州橡胶沥青混合料也推荐采用间断级配，同时，从对混合料空隙率的要求可知，加利福尼亚州橡胶沥青混合料属于密实结构，具体级配要求见表 2-6。

美国加利福尼亚州间断级配橡胶沥青混合料空隙率要求(%)　　表 2-6

筛孔(mm)	25	19	12.5	9.5	4.75	2.36	1.18	0.6	0.075
	1in	3/4in	1/2in	3/8in	4 目	8 目	16 目	30 目	200 目
RAC-G19	100	95 ~ 100	83 ~ 87	65 ~ 70	33 ~ 37	18 ~ 22	—	8 ~ 12	2 ~ 7
RAC-G12.5	100	100	90 ~ 100	83 ~ 87	33 ~ 37	18 ~ 22	—	8 ~ 12	2 ~ 7

2008 年 12 月交通运输部公路科学研究院编写出版了《橡胶沥青及混合料设计施工技术指南》,其中关于干法橡胶沥青混凝土[ARHM(D)]密级配参考级配范围见表 2-7。

干拌法橡胶沥青混凝土[ARHM(D)]的参考级配范围　　表 2-7

筛孔(mm)	ARHM30(D)	ARHM25(D)	ARHM20(D)	ARHM16(D)	ARHM13(D)	ARHM10(D)
37.5	100					
31.5	90 ~ 100	100				
26.5	80 ~ 91	90 ~ 100	100			
19	64 ~ 76	70 ~ 82	90 ~ 100	100		
16	57 ~ 69	62 ~ 73	77 ~ 88	95 ~ 100	100	
13.2	50 ~ 62	54 ~ 65	64 ~ 76	79 ~ 86	95 ~ 100	100
9.5	40 ~ 51	42 ~ 53	47 ~ 59	58 ~ 67	66 ~ 74	95 ~ 100
7.2	—	—	—	—	—	60 ~ 69
4.75	25 ~ 35	25 ~ 35	25 ~ 35	30 ~ 40	30 ~ 40	30 ~ 40
2.36	17 ~ 27	17 ~ 27	18 ~ 27	22 ~ 31	23 ~ 32	23 ~ 32
1.18	12 ~ 20	12 ~ 20	14 ~ 21	16 ~ 24	17 ~ 25	17 ~ 25
0.6	9 ~ 16	9 ~ 16	10 ~ 17	12 ~ 19	13 ~ 20	13 ~ 20
0.3	6 ~ 12	6 ~ 12	7 ~ 13	9 ~ 15	10 ~ 16	10 ~ 16
0.15	4 ~ 9	4 ~ 9	5 ~ 10	7 ~ 12	8 ~ 13	8 ~ 13
0.075	3 ~ 7	3 ~ 7	4 ~ 8	5 ~ 9	6 ~ 10	6 ~ 10

根据该指南所述,表 2-7 中的级配也属于间断级配。此处需要说明的是,对于间断级配,是指在集料组成分布上有一个或几个粒径缺失或数量明显较少(主要是细料),粗集料相对较多的级配,而且在很多情况下都是一个或几个细料粒径的数量大为减少,但往往并非完全没有,这与传统形式悬浮结构的连续级配明显不同。

对于传统干法工艺,橡胶粉不会与沥青发生充分的溶胀,因此,当采用相同细度胶粉及沥青用量时,理论上干法橡胶沥青混合料对应的沥青膜厚度是小于湿法工艺橡胶沥青混合料的,所需的矿料间隙率也有一定程度的减小。而近年来发展起来的新干法工艺则向着改善胶粉与沥青的反应效率、保证胶粉在沥青中尽可能充分溶胀的方向发展,因此,为了兼顾干法工艺橡胶沥青混合料的路用性能和施工和易性,在进行矿料级配设计时,需要充分考虑胶粉的溶胀反应。

2)胶粉的填充作用

对于干法工艺橡胶沥青混合料,废胎胶粉在混合料中的填充作用是不容忽视的,将直接影响到混合料的密实度和抗飞散性能,而橡胶颗粒的掺配方法又对混合料的填充作用有很大的影响，因此在进行干法橡胶沥青混合料配合比设计时，要首先确定合理的胶粉掺配方法。

目前，橡胶颗粒的掺配方法有外掺法和内掺法两种。外掺法是将橡胶颗粒以外掺剂的形式直接掺入沥青混合料中，作为混合料的一种特殊组成成分。对于外掺法，一方面，橡胶颗粒的外掺会直接影响到混合料的级配分布；对混合料中粗集料的矿质骨架产生干涉作用，增加混合料的矿料间隙率；影响混合料的结构稳定性。另一方面，沥青混合料在拌和过程中会伴随着胶粉的溶胀，再加上胶粉颗粒本身优良的回弹性能，如果采用传统级配设计方法，设计混合料的矿料间隙率未考虑容纳胶粉空间的话，会导致橡胶沥青混合料难以压实，严重时甚至会导致胀裂、松散。

内掺法是将胶粉颗粒当作一种特殊的矿料，作为矿质混合料级配组成的一部分，以取代相应筛孔段的石料。内掺法又可分为按照质量比例掺入的质量法和按照体积比例掺入的体积法。由于胶粉密度远小于矿质集料的密度，导致相同质量下胶粉体积远大于矿料体积，当按照质量比例掺入时，会导致橡胶沥青混合料的总体积发生较大的变化，同样会影响到矿质混合料的级配分布。因此，采用内掺法按体积比例掺入是较为合理的干法橡胶沥青混合料配合比设计方法。

除了掺配方法，胶粉的规格和掺量对胶粉的填充作用同样有着很大的影响。早期干法工艺基于用途考虑过分强调混合料的弹性性能，采用大颗粒橡胶来代替部分细集料甚至粗集料，结果虽然混合料具有良好的弹性性能，具备了破冰、除冰的作用，但路用性能和施工和易性却受到很大的影响，使用寿命大大降低，因此，现阶段新干法工艺多采用 20 ~ 80 目的胶粉。同时，胶粉掺量同样是一个需要着重考虑的问题。早期传统干法工艺胶粉掺量远大于湿法工艺，虽然消耗了大量的废胎胶粉，但混合料却难以压实，由于压实度不足而伴随的早期病害层出不穷，为此，新干法工艺不再盲目追求高胶粉掺量，现阶段干法工艺中的胶粉掺量与湿法工艺基本相当。

为此，在进行干法橡胶沥青混合料矿料级配设计时，根据工程所在地环境、交通特点，要充分考虑各个影响因素对胶粉填充效果的影响，最大限度地发挥胶粉对矿质骨架的填充作用。

第3章　废旧轮胎胶粉改性沥青技术要求

随着橡胶沥青技术理论研究与工程实践的不断深入,国内对橡胶沥青技术的应用逐步趋于成熟,相应行业标准、地方标准以及技术指南陆续出台。然而,相较于国外橡胶沥青评价标准,国内评价标准仍具有一定局限性。本章将对比分析国内外橡胶沥青技术性能评价标准现状,为更好地优化国内现有评价体系和科学合理地应用橡胶沥青技术打下坚实基础。

3.1　国外橡胶改性沥青技术要求与分析

沥青技术标准的发展,主要经历了针入度分级、黏度分级和路用性能分级三个阶段。而橡胶沥青作为一种路面材料,在早期沥青分级中主要参考基质沥青分级标准,但是不同国家和地区在橡胶沥青使用范围和方法上不同,橡胶沥青分级标准也不完全相同。随着橡胶沥青在道路工程中应用的日益广泛,各国家和地区根据环境气候条件和橡胶沥青本身技术性能对橡胶沥青分级进行了细化。橡胶沥青的分级主要有两种:一种是根据橡胶沥青组成成分,即根据基质沥青的性能和胶粉掺量来分级。如美国亚利桑那州根据基质沥青黏度指标进行分级;佛罗里达州按照橡胶沥青胶粉掺量进行分级,分别将胶粉掺量为5%、12%、20%的橡胶沥青命名为ARB5、ARB12、ARB20,其中橡胶粉粗细程度分级见表3-1。另一种是根据橡胶沥青应用气候条件和橡胶沥青本身高低温性能的特点,将其分为热区、温区、寒区三种。也有使用橡胶沥青的国家和地区,只针对橡胶沥青简单地提出了技术标准而没有分级。如美国加利福尼亚州、得克萨斯州和南非等。

筛孔直径和标准目数对照表　　表3-1

筛孔尺寸(mm)	标准目数	筛孔尺寸(mm)	标准目数
2.000	10	0.212	70
1.180	16	0.180	80
0.850	20	0.150	100
0.600	30	0.125	120
0.425	40	0.106	140
0.300	50	0.090	170
0.250	60	0.075	200

3.1.1　国外橡胶沥青技术标准

1)美国

橡胶沥青技术标准是整个技术指南的核心。在各指南中,虽规定有所差异,但其核心指标均为针入度、软化点、弹性恢复及黏度。

美国材料与试验协会(American Society for Testing Materials, ASTM)、美国联邦公路局

(Federal Highway Administration,FHWA)及亚利桑那州技术标准是根据不同气候区,将橡胶沥青分为三类,分别适用于热区、温区及寒区。其中,1992年FHWA标准、1997年ASTM标准是以针入度标准进行分级,见表3-2、表3-3;而亚利桑那州是根据基质沥青进行分级,见表3-4;佛罗里达州则是按胶粉掺量进行分类,见表3-5。FHWA技术要求为1992年版,其指标是在普通沥青指标基础上提出的。因此,关于软化点、弹性恢复指标规定较低,给出了延度指标,但没有黏度指标。亚利桑那州标准与ASTM标准较为接近,ASTM标准是在亚利桑那标准基础上提出的。

FHWA胶粉改性沥青技术标准(SA—002—1992) 表3-2

项目		热区(ARB-1)	温区(ARB-2)	寒区(ARB-3)
25℃针入度		25~75	50~100	75~150
软化点		>54	>49	>43
延度(4℃,1cm/min)(cm)		>5	>10	>20
弹性恢复		>20	>10	>0
TFOT	针入度比(%)	>75	>75	>75
	延度比(%)	>50	>50	>50

ASTM橡胶沥青技术标准(D 6114—1997) 表3-3

项目		1型	2型	3型
175℃黏度(Pa·s) D2196方法A	Min	1.5	1.5	1.5
	Max	5.0	5.0	5.0
25℃针入度(100g,5s)(0.1mm)	—	25~75	25~75	50~100
4℃针入度(200g,60s)(0.1mm)	Min	10	15	25
软化点(℃)	Min	57.2	54.4	51.7
25℃弹性恢复(%)	Min	25	20	10
闪点(℃)	Min	232.2	232.2	232.2
TFOT后4℃针入度比(%)	Min	75	75	75

亚利桑那州橡胶沥青技术标准 表3-4

项目	A型	B型	C型
基质沥青等级	PG64-16	PG58-22	PG52-28
177℃旋转黏度(Pa·s)	1.5~4.0	1.5~4.0	1.5~4.0
4℃针入度(200g,60s,ASTM D5)(0.1mm)	10	15	25
软化点(ASTM D36)(℃)	57	54	52
25℃弹性恢复(ASTM D5329)(%)	30	25	16

Florida 橡胶沥青技术标准 表 3-5

橡胶沥青类型	ARB5	ARB12	ARB20
胶粉类型	TYPE A 或 B	TYPE A 或 B	TYPE A 或 B 或 C
胶粉最小用量(占沥青量)(%)	5	12	20
基质沥青类型	AC30	AC30	AC20
最小温度(℃)	150	150	170
最大温度(℃)	170	175	190
最小反应时间(min)	10	15	30
黏度(旋转)(Pa·s) ≥	0.4(150℃)	1.0(150℃)	1.5(175℃)

2)南非

南非自20世纪60年代开始对橡胶沥青展开研究,至今已有几十年研究历史,并形成了一套相对完整的理论和工艺。据统计,目前南非60%以上的道路使用了橡胶沥青,而且根据南非的经验,对于重载交通环境,橡胶沥青路面比较有利。

同时,在橡胶沥青常见指标的基础上,为了反映橡胶沥青的良好的弹性性能并保证橡胶沥青和作为铺撒沥青时的施工可操作性能,南非的橡胶沥青技术标准中增加了流值和压缩恢复两个技术指标,见表3-6。

南非橡胶沥青技术标准 表 3-6

项目		技术要求	试验方法
压缩恢复(%)	5min	80~100	Sabite BR3T
	1h	70~95	
	4d	25~55	
软化点(℃)		55~62	ASTM D36
弹性恢复(%)		15~35	Sabite BR2T
流值(mm)		15~55	Sabite BR4T
黏度(Haake,190℃)(Pa·s)		2.0~5.0	Sabite BR5T

3)葡萄牙

自从20世纪60年代美国道路工程师 Charles H. McDonald 发明橡胶沥青以来,在20世纪70~80年代葡萄牙也开始对橡胶沥青展开了深层次研究,并在实验室和工程实体应用基础上,对橡胶沥青技术指标做了科学改善,形成相应技术标准,见表3-7。

葡萄牙橡胶沥青技术标准 表 3-7

项目	标准	试验方法
175℃黏度(Pa·s)	1.500~4.000	ASTM D2196
针入度(25℃,100g,5s)(0.1mm)	20~75	NCh 2340
软化点(℃)	54.4	NCh 2340
回弹(Resilience,25℃)(%)	15	ASTM D5329
闪点(℃)	232.2	NCh 2337

注:基质沥青保持在175~220℃,加入废胎胶粉以后,在180℃条件下反应时间45min;废胎胶粉内掺19%,搅拌速率1200r/min。

3.1.2 国外橡胶改性沥青技术指标总结与分析

从国外橡胶沥青技术指标上看,橡胶沥青技术指标体系与普通沥青类似,同时橡胶沥青也具有自身独有的特点。

黏度作为橡胶沥青基本指标之一,与一般的普通沥青和改性沥青不同。此时黏度不仅是施工和易性的控制技术指标,还是橡胶沥青品质好坏的重要指标。低黏度时可有效体现橡胶沥青良好的路用性能,高黏度将会带来施工困难。

针入度是常用指标,尽管橡胶沥青中废胎胶粉颗粒单独存在,大量试验结果表明橡胶沥青针入度指标离散性比较大,对橡胶沥青反映不够敏感。但是考虑到针入度指标能够直观反映沥青软硬程度,同时为了和其他沥青有可比性,国外橡胶沥青技术指标依然采用针入度指标,但是针入度指标的控制范围较宽。另外,为了减少橡胶粉颗粒对针入度指标的影响,有些区域对橡胶沥青针入度指标进行了改进。ASTM 采用25℃针入度指标(标准试验方法)和4℃针入度指标(荷重200g,贯入时间60s)对橡胶沥青采用更宽温度区域的限制,美国得克萨斯州和加利福尼亚州采用25℃针入度指标(荷重150g,贯入时间5s),以便减少废胎胶粉颗粒对针入度指标的影响。

软化点是沥青材料另一个常用指标,与针入度指标类似,也曾存在争议,但为便于与其他沥青比较,仍将其作为橡胶沥青的辅助性指标。

弹性恢复指标反映了橡胶沥青在受力后的弹性恢复性能,废胎胶粉的加入直接导致沥青弹性恢复性能变大,较高的弹性恢复能力可以减少荷载作用下的残余变形,减少路面损坏。美国加利福尼亚州的橡胶沥青技术指南中明确表示,橡胶沥青弹性恢复指标是橡胶沥青抗疲劳和反射裂缝方面现场性能的最好的、最重要的技术指标。

延度反映沥青的延伸性能,与路面的使用性能有一定的相关性。即使延度指标是一个经验性指标,受力状态、温度条件和实际的路面低温断裂状况存在较大差异,但是在工程领域中仍然作为沥青常用三大指标之一。在橡胶沥青延度指标研究中,由于胶粉颗粒存在,实验过程中容易在胶粉颗粒位置出现应力集中现象,断开位置宽且齐,导致沥青的延度普遍偏小。除了早期的FHWA橡胶沥青标准中有延度指标介绍外,其他标准中均未出现。到目前为止,还没有专门针对橡胶沥青低温延度测试的科学有效的试验方法。

沥青材料的老化是一个逐渐发展的过程,老化速率将直接影响到路面使用寿命,是路面耐久性的一个重要指标。研究表明,橡胶沥青抗老化性能优于一般改性沥青,这已经是一个公认的优良性能。在早期FHWA标准中列出了老化指标,后来大部分橡胶沥青标准中取消了相应的规定。

3.2 国内橡胶改性沥青技术要求与规范现状

20世纪80年代初期,我国开始了对橡胶沥青的研究,同济大学率先与江西省公路局合作,将30目的废胎胶粉加入多蜡沥青中,制备成品橡胶沥青,先后在江西省大规模铺筑橡胶沥青路面,到20世纪90年代累计橡胶沥青路面达到400多公里。90年代前后,杭州市公路局为适应重载交通的需要,在萧山铺筑了大量的橡胶沥青路面。到了90年代后期,由于SBS改性沥青发展,橡胶沥青研究逐渐被搁置。2000年前后由于环境保护和生态文明的需要,橡胶沥青技术的研究逐渐得到国内业界人士的关注。

3.2.1 国内橡胶改性沥青技术标准

虽然我国在橡胶沥青技术方面也取得了一定的研究成果,但是并没有形成国家统一的橡胶沥青技术标准。因此,国内个别科研单位和省市根据自身的研究成果和工程实践,提出了相应的技术标准。

1)交通运输部推荐标准

交通运输部公路科学研究院协同国内科研单位于2008年12月编写出版了《橡胶沥青及混合料设计施工技术指南》,作为交通运输部"材料节约与循环利用专项行动计划系列指南"之一。该技术指南中有关橡胶沥青技术标准列于表3-8。

交通运输部公路科学研究院橡胶沥青技术标准① 表3-8

项　　目	寒区③	温区④	热区⑤
基质沥青	110号,90号	90号,70号	70号,50号
180℃旋转黏度②(Pa·s)	1.0~3.0	2.0~4.0	2.5~5.0
针入度(0.1mm)	60~100	40~80	30~70
软化点(℃)	>50	>58	>65
弹性恢复(%)	>50	>55	>60
延度(5℃)(cm)	>10	>10	>5

注:重交通道路宜选择较硬沥青,较轻交通可以选择较软沥青,基质沥青品种的选择要根据实际工程的具体情况而定。

①该技术标准只适用于橡胶沥青,不适用于复合橡胶改性沥青(由废胎胶粉、基质沥青和其他聚合物改性剂共同拌和而成)。

②旋转黏度标准试验方法采用的是Brookfield旋转黏度试验,并按照50%扭矩内获得。

③寒区主要是指《公路沥青路面施工技术规范》(JTG F40—2004)A.4.4中的1-1、1-2、2-1、3-2气候分区。

④温区主要是指《公路沥青路面施工技术规范》(JTG F40—2004)A.4.4中的2-2、2-3、2-4气候分区。

⑤热区主要是指《公路沥青路面施工技术规范》(JTG F40—2004)A.4.4中的1-3、1-4气候分区。

2)北京、天津、江苏、吉林等省的地方标准

我国在北京、江苏、天津、吉林等省也根据各自研究情况制定了相应的地方标准。北京根据当地气候和交通环境提出《北京市废旧轮胎胶粉沥青混合料设计施工技术指南》,其中关于橡胶沥青部分的技术标准见表3-9。

北京市橡胶沥青技术标准 表3-9

项　　目		单　　位	技术要求
180℃旋转黏度		Pa·s	1.0~4.0
针入度		0.1mm	40~80
软化点		℃	≥47/56
弹性恢复		%	≥55
延度(5℃)		cm	≥10
薄膜烘箱试验残留物	质量损失	%	≤0.4
	25℃针入度比	%	≥80
	软化点比	%	<110
	5℃延度比	%	≤40

注:1.旋转黏度按照标准试验方法,并按照50%扭矩内插获得。

2.采用90号基质沥青时,橡胶沥青的针入度为60~80,采用70号基质沥青时,橡胶沥青的针入度为40~60。

3.采用90号基质沥青时,橡胶沥青的软化点要求≥47,采用70号基质沥青时,橡胶沥青的软化点要求≥56。

天津市建设管理委员会于2006年2月发布了《天津市废旧轮胎胶粉改性沥青路面技术规程》，其中关于橡胶沥青技术标准与要求列于表3-10。

天津市废旧轮胎胶粉改性沥青主要技术指标　　表3-10

项目		单位	胶粉改性沥青		
			CRM-Ⅰ	CRM-Ⅱ	CRM-Ⅲ
175℃旋转黏度		Pa·s	1～4	1～4	1～4
针入度		0.1mm	60～80	50～65	40～60
针入度指数		—	≥0.6	≥0.6	≥0.6
延度(5℃,5cm/min)		cm	≥30	≥20	≥10
软化点		℃	≥55	≥60	≥55
闪点		%	≥230	≥230	≥230
弹性恢复		%	≥75	≥75	≥70
离析,软化点差		℃	≤2.5	≤2.5	≤2.5
薄膜烘箱试验残留物	质量损失	%	≤1	≤1	≤1
	25℃针入度比	%	≥60	≥65	≥60
	5℃延度比	%	≥20	≥10	≥5

江苏省交通科研研究院中心实验室在2005年11月参考我国现行改性沥青产品技术标准和美国亚利桑那州橡胶沥青技术标准，并结合自身工程应用经验，制定了相应的橡胶沥青技术标准，该标准中基质沥青选用的是道路70号石油沥青，橡胶沥青技术标准件见表3-11。

江苏省交通科学研究院橡胶沥青技术标准　　表3-11

项目	单位	技术要求
177℃黏度	Pa·s	1.5～4.0
针入度	0.1mm	≥25
软化点	℃	≥54
25℃弹性恢复	%	≥60

吉林省交通运输厅根据公路建设需要，于2014年下达了《橡胶粉改性沥青及沥青混合料应用技术指南》编制任务，由吉林省交通科学研究所主编。该技术指南主要适用于吉林省新建、改建及养护二级以上公路工程橡胶粉改性沥青路面的设计与施工。其中橡胶粉选择天然胶含量较高的子午线胎或斜交胎加工而成的胶粉，细度控制在40～60目(0.25～0.425mm)范围内(橡胶粉技术指标见表3-12)。考虑橡胶粉与沥青反应中对轻质油分的吸附特性，选用饱和分、芳香分等轻质油分含量较高的基质沥青，因此，生产橡胶粉改性沥青所用的基质沥青宜采用A级90号沥青，性能指标应满足表3-13的相关要求。

吉林省交通科学研究所橡胶粉技术指标要求 表3-12

检测项目	单位	技术指标要求	试验方法
灰分	%	≤8	GB/T 4498
丙酮抽出物	%	≤22	GB/T 3516
炭黑含量	%	≥28	GB/T 14837
纤维含量	%	<1	GB/T 19208
含水率	%	<1	GB/T 5757
金属含量	%	≤0.03	GB/T 9874
橡胶烃含量	%	≥42	GB/T 14837
天然橡胶含量	%	≥25	GB/T 13249
相对密度	—	1.1~1.3	GB/T 533

吉林省交通科学研究所基质沥青技术指标要求 表3-13

项目		单位	技术要求	测试方法
25℃针入度(100g,5s)		0.1mm	80~100	T 0604
软化点	≥	℃	44	T 0606
15℃延度	≥	cm	100	T 0605
10℃延度	≥	cm	30	T 0605
60℃动力黏度	≥	Pa·s	140	T 0620
蜡含量	≤	%	2.2	T 0615
闪点(COC)	≥	℃	245	T 0611
溶解度	≥	%	99.5	T 0607
质量变化	≤	%	±0.8	T 0610 或 T 0609
残留针入度比	≥	%	57	T 0604
10℃残留延度	≥	cm	8	T 0605

在对橡胶粉和基质沥青指标提出具体要求的同时，吉林省交通科学研究所将成品的橡胶粉改性沥青划分为A、B级两个等级，见表3-14，各自适用条件见表3-15、表3-16。

橡胶粉改性沥青等级及适用条件 表3-14

橡胶粉改性沥青等级	橡胶粉掺量(%)	SBS改性剂掺量	适用范围
A	18~20	不低于2%	特重、重交通等级公路沥青面层
B	18~23	不掺加	中、重交通等级公路沥青面层

A 级橡胶粉改性沥青技术指标要求　　表 3-15

项　　目		单　　位	技术要求	测试方法
针入度(25℃,100g,5s)		0.1mm	60～80	T 0604
软化点	≥	℃	60	T 0606
180℃旋转黏度		Pa·s	1～4	T 0625
5℃延度	≥	cm	20	T 0605
25℃弹性恢复	≥	%	75	T 0662
闪点(COC)	≥	℃	240	T 0611
储存稳定性离析,48h 软化点差	≤	℃	5.5	T 0661
质量变化	≤	%	±0.8	T 0610 或 T 0609
残留针入度比	≥	%	60	T 0604
残留延度 5℃	≥	cm	10	T 0605

B 级橡胶粉改性沥青技术指标要求　　表 3-16

项　　目		单　　位	技术要求	测试方法
针入度 (25℃,100g,5s)		0.1mm	60～80	T 0604
软化点	≥	℃	55	T 0606
180℃旋转黏度		Pa·s	1～4	T 0625
5℃延度	≥	cm	15	T 0605
25℃弹性恢复	≥	%	55	T 0662
闪点	≥	℃	240	T 0611
储存稳定性离析,48h 软化点差	≤	℃	8	T 0661
质量变化	≤	%	±0.8	T 0610 或 T 0609
残留针入度比	≥	%	60	T 0604
5℃残留延度	≥	cm	10	T 0605

3)中海油气开发利用公司的企业标准

国内一些沥青生产企业在生产橡胶沥青的同时,也提出了相应橡胶沥青企业技术标准。其中中海油气开发利用公司提出《中海油 36-1 废胶粉改性沥青技术要求(暂定)》,见表 3-17。

《中海油 36-1 废胶粉改性沥青技术要求(暂定)》　　表 3-17

项　　目		单　　位	技术要求	测试方法
针入度(25℃,100g,5s)		0.1mm	60～80	GB/T 4509
软化点 $T_{R\&B}$	≥	℃	55	GB/T 4507
黏度(135℃)	≤	Pa·s	3	GB/T 0739
5℃延度(5cm/min)	≥	cm	20	GB/T 4508
25℃弹性恢复	≥	%	70	GB/T 0737
闪点(COC)	≥	℃	260	GB/T 267

续上表

项目		单位	技术要求	测试方法
储存稳定性离析,48h 软化点差[①]		℃	实测	GB/T 0740
薄膜烘箱试验(163℃,5h)或旋转薄膜烘箱试验(163℃,75min)				
质量变化	≤	%	1	GB/T 5304
25℃残留针入度比	≥	%	75	GB/T 4509
5℃残留延度	≥	cm	10	GB/T 4508

注:①当离析试验软化点差大于 2.5℃,存储的时候要不断搅拌。

3.2.2 国内橡胶改性沥青技术指标总结与分析

国内对于橡胶沥青技术指标体系的研究,是在国内道路建设和养护研究基础上发展而来。交通运输部行业标准适用于各等级公路的结构层和路面功能层(包括防水黏结层、应力吸收层、黏层等),其他城市道路和机场道面等均可参照执行。而地方标准更具有针对性和指导作用。

目前国内橡胶沥青技术指标评价体系是以黏度为主导,以传统聚合物改性沥青评价体系为基础,结合国内实体工程经验和理论研究成果,同时参考国外相关技术标准和规范综合制定。主要包括 180℃黏度、25℃针入度、软化点、弹性恢复以及 5℃延度这五大技术指标等。其中国内对于弹性恢复试验主要指采用《公路工程沥青及沥青混合料试验规程》(JTG E20—2001)中 T 0662 的试验方法,与国外弹性恢复试验有所不同。

国内评价标准存在一定局限性,技术评价标准过多依赖 SBS、SBR 等聚合物改性沥青。橡胶沥青因其独有机理和特殊的两相混融状态,与 SBS 等聚合物改性沥青相比具有其特殊性。由于橡胶沥青胶粉颗粒的存在,在开级配混合料中,如果不使用填料,则橡胶沥青就需要比较黏稠;在间断级配如 SMA 中,如果矿粉填料较大,则橡胶沥青黏稠无须过高;在连续级配中,橡胶沥青黏稠适中即可。所以不同的外界环境,对橡胶沥青的整体要求存在一定差异,无论国内还是国外,暂时没有形成统一标准。

针入度指标是沥青重要评价指标。国外有推荐采用锥入度来测试橡胶沥青的抗剪切性能的情况出现。同针入度相比,锥入度试验可以明显区分不同胶粉掺量的胶粉改性沥青胶浆的剪切性能。但是河南省在橡胶沥青技术指标体系研究中,考虑到针入度试验简单方便、使用广泛,在判断存储稳定性及橡胶粉反应效果上有一定参考价值,所以予以保留。

软化点是等黏温度的概念,在一定程度上反映了沥青高温性能,也间接反映了胶粉和沥青相互作用的程度。

橡胶沥青延度的拉伸破坏形式与一般沥青不同,拉伸时容易在胶粉颗粒与自由沥青处产生应力集中,断口处宽且粗糙,延度指标测试结果偏低。而河南省从工艺角度分析,认为长时间发育溶胀可以大大降低固液相容时的冲突,最终延续了 5℃延度技术评价指标,同时借助测力延度力学指标对断裂时的破坏能量进行综合分析。

弹性恢复对于橡胶沥青来说至关重要,且与胶粉掺量有一定相关性,可以反映橡胶沥青的性能。

黏度指标作为普通沥青和改性沥青分级的一个重要指标,反映施工的和易性。与高聚物改性沥青相比,橡胶沥青黏度较大,采用 135℃作为黏度控制温度不合适,为便于与国内外研究成果对比分析,本章将黏度控制温度提高到175℃。

橡胶沥青作为固液相容体,易出现橡胶颗粒沉淀离析现象,不便长时间存储。考虑到工程应用中橡胶沥青的快速消耗和加热循环次数要求(循环次数不能超过两次),沥青存储稳定性采用48h软化点差来表示。

橡胶沥青抗老化性能较好,而且黏度大,流动性差。当采用TFOT、PAV及RTFOT试验时,圆盘或玻璃瓶沥青分散不均,试验效果不佳,所以橡胶沥青老化指标不作为硬性规定。

3.3 河南省废旧轮胎胶粉复合改性沥青技术标准

河南省根据当地气候条件和地理位置,不断加大橡胶沥青技术研究,在研究成果和工程实践的基础上,形成了相应的废胎胶粉复合改性沥青技术标准。

3.3.1 湿法废旧轮胎胶粉复合改性沥青技术标准

为提高研究准确性,减少偶然性误差,在研究过程中采用单一变量A级70号道路石油沥青。橡胶粉选取两种类型废旧轮胎胶粉,胶粉物理及化学指标汇总于表3-18。

废旧轮胎胶粉检测指标汇总[①] 表3-18

检测项目		单位	硫化胶粉a	脱硫胶粉b	指标要求
物理指标	含水率	%	0.45	0.53	<1
	筛余物	%	2.1	3.3	<10
	金属含量	%	0.002	0.01	<0.05
	纤维含量	%	0.51	0.5	<1
	相对密度	—	1.15	1.12	1.1~1.3
化学指标	灰分	%	4	6.4	≤8
	丙酮抽出物	%	11.2	18.1	≤22
	橡胶烃含量	%	56.5	57.2	≥42
	炭黑含量	%	28.4	29.7	≥28

注:①本节中硫化胶粉a和脱硫胶粉b粒径均为40目胶粉。

在橡胶沥青加工工艺研究中,根据工程实际需要,对其进行了科学改进(图3-1)。首先将基质沥青控制在160~180℃的流态环境下,再将胶粉投入其中(胶粉用量为沥青质量的15%~25%)。快速搅拌30min后,再高速剪切30min,最后将初始改性沥青存放在160~180℃的外界环境下发育溶胀1~2h,最终完成整个橡胶沥青制备工艺。

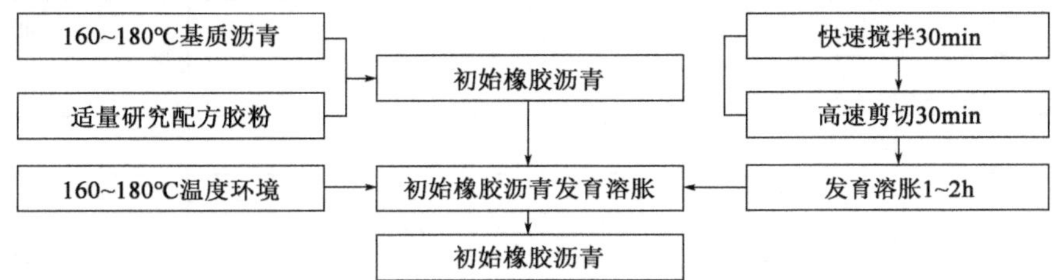

图3-1 橡胶改性沥青湿法工艺流程图

橡胶沥青性能与生产过程关键环节密切相关,为了制备出符合技术指标的橡胶沥青,主要对以下关键环节进行控制。

在胶粉掺量方面：大量试验研究表明，只有科学合理的胶粉掺量，才会使胶粉溶胀在沥青中，形成三维网络结构，表现出优良的性能。

在温度控制方面：橡胶粉反应溶胀需在高温下进行，温度低，则反应时间比较长，温度高，则沥青容易过快老化。橡胶沥青的制备温度应控制在160～180℃范围内，不宜超过200℃。

在制备时间方面：反应溶胀时间的控制是为了使橡胶粉能够很好地裂解塑化。橡胶沥青预拌时间和反应溶胀时间直接影响到成品橡胶沥青的质量，预拌时间短，橡胶粉拌和不均匀，容易在沥青中结团。在吸取国内外橡胶沥青生产时间的经验后，再经过大量试验，确定湿拌时以60min为宜，溶胀时间为1～2h。

在加工工艺方面：橡胶沥青生产搅拌分为预拌搅拌（快速搅拌和高速剪切）、溶胀搅拌、储存搅拌。以上搅拌均是为了让橡胶粉颗粒能够均匀分布，并快速溶胀，以确保生产过程中成品橡胶沥青质量合格稳定。

1）常规技术参数检测结果

（1）针入度

针入度和锥入度试验用于评价沥青软硬程度，两者具有一定相似性，同时又有一定差异性。针入度体现为针尖部位对沥青试样的剪切作用，沥青试样对标准针针体具有向上的阻力。而锥入度则为整个锥体对沥青试样的作用，锥尖部位体现出与针入度类似的剪切效应，且锥体对沥青试样还有向下的压应力。在评价沥青性能方面，针入度试验是以沥青的抗剪效应来反映黏稠程度，而锥入度试验既有抗剪效应又有抗压效应。相较于国外橡胶沥青软硬程度评价指标的多样性，河南省在橡胶沥青针入度指标研究中依然统一采用25℃针入度（100g，5s）进行评价，具体指标见表3-19。

河南省实体项目橡胶沥青针入度技术要求汇总 表3-19

河南省实体项目		针入度技术要求（0.1mm）	实测结果（0.1mm）
项目A		40～60	50
项目B	沥青Ⅰ	40～80	61
	沥青Ⅱ	40～80	59
	沥青Ⅲ	40～80	52
项目C		40～60	51
项目D		30～70	49
项目E^{2017}		30～70	45
项目E^{2018}		30～70	46
项目F		30～70	47
70号A级沥青+20%硫化胶粉a		40～60	54
70号A级沥青+20%脱硫胶粉b		40～60	49

注：项目A为新建高速公路项目A，项目B为市政公路项目B，项目C为养护项目C，项目D为养护项目D，项目E^{2017}、E^{2018}分别为2017年、2018年高速公路养护项目E，项目F为新建高速公路项目F，下同。

通过实体项目研究和室内试验验证表明，橡胶沥青由于胶粉颗粒存在，在胶粉发育溶胀过程中胶粉粒径增大，而针入度试验的针尖面积较小，试验时易扎到橡胶颗粒，进而产生较大阻力，因此出现针入度随胶粉掺量的增加而变化不大或者下降的现象。当胶粉用量为沥青质量的15% ~25%时，针入度较为稳定(图3-2)，这说明橡胶沥青的针入度试验存在较大变异性。但是考虑到沥青针入度试验可以直观反映沥青软硬程度，并为了与其他沥青有可比性，当前橡胶沥青指标还依然采用针入度指标作为控制指标之一。

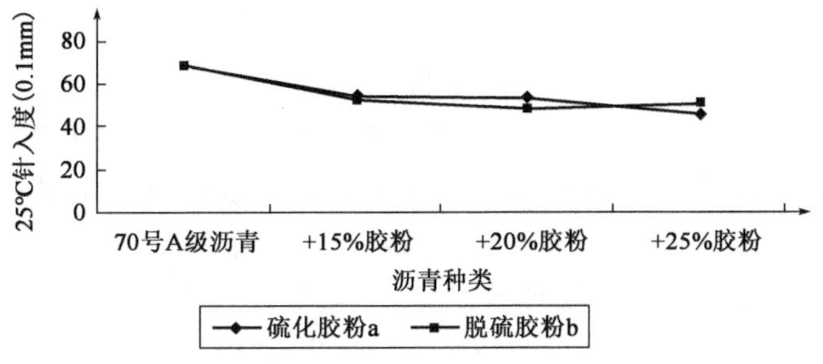

图3-2 不同橡胶沥青的针入度变化情况

河南省在大量研究成果的基础上发现，橡胶沥青针入度多处于45 ~65(0.1mm)之间，为了满足工程质量的控制要求，将针入度指标控制范围放宽至30 ~70(0.1mm)。

(2)软化点

软化点是沥青在一定条件下的等黏温度。简而言之，软化点表征沥青材料等黏度下的温度，而等温黏度表征沥青材料等温度下的黏度，两者之间在表征沥青材料高温性能方面具有一致性。软化点越高，表明沥青的黏度越大，耐流动性越好。基于上述论述，在以黏度指标为主的橡胶沥青技术性能评价体系中，由于橡胶沥青胶结料本身的特点，造成表观黏度的测定易产生较大的误差，而采用软化点作为辅助指标，可以更加准确地评价橡胶沥青的高温性能。河南省实体项目橡胶沥青软化点技术要求见表3-20，不同橡胶沥青的软化点变化如图3-3所示。

河南省实体项目橡胶沥青软化点技术要求汇总 表3-20

河南省实体项目		软化点技术要求(℃)	实测结果(℃)
项目A		≥60	65.5
项目B	沥青Ⅰ	>65	70.0
	沥青Ⅱ	>65	67.0
	沥青Ⅲ	>65	80.5
项目C		>65	68.5
项目D		>65	67.2
项目E2017		≥70	72.5
项目E2018		≥70	75.5
项目F		≥65	66.5
70号A级沥青+20%硫化胶粉a		≥60	65.6
70号A级沥青+20%脱硫胶粉b		≥60	65.4

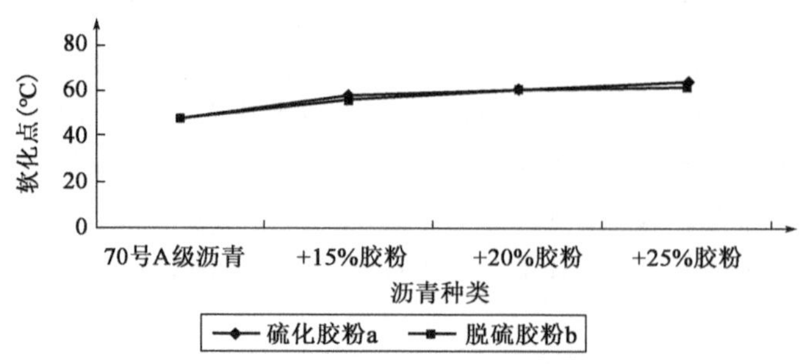

图 3-3　不同橡胶沥青的软化点变化情况

在以往实体项目研究过程中发现，从软化点球鼓包到球落到下板，温度升高往往 30℃以上，这就是高分子网络结构所起的作用。而同等情况下橡胶沥青的软化点升高则不大于 20℃，主要原因是胶粉掺量虽大，尽管胶粉也是高分子材料，但为体型结构高分子，在沥青中不能完全溶解，只能溶胀且溶胀程度有限，因此分散度小，单位体积高分子只能以一定尺寸粒子存在，胶粒之间没有有效联系，空间微结构不发达，高分子所起到的网络约束能力较弱。因此，在软化点试验中，从球下落至球落到下板时间较短，温度变化不超过 20℃。

从实体项目和室内研究结果上看，软化点均在 65℃以上。同时参照软化点变化趋势图分析，无论是脱硫胶粉还是硫化胶粉，当胶粉掺量不超过 20% 时，橡胶沥青软化点均随胶粉掺量增加显正向变化，当掺量超过 20% 时，软化点增加不明显，说明软化点对胶粉掺量均有一定选择性，在 20% 时改善效果较佳。

(3) 延度

路用沥青延度是通过在规定的速度和温度下，拉伸标准试件两端直到断裂时的长度。橡胶沥青作为一种非均质的固液两相材料，延伸能力不如 SBS 改性沥青。国外一般不采用延度评价橡胶沥青的低温性能，认为进行橡胶沥青 5℃延度测试时，自由沥青大变形能力和橡胶颗粒低流动能力的矛盾趋于尖锐，会诱发橡胶颗粒与沥青界面的应力集中，造成断裂迅速发生，导致橡胶沥青低温延度较小。因此，采用低温延度指标评价橡胶沥青性能具有一定局限性。但是河南省众多实体项目考虑到湿法工艺 1～2h 的发育溶胀，在一定程度上也减少了沥青大变形能力和橡胶颗粒低流动能力之间的冲突，最终将 5℃延度技术指标依然作为橡胶沥青品质好坏的评价指标之一。河南省实体项目橡胶沥青延度技术要求见表 3-21。

河南省实体项目橡胶沥青延度技术要求汇总　　表 3-21

河南省实体项目		5℃延度技术要求(cm)	实测结果(cm)
项目 A		≥10	12
项目 B	沥青Ⅰ	>5	22
	沥青Ⅱ	>5	20
	沥青Ⅲ	>5	28
项目 C		≥10	18
项目 D		≥10	17
项目 E[2017]		≥10	22

续上表

河南省实体项目	5℃延度技术要求(cm)	实测结果(cm)
项目 E2018	≥10	23
项目 F	≥10	14
70 号 A 级沥青 +20% 硫化胶粉 a	≥10	17
70 号 A 级沥青 +20% 脱硫胶粉 b	≥10	13

从延度变化趋势(图 3-4)可以看出,延度随着胶粉掺量增加显正向变化,当胶粉用量为沥青质量 20% 时,胶粉经溶胀在橡胶沥青空间中形成三维网络结构,延度指标趋于稳定。

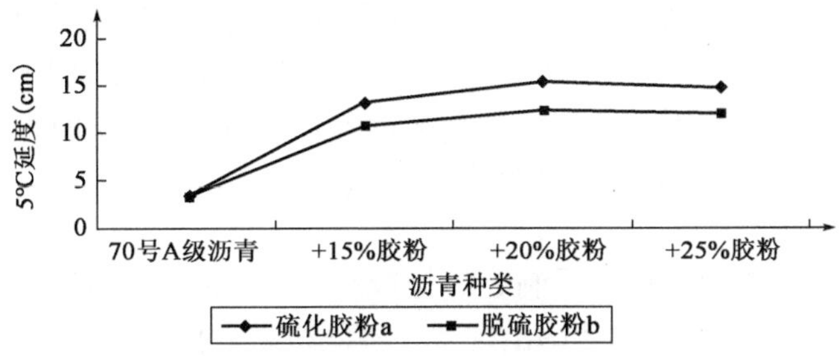

图 3-4　不同橡胶沥青的延度变化情况

在实体项目研究中,用于热拌沥青混合料的橡胶沥青 5℃ 延度均在 10cm 以上,其中项目 A 的 5℃橡胶沥青延度最小为 12cm。为了满足工程质量的控制要求,将橡胶沥青 5℃ 延度放宽至 10cm 以上。

(4)弹性恢复

橡胶沥青由于存在凝胶体与沥青分子相连的固体核心,不仅呈现出基质沥青与凝胶体的特性,也呈现出固体橡胶颗粒的特性,即良好的弹性特性,尤其是在毫米级的变形范围内有着较大的弹性。评价胶结料弹性恢复性能试验方法通常有弹性恢复试验(JTG E20—2011,T 0662)以及回弹恢复试验(ASTM D5329)。弹性恢复试验,主要体现材料抗拉伸恢复能力,更大程度上与基质沥青和橡胶粉的相容性有关。回弹恢复试验更多地体现材料抗压恢复能力,与弹性恢复试验有着较为本质的区别。国内常用前者评价热塑性橡胶类聚合物改性沥青,而后者则是国外较为常用的橡胶沥青弹性恢复评价方法。表 3-22 汇总了河南省实体项目对橡胶沥青弹性恢复的评价结果。

河南省实体项目橡胶沥青弹性恢复技术要求汇总　　表 3-22

河南省实体项目		建议的弹性恢复技术要求(%)	实测结果(%)
项目 A		≥75	81.0
项目 B	沥青 Ⅰ	>55	82.3
	沥青 Ⅱ	>55	84.3
	沥青 Ⅲ	>55	82.3
项目 C		≥75	85.7
项目 D		≥75	83.1

续上表

河南省实体项目	建议的弹性恢复技术要求（%）	实测结果（%）
项目 E2017	≥60	82.1
项目 E2018	≥60	83.4
项目 F	≥60	86.3
70 号 A 级沥青 +20% 硫化胶粉 a	≥75	86.5
70 号 A 级沥青 +20% 脱硫胶粉 b	≥75	83.7

河南省实体项目和室内试验结果显示，橡胶沥青 25℃ 弹性恢复均在 80% 以上，而实体项目实际技术指标要求在 55% ~75% 之间。参照《公路沥青路面施工技术规范》（JTG F40—2004）中对聚合物改性沥青弹性恢复指标的要求，河南省橡胶沥青弹性恢复控制指标在 60% 以上，可以满足工程质量的控制要求。

2）关键技术参数研究

橡胶沥青是由废旧轮胎经粉碎后制成的橡胶粉和沥青拌和而成的一种产物，两者相互作用，十分复杂。国内外研究工作者中出现 4 种不同机理分析，即物理共混、化学共混、网络填充、溶胀机理，而并没有形成具体统一的研究意见。鉴于胶粉分子受到沥青组分中芳香烃、饱和烃等多重作用的影响，同时受外部环境及工艺的制约，橡胶沥青在黏度、力学性能、储存稳定性等性能指标上会出现不同程度的变化。

（1）175℃ 旋转黏度

在现有反映沥青材料各种物理特性的评价指标中，黏度是最能反映橡胶沥青本质特性的指标。黏度不仅直接反映橡胶沥青的流动特性，也间接反映了橡胶颗粒在基质沥青中相互作用的情况。因此，黏度指标很大程度上代表了橡胶沥青胶结料质量的优劣，也是橡胶沥青生产过程中质量控制和检测频率最高的性能指标。

橡胶沥青黏度测试通常采用旋转法，即采用 Brookfield 黏度计、Rion 或 Haake 等手持式黏度计测定。旋转黏度是用来监控橡胶沥青胶结料流体的一致性，以保证其在工程应用中的可泵送能力，确保胶结料黏度的变化不至于影响橡胶沥青混合料的拌和、摊铺、压实及路用性能。

在湿法废胎胶粉复合改性沥青技术指标研究过程中，结合河南省实体项目情况，进行橡胶沥青黏度测试结果汇总，具体见表 3-23。

河南省实体项目橡胶沥青黏度技术要求汇总 表 3-23

河南省实体项目		测试条件及要求	建议的技术要求（Pa·s）	实测结果（Pa·s）
项目 A		175℃，Brookfield 黏度计，50% 扭矩对应黏度值	1.0 ~3.0	1.286
项目 B	沥青Ⅰ	175℃，Brookfield 黏度计，50% 扭矩对应黏度值	1.0 ~4.0	1.460
	沥青Ⅱ	175℃，Brookfield 黏度计，50% 扭矩对应黏度值	1.0 ~4.0	1.336

续上表

河南省实体项目		测试条件及要求	建议的技术要求(Pa·s)	实测结果(Pa·s)
项目 B	沥青Ⅲ	175℃,Brookfield 黏度计,50% 扭矩对应黏度值	1.0~4.0	2.215
项目 C		175℃,Brookfield 黏度计,50% 扭矩对应黏度值	1.0~4.0	1.349
项目 D		175℃,Brookfield 黏度计,50% 扭矩对应黏度值	1.0~4.0	2.206
项目 E^{2017}		175℃,Brookfield 黏度计,50% 扭矩对应黏度值	1.0~4.0	1.428
项目 E^{2018}		175℃,Brookfield 黏度计,50% 扭矩对应黏度值	1.0~4.0	1.436
项目 F		175℃,Brookfield 黏度计,50% 扭矩对应黏度值	1.0~5.0	2.829
70 号 A 级沥青 +20% 硫化胶粉 a		175℃,Brookfield 黏度计,50% 扭矩对应黏度值	1.0~4.0	1.532
70 号 A 级沥青 +20% 脱硫胶粉 b		175℃,Brookfield 黏度计,50% 扭矩对应黏度值	1.0~4.0	1.486

对比 SBS 改性沥青黏度测试的温度,橡胶沥青黏度测试温度的选择更加侧重考虑以下两个方面:

①橡胶沥青的加工温度通常在 160~180℃之间。

②对于胶粉掺量不少于 15%(占胶结料总质量)的橡胶沥青而言,在 160~180℃之间的黏度通常为 1.5~5.0Pa·s,这个黏度状态下的胶结料的流动性可以满足施工和易性的要求。

这两个方面也是橡胶沥青混合料在拌和、压实过程中的施工温度要求通常大于 SBS 改性沥青的原因所在。

黏度大多数情况下只用于均相系统,能够比较好地说明应力应变之间的关系,在分散度比较大的非均相系统中也常应用,如沥青中牛顿流、非牛顿流等,但在分散度比较小且分散相粒子较大的非均相系统中,由于分散相较大,在介质中影响层流的形成,导致摩擦阻力增大,表现出数据相对较大。不过这时黏度表征意义不大,应称为稠度,否则就难以解释橡胶沥青黏度较大而软化点不高的问题。在其他改性沥青中,黏度随着温度的变化率非常大,而橡胶沥青黏度随着温度的变化率则相对较小,这主要是因为橡胶沥青由于分散的胶粉粒子为体型结构,变形性差、取向性差,因而黏度变化较小。研究表明,制备温度和搅拌速率对废旧胶粉改性沥青的黏度都有影响,制备温度越高,搅拌速率越快且制备时间越长,橡胶沥青反应越充分。国内外对于采用 Brookfield 黏度计测定橡胶沥青黏度具有较为一致的结论,而对采用 Brookfield 黏度计测量时所采用的转速观点不一致。国外规范中较多采用 20r/min 条件下的黏度作为橡胶沥青的标准黏度,而国内则多以 50% 扭矩所对应的黏度作为橡胶沥青的代表黏度。

结合河南省实体项目,同时为了防止黏度过大影响拌和楼的泵送,将橡胶沥青175℃旋转黏度定在1.0~3.0Pa·s的范围内。

(2)测力延度

由于橡胶沥青中废胎胶粉颗粒的存在,在延度拉伸过程中,应力在废胎胶粉颗粒周围集中,导致橡胶沥青的延度较小,为了科学评价橡胶沥青的低温拉伸性能,河南省用测力延度仪进行延度试验。

测力延度是另一种延度测量方式,能够测量在拉伸过程中的拉伸力、位移和最终形成的面积(破坏能量),在室内对a、b两种胶粉和生产橡胶沥青的基质沥青进行了测力延度试验,试验结果见表3-24。

不同配方胶粉沥青测力延度(5℃)试验结果 表3-24

分类		延度(cm)	破坏能量(J)
沥青种类	添加量(SBS+胶粉)		
70号A级沥青	—	3.2	2.72
硫化胶粉a	0% SBS+15%胶粉	13.2	13.26
	0% SBS+20%胶粉	15.4	15.26
	0% SBS+25%胶粉	16.3	14.68
	1.5% SBS+15%胶粉	17.3	16.78
	1.5% SBS+20%胶粉	17.1	18.86
	1.5% SBS+25%胶粉	18.2	19.12
脱硫胶粉b	0% SBS+15%胶粉	10.8	12.20
	0% SBS+20%胶粉	12.3	12.89
	0% SBS+25%胶粉	12.1	12.71
	1.5% SBS+15%胶粉	15.2	13.98
	1.5% SBS+20%胶粉	16.8	14.04
	1.5% SBS+25%胶粉	17.3	15.31

结合测力延度数据分析,无论加不加SBS,胶粉改性沥青的5℃延度均达到10cm以上,测力延度的破坏能量均达到12J以上。

从胶粉的类型来看,硫化胶粉较脱硫胶粉测力延度提升快;与基质沥青相比,胶粉能够提升沥青测力延度,改善沥青低温性能,如掺量20%的硫化胶粉,其破坏能量较基质沥青提高5.6倍,掺量20%的脱硫胶粉,其破坏能量提高4.7倍。对胶粉掺量而言,当超过20%时,掺量增加,低温性能改善较缓慢。随着胶粉含量的增加,低温破坏能量增大,并在20%~25%时趋于稳定。

(3)储存稳定性

存储稳定性是橡胶沥青的一个关键考核指标,常用沥青上下层48h软化点差来评价沥青的稳定性。在实际工程应用中,橡胶沥青在长时间的保温储存时,各项指标也将随时间的延长而衰减,最明显的就是橡胶颗粒沉淀离析。所以橡胶沥青在储存过程中必须不断搅拌,防止胶粉沉淀到罐底,同时防止局部温度过高而使沥青过快的老化。如需临时储存时,需将混合料拌和楼沥青储存罐中的橡胶沥青泵送回发育罐中，在 145 ~ 155℃搅拌存储。橡胶沥青再加热的循环次数不能超过两次，使用前，需再次检测橡胶沥青各项技术指标，合格后方可使用。

废胎胶粉复合改性沥青本身具有一定的复杂性，这主要表现在：对同一批次沥青，软化点呈现很大的不同，有时软化点非常高，有时软化点随着时间的变化出现很大的下降。由于对这些现象难以理解，大多数道路研究者对此采取了回避的做法，但是深入研究橡胶沥青软化点变化的原因，对于正确理解橡胶改性沥青技术标准具有重要的意义。本书汇总了河南省实体项目 48h 软化点差变化情况，具体结果见表 3-25。

河南省实体项目橡胶沥青 48h 软化点差技术要求汇总　　表 3-25

河南省实体项目		48h 软化点差技术要求（℃）	实测结果（℃）
项目 A		≤5	1.8
项目 B	沥青Ⅰ	<5	1.9
	沥青Ⅱ	<5	2.1
	沥青Ⅲ	<5	2.0
项目 C		<5	2.4
项目 D		<5	3.8
项目 E2017		≤5	2.2
项目 E2018		≤5	2.6
项目 F		≤5	2.0
70 号 A 级沥青 +20% 硫化胶粉 a		<5	2.8
70 号 A 级沥青 +20% 脱硫胶粉 b		<5	4.7

同时为了探索橡胶沥青随时间的变化规律，又对不同配方胶粉沥青储存 0d、1d、3d、5d 的软化点和破坏能量进行了测定，如图 3-5、图 3-6 所示。

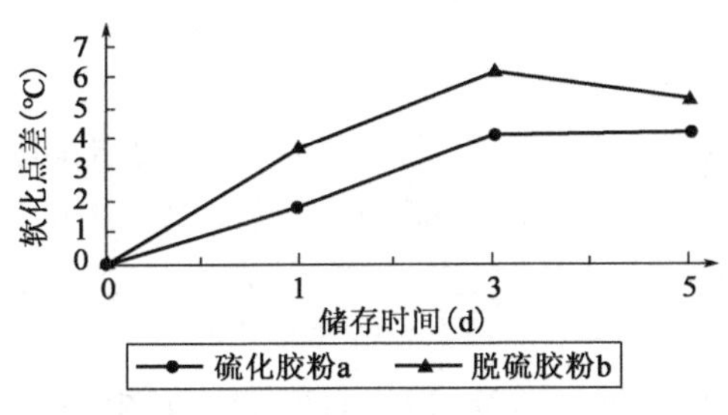

图 3-5　不同胶粉软化点差

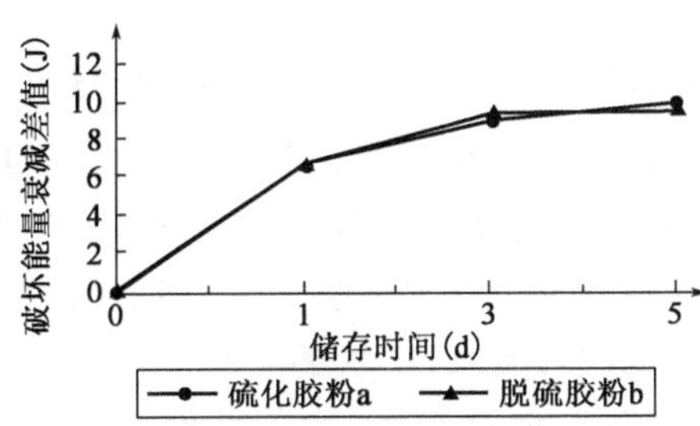

图 3-6　不同胶粉破坏能量差

随着储存时间的加长，硫化胶粉和脱硫胶粉改性沥青软化点差均会出现“峰值”，且脱硫胶粉软化点差值明显高于硫化胶粉，说明随着储存时间的延长，硫化和脱硫胶粉沥青都存在明显的离析现象，导致存储稳定性降低，而脱硫胶粉沥青的离析更显著且破坏能量衰减值略高于硫化橡胶沥青。从实体项目上看，48h 的软化点差多为 1.8 ~ 2.2℃，整体离散性较小，同时结合上述对橡胶沥青三大指标的分析，将 48h 的软化点差指标放宽至 5℃，可以完全适应工程质量的要求。

3）河南省湿法废胎胶粉复合改性沥青的技术指标体系的建立

国内对于橡胶沥青技术性能评价体系的研究，是对橡胶沥青在国内道路建设和养护工程中的可行性和合理性的研究基础上发展而来的。以交通运输部公路科学研究院主编的《橡胶沥青及混合料设计施工技术指南》为代表，一系列相应的行业标准、地方标准相继出台。

河南省交通运输厅自从2014年组织河南省交通规划设计研究院股份有限公司开展废胎胶粉橡胶沥青应用技术研究以来，先后形成了《废胎胶粉复合改性沥青路面施工技术规范》，并建立了适合河南省湿法废胎胶粉复合改性沥青的技术指标体系。

该体系的建立是以传统聚合物改性沥青评价体系为基础，同时结合河南省实体项目应用经验和理论研究成果，参考国内外相关技术标准和规范制定而成。主要包括175℃旋转黏度、25℃针入度、软化点、5℃延度、25℃弹性恢复以及48h软化点差六大技术指标，具体见表3-26。

废胎胶粉复合改性沥青技术要求 表3-26

指　　标	单　　位	技术要求
175℃旋转黏度	Pa·s	1.0~5.0
针入度(25℃,100g,5s)	0.1mm	30~70
软化点	℃	≥65
弹性恢复(25℃)	%	≥60
延度(5℃,1cm/min)	cm	≥10
48h软化点差	℃	≤5

注：1. 基质沥青可选用符合《公路沥青路面施工技术规范》(JTG F40—2004)相关规定的A级70号或90号道路石油沥青。

2. 宜选用常温粉碎的斜交胎胶粉，技术要求应符合《路用废胎硫化橡胶粉》(JT/T 797—2011)的规定。

3. 胶粉颗粒粒径宜在0.18~0.6mm(30~80目)范围内，具体胶粉掺量应根据室内试验具体确定。

3.3.2 干拌直投复合改性胶粉技术标准

废胎胶粉改性沥青具有良好的高温稳定性、低温抗裂性和抗老化等性能，对于提高路面使用性能，延长使用寿命，减少维修养护费用具有重要意义。目前，公路工程中常用的废胎胶粉改性沥青生产工艺分为湿法和干法两种，其中湿法应用较多，但是干法工艺施工便捷，引起了国内外专家、学者的研究兴趣。

曾蔚、汪水银、白永兵等对40~120目的干拌胶粉进行研究，但混合料的性能相差较大。

谭忆秋、周纯秀将1~5mm的橡胶颗粒用于破冰路面，曹卫东、周海生、吕伟民将1~3mm的橡胶颗粒用于降噪路面，其橡胶颗粒均被视为细集料使用。

随着研究的深入，部分专家学者开始研究干拌直投复合改性胶粉技术。该技术为一种预溶胀干法处理工艺。它将湿拌橡胶沥青中胶粉与沥青的溶胀、裂解过程“移植”至胶粉的预处理的环节。在预处理的过程中添加助剂，形成稳定可储存的胶粉复合改性剂，在混合料拌和、运输、摊铺、碾压过程中复合改性胶粉与沥青产生化学反应形成网状结构，混合料达到湿拌橡胶沥青混合料的路用性能。其加工工艺流程如图3-7所示。

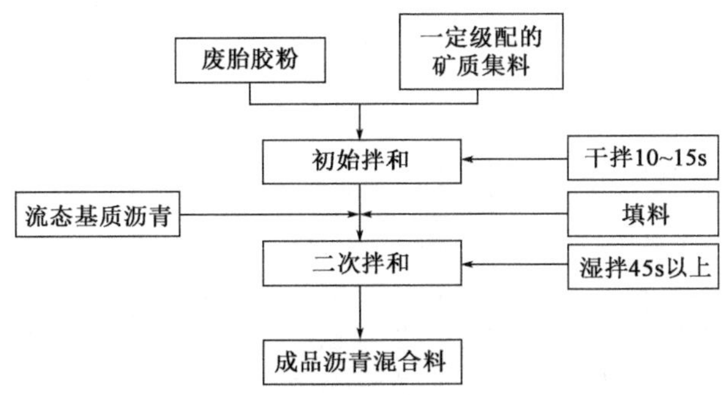

图3-7 干拌直投复合改性胶粉干法工艺流程图

从在构成上，轮胎主要由橡胶、纤维和钢丝组成，其中橡胶占轮胎总重量的50%～60%，在废胎胶粉生产过程中，产生的主要副产品是纤维和钢丝。

废胎胶粉主要由天然橡胶、炭黑、丙酮抽出物及灰分等物质构成，其中天然橡胶含量不同对沥青橡胶性质产生显著影响。当前国内对废胎胶粉中天然橡胶含量的指标限定还比较缺乏，但天然橡胶对橡胶沥青性能影响较大。一般来说，增加天然橡胶含量可以加快橡胶沥青反应速度，增加橡胶沥青黏附性。

除此之外，由于丙酮抽出物是一些软化剂或油脂类物质，这些物质有些本身就具有挥发性，在高温下油脂类软化会导致废胎胶粉结团。

我国《再生橡胶通用规范》(GB/T 13460—2016)对再生橡胶做了明确规定，其中胎面再生橡胶(R-TT)要求灰分不超过10%，丙酮抽出物不超过19%，100℃门尼黏度ML(1+4)不超过95，密度控制在1.18mg/m^{3}以内。另外，在直投胶粉干法工艺研究中，《硫化橡胶粉》(GB/T 19208—2008)对硫化橡胶粉也做了相应规定，见表3-27、表3-28。

《硫化橡胶粉》(GB/T 19208—2008)硫化橡胶粉分类 表3-27

品　　种	代　　码	所用材料
轮胎类硫化橡胶粉	A1	已失去使用价值的子午线轮胎
	A2	已失去使用价值的斜交轮胎
非轮胎类硫化橡胶粉	B1	已失去使用价值的丁基橡胶制品
	B2	已失去使用价值的丁腈橡胶制品
	B3	已失去使用价值的乙丙橡胶制品
	B4	已失去使用价值的聚氨基甲酸酯橡胶制品
公路改性沥青橡胶粉①	C1	已失去使用价值的全钢子午线轮胎
	C2	已失去使用价值的其他轮胎类

注：①公路改性沥青用橡胶粉只适用于铺设公路路面面层和应力吸收防水黏结层。

《硫化橡胶粉》(GB/T 19208—2008)硫化橡胶粉技术指标 表3-28

检测项目		轮胎类		非轮胎类				公路改性沥青		试验方法
		A1	A2	B1	B2	B3	B4	C1	C2	
加热减量(%)	≤	1.0	1.0	1.2	1.2	1.2	1.0	1.0	1.0	GB/T 19208—2008
灰分(%)	≤	8	8	12	28	18	15	6	7	GB/T 4498—1997

续上表

检测项目	轮胎类		非轮胎类				公路改性沥青		试验方法
	A1	A2	B1	B2	B3	B4	C1	C2	
丙酮抽出物(%) ≤	8	10	10	12	12	12	8	10	GB/T 3516—2006
橡胶烃含量(%) ≥	42	42	45	40	35	45	48	48	GB/T 14837—1993
炭黑含量(%) ≥	26	26	28	—	20	—	28	28	GB/T 14837—1993
铁含量(%) ≤	0.03	0.02	0.05	0.05	0.08	0.03	0.03	0.02	GB/T 19208—2008
纤维含量(%) ≤	0.1	0.5	0	0.5	0.5	—	0	0.5	GB/T 19208—2008
拉伸强度(MPa) ≥	15		—						GB/T 528
拉伸伸长率(%) ≥	500		—						GB/T 528

注:拉伸强度及拉伸伸长率只适用于250μm(60目)及以上轮胎类硫化橡胶粉。

本节结合2017—2018年河南省实体项目M和项目N干拌胶粉应用情况,对河南省干拌直投复合改性胶粉技术参数进行总结,其中复合改性胶粉技术指标结果汇总于表3-29。

河南省实体项目复合改性胶粉技术指标要求及检测结果汇总 表3-29

项目		单位	技术要求	项目M	项目N
物理指标	含水率	%	≤1	0.7	0.6
	60目筛通过率	%	≥90	93.4	92.5
	金属含量	%	≤0.03	0.02	0.01
	纤维含量	%	≤0.5	未检出	未检出
	相对密度	—	1.0~1.2	1.12	1.15
化学指标	灰分	%	≤10	6.8	7.0
	丙酮抽出物	%	≤21	6.3	5.8
	橡胶烃含量	%	≥42	51	49
	炭黑含量	%	≥28	34	31

1)常规技术参数检测结果

(1)含水率

废胎胶粉在储存和加工中,水分的存在会导致胶粉出现结团现象。在河南省成功应用的实体项目中,项目M(为新建公路项目,下同)和项目N(为养护项目,下同)胶粉含水率分别为0.7%与0.6%,含水率均在1%以内,同时参照《硫化橡胶粉》(GB/T 19208—2008)使用的路用废胎胶粉的技术指标,最终要求路用废胎胶粉含水率满足小于1%的技术要求。

(2)废胎胶粉的粒径

胶粉粒径是评价废胎胶粉的主要技术指标,废胎胶粉粒径分布的差异取决于粉碎机的类型、筛分机孔径及制备工艺。在实际生产过程中,为使混合料密实均匀,废胎胶粉都要有一定的颗粒级配。一般来讲,目数越大、粒径越小的胶粉,越容易分散在沥青中,目数较大的废胎胶粉容易结团,不利于细微胶粉在沥青中的分散。

根据废胎胶粉的细度不同将其分为Ⅰ类胶粉:粒径在30目(含)以下(0.6mm及以上);Ⅱ类胶粉:粒径在30~80目(含)之间[0.16~0.18mm(含)之间];Ⅲ类胶粉:粒径在80~

200目(含)之间[0.18～0.075mm(含)之间]。由于胶粉筛分比较困难,不能筛分为单一粒径,通过室内试验研究,胶粉粒径在0.18～0.25mm(60～80目)时的混合料拌和效果最佳。另外,当河南省实体项目M和项目N的60目筛通过率分别为93.4%和92.5%时,混合料各性能指标整体效果较优。因此,本书规定干拌废胎胶粉粒径以60目为依据,相应通过率以不小于90%为准。

(3)金属含量

在我国,随着我国汽车保有量的迅速增加,废弃轮胎数量也迅猛增加。无论是被称为"钢丝轮胎"的子午线轮胎还是普通结构的斜交轮胎,在组成时胎和带束层体均含有钢丝帘线,以便提高轮胎负荷承载能力。然而在废弃轮胎加工胶粉过程中,不可避免地会有铁(Fe)、铅(Pb)、镉(Cd)等金属成分的加入。考虑到微小金属颗粒的存在,会影响到沥青混合料强度的形成,再加上实体项目M和项目N金属含量实测结果分别为0.02%和0.01%,所以在借鉴《硫化橡胶粉》(GB/T 19208—2008)胶粉技术指标的基础上,规定干拌废胎胶粉金属含量必须控制在0.03%以内,以满足沥青混合料的耐久性。

(4)纤维成分

纤维是废轮胎加工胶粉环节中副产品之一,成分一般是聚酯纤维和聚酯胺纤维。它是在轮胎破碎和选分分离后产生的,在废胎胶粉生产过程中,其产量约占10%,因此,纤维含量作为废胎胶粉的一个重要指标有着严格规定,要求含量小于1%。但是在沥青混合料中,纤维可以提高混合料油石比、水稳定性和抗疲劳性,所以在控制其含量的同时,也因其有较好的路用价值成为不可或缺的组成部分。在实体项目M和项目N中未检测出有纤维存在,最后通过对经济及混合料路用性能的综合考虑,在借鉴《硫化橡胶粉》(GB/T 19208—2008)胶粉技术指标的基础上,本书规定纤维成分含量以不超过0.5%为界限。

(5)胶粉的密度

废胎胶粉密度与胶粉成分和目数有关,在公路工程中应用时,需要其密度在一定的范围内,从而对废胎胶粉中的组成起到一定的控制作用。除此之外,还可以减少在橡胶沥青加工过程中的胶粉离析现象,保证橡胶沥青的均匀性。国际上一般控制废胎胶粉的相对密度在1.1～1.2之间。

而在《硫化橡胶粉》(GB/T 19208—2008)中以倾注密度为标准,要求其在260～350kg/m^{3}之间。但对我国当前生产的废胶胎粉倾注密度进行调查后发现,实际的密度范围在270～410kg/m^{3}之间,而且其中密度偏大的胶粉还会出现灰分含量超标的现象。河南省通过综合考虑,以相对密度来表征,更加直接快捷。实体项目M和项目N相对密度分别为1.12和1.15,而《再生橡胶　通用规范》(GB/T 13460—2016)规定胎面胶粉密度为1.18g/cm^3,最终通过综合比选,本书规定干拌直投胶粉相对密度为1.0～1.2。

(6)灰分

灰分主要是指在一定烧灼温度下不能挥发或燃烧的成分占比,灰分含量越低,相应胶粉与沥青的相容性越佳,主要是由于胶粉和基质沥青的有效成分是碳氢化合物,在拌和发育溶胀中,能够更加有效地形成共混体。实体项目M灰分含量为6.8%,项目N胶粉灰分含量为7.0%,在借鉴《硫化橡胶粉》(GB/T 19208—2008)和《再生橡胶　通用规范》(GB/T 13460—2016)的基础上,本书规定灰分含量不超过10%。

(7)丙酮抽出物

丙酮抽出物是指橡胶中能溶于丙酮的物质,这类物质主要由胶乳中留下的类脂物及其分解物构成。新鲜胶乳中的类脂物主要由脂肪、蜡类、甾醇、甾醇脂和磷脂组成,这类物质均不溶于水,除磷脂之外均溶于丙酮。丙酮抽出物主要是控制再生脱硫时加入软化剂的量,一般来说,当抽出量过高时,胶粉黏度过大,橡胶沥青加工操作困难。在河南省丙酮抽出物实体项目检测中,项目 M 和项目 N 相应含量分别为 6.3% 和 5.8%,同时通过《硫化橡胶粉》(GB/T 19208—2008)和《再生橡胶　通用规范》(GB/T 13460—2016)进行多角度考虑,本书规定丙酮抽出物含量以不超过 21% 为最佳。

(8)橡胶烃含量

橡胶烃是天然橡胶或其胶乳的基本组分,橡胶烃含量是天然橡胶分析项目之一。化学成分一般是异戊二烯的顺式聚合物(即顺式聚异戊二烯),但在古塔波橡胶中则是反式,其含量可以用管式炉热解法或热重分析法进行测定。河南省实体项目 M 胶粉橡胶烃测试含量为 51%,项目 N 胶粉橡胶烃测试含量为 49%,同时参照《硫化橡胶粉》(GB/T 19208—2008)的规定,本书最终规定橡胶烃含量至少在 42% 以上,将更加有利于与沥青的溶胀是胶链的搭接。

(9)炭黑含量

炭黑是一种无定形碳。轻、松而极细的黑色粉末,表面积非常大,范围为 10 ~ 3000m^2/g,相对密度为 1.8 ~ 2.1kg/m^3,是含碳物质(煤、天然气、重油、燃料油等)在空气不足的条件下经不完全燃烧或受热分解而得的产物,也是橡胶的补强剂。河南省实体项目 M 胶粉炭黑含量测试为 34%,项目 N 胶粉炭黑含量测试为 31%,同时借鉴《硫化橡胶粉》(GB/T 19208—2008)技术指标的规定,从橡胶沥青的性能角度出发,本书规定炭黑含量不低于 28% 时,均可满足工程应用的需要。

2)关键技术参数研究

废胎胶粉在公路工程施工中的应用,无论是采用湿法还是干法,都要求在高温环境下与沥青进行拌和,废胎胶粉在高温下自身关键技术性能将会影响到混合料路用性能的发挥。试验表明,将废胎胶粉放入 150℃ 烘箱中干燥 2h,发现不同废胎胶粉的抗老化性能差别很大,几乎所有胶粉都出现成团现象,有些胶粉还产生大量挥发性气体。因此,废胎胶粉的关键技术指标研究将是重中之重。

(1)门尼黏度性能指标

门尼黏度是指在规定的试验条件下,使转子在充满橡胶粉的圆柱形模腔中转动,测定橡胶粉对转子转动所施加的扭矩。橡胶粉门尼黏度通过借助模体、转子、温控系统、模腔闭合系统、扭矩测量装置和校准装置等设备,在 100℃ ±0.5℃ 的温度条件下,测试橡胶粉对转子转动的反作用力矩。

按照门尼黏度测试方法,对河南省实体项目 M 和项目 N 的门尼黏度进行检测,检测结果见表 3-30。

河南省实体项目门尼黏度检测结果汇总　　表 3-30

项目名称	胶粉指标	单　位	技术要求	检测结果
项目 M	门尼黏度 50ML(1+4)100℃	—	≤95	79
项目 N				83

结合《再生橡胶 通用规范》(GB/T 13460—2016)对100℃门尼黏度技术指标的规定和实体项目结果，本书确定100℃门尼黏度不超过95。

(2)废胎胶粉闪点指标。

废胎胶粉在高温条件下，可以释放出少量H_2S、SO_2等少量可燃性气体，遇到空气时，可能发生自燃现象。因此，将干拌废胎胶粉用于沥青混合料时，必须对橡胶粉的闪点进行试验检测，以免胶粉燃烧，危及人身和施工安全。干拌废胎胶粉的闪点试验检测可借鉴黏稠石油沥青的克利夫兰开口杯法(简称COC法测定闪点)进行，即将干拌胶粉试样存放在规定的克利夫兰开口杯(简称COC)盛样器内，然后按规定的升温速度，测试试样受热时所蒸发的气体。初次发生一瞬即灭火焰时的试样温度，以℃表示。

根据废胎胶粉闪点检测方法，对河南省实体项目M和项目N的闪点进行检测，检测结果见表3-31。

河南省实体项目闪点检测结果汇总 表3-31

项目名称	胶粉指标	单位	技术要求	检测结果
项目M	闪点	℃	≥210	234
项目N				238

参照《公路沥青路面施工技术规范》(JTG F40—2004)对道路石油沥青、聚合物改性沥青技术要求和混合料拌和时集料加热温度的规定，本书确定干拌胶粉闪点至少在210℃以上，才可满足施工安全的技术要求。

3)河南省干拌直投复合改性胶粉的技术指标体系的建立

国内对于干拌直投复合改性胶粉技术指标体系的建立，是在不断探索中慢慢形成的。2017年河南省交通运输厅根据公路建设的需要，组织河南省交通规划设计研究院股份有限公司开展适合河南省新建、改建及养护等工程需要的干拌直投废胎胶粉技术的研究，并形成了《干拌废胎胶粉改性沥青路面施工技术规范》地方标准。该标准体系的建立，是参照国内外干拌直投技术标准和河南省实体项目技术要求综合制定的，对河南省干拌胶粉直投技术的发展具有一定指导意义。具体干拌直投技术指标见表3-32。

干拌废胎胶粉的技术要求 表3-32

项目		单位	技术要求	试验方法
物理指标	含水率	%	≤1	GB/T 19208
	60目筛通过率	%	≥90	GB/T 19208
	金属含量	%	≤0.03	GB/T 19208
	纤维含量	%	≤0.5	GB/T 19208
	门尼黏度ML(1+4)100℃	—	≤95	DB 41/T 1611—2018
	相对密度	—	1.0~1.2	JT/T 797
	闪点	℃	≥210	DB 41/T 1611—2018
化学指标	灰分	%	≤10	GB/T 4498.1
	丙酮抽出物	%	≤21	GB/T 3516 方法B
	橡胶烃含量	%	≥42	GB/T 14837
	炭黑含量	%	≥28	GB/T 14837

注：1.胶粉粒径宜选用0.18~0.25mm(60~80目)。

2.胶粉应存放在干燥、通风处，避免紫外线照射，不得与有机溶剂一同存放。

第4章 湿法工艺废旧轮胎胶粉复合改性沥青混合料配合比设计

4.1 国内外湿法工艺橡胶沥青混合料配合比设计方法

4.1.1 国外配合比设计方法

国外在20世纪70年代中期使用橡胶(粉)沥青混合料时,主要用于开级配混合料,到70年代后期用于连续级配密实型混合料,经过大量实际工程的应用和级配理论的发展,到80年代后期逐步确定了间断级配沥青混合料。

马歇尔击实试验方法、旋转压实试验方法、维姆混合料设计法是目前国内外沥青混合料配合比设计的三种主要方法。具体方法如下:

(1)马歇尔击实试验方法是指应用稳定度、流值、密度、空隙率、间隙率及饱和度的分析获得适用的沥青混合料。马歇尔方法有两个优点:一是注重沥青混合料密度和空隙率特性的分析,可以保证使混合料具有合适的体积比例,获得耐久性良好沥青混合料;二是所需设备价格便宜、携带方便,易于进行远距离质量控制。但是马歇尔方法采用的冲击压实不能模拟实际沥青混凝土路面压实模式,稳定度也不能正确估计沥青混合料抗剪强度,这两种情况难以保证设计沥青混合料具有的抗车辙能力。

(2)旋转压实法采用旋转压实仪成型试件,能够最大限度地模拟路面在碾压中的实际受力状态,自动采集试件应力、应变数据,同时显示抗剪强度的变化曲线。此方法以试件最终的塑性变形作为确定最佳沥青用量的基本参数,使最佳沥青用量能够与混合料的力学指标联系在一起。

(3)维姆混合料设计法包括混合料密度、空隙率和稳定分析,也可以确定混合料对抗水浸膨胀力。此方法有两个特点:一是采用揉搓压实的方法模拟实际路面热拌沥青混合料的施工压实特性,试验结果更加接近实际状况;二是维姆稳定度仪可以直接测量试件抗剪能力的内摩擦角和抗垂直荷载引起的横向位移能力。但是维姆法对一些与耐久性有关的混合料体积特性没有进行常规性测量,通常选择的沥青用量较低,造成沥青混合料耐久性不足。

无论采取哪种配合比设计方法设计橡胶沥青混合料,都是先选择和确定级配,其次分析和确定混合料的体积指标、力学指标,最后确定混合料的最佳油石比。

1)美国

美国是应用废橡胶粉改性沥青最早的国家,在将旧轮胎用于路面研究与工程实践中积累了丰富的经验。其在20世纪70年代主要用于开级配,70年代末开始用于连续级配,到90年代采用间断级配。对于间断级配橡胶沥青混合料的设计,美国各州采用不同的设计方法。例如,亚利桑那州采用旋转压实试验方法,加利福尼亚州采用维姆法,得克萨斯州采用马歇尔击实试验方法。

美国亚利桑那州和加利福尼亚州对橡胶沥青混合料的设计思路是考虑橡胶沥青混合料中含有粗颗粒橡胶粉存在，且沥青用量比一般混合料高，为避免胶粉对混合料骨架结构产生干涉作用，因此要留有足够空间。其橡胶沥青级配范围以及设计标准汇总分别见表4-1、表4-2。

亚利桑那州与加利福尼亚州橡胶沥青混合料级配范围 表4-1

亚利桑那州 AR-AC-13A 混合料的级配范围						
AR-AC-BA 混合料级配范围	筛孔(mm)通过率(%)					
	19	12.5	9.5	4.75	2.36	0.075
Arizona 上限	100	100	80	42	22	2.5
Arizona 下限	100	80	65	28	14	0

加利福尼亚州间断级配橡胶沥青混合料级配范围								
混合料类型	筛孔(mm)通过率(%)							
	19	12.5	9.5	4.75	2.36	1.18	0.6	0.075
ARHM-GG-C	100	90~100	83~87	33~37	18~22	8~12	—	2~7
开级配	100	95~100	78~89	29~37	7~18	0~10	—	0~3

亚利桑那州与加利福尼亚州橡胶沥青混合料设计标准汇总 表4-2

亚利桑那州 AR-AC13 混合料技术要求	
标准	技术要求
空隙率(%)	5.5±1.0
结合料含量(%)	5.5~9.5
VMA(%)	≥19.0
橡胶沥青吸收率(%)	0~1.0
加利福尼亚州间断级配橡胶沥青混合料技术要求	
标准	ARHM-GG-C
油石比(%)	7.5~8.7
空隙率(%)	3~6
VMA(%)	≥18
稳定度(kN)	≥23

由表中数据看出，亚利桑那州橡胶沥青混合料具有以下特点：

级配4.75mm以上碎石含量达到58%~72%，呈现出明显间断级配特征；混合料空隙率范围在4.5%~6.5%之间，为密实型混合料；结合料(橡胶沥青)含量为5.5%~9.5%，明显大于一般沥青混合料，甚至高于SMA型混合料，以至于要求混合料的矿料间隙率(VMA)大于19%；矿料级配组成中含有少量矿粉或是不含矿粉(矿粉含量0~2.5%)。

加利福尼亚州间断级配橡胶沥青混合料具有以下特点：

采用ARHM的级配设计原理，同时减少矿粉含量，也采用较高油石比及较大VMA(油石比=7.0%~10%，VMA≥18%)。

美国得克萨斯州在1992年以前，没有胶粉改性沥青混凝土标准，通常使用传统的D型、C型级配，效果并不理想。1992年，得克萨斯州提出胶粉改性沥青技术标准，并采用间断级配。1994年开始使用开级配，得到较好的效果。得克萨斯州对橡胶沥青混合料的设计思路是采用较多粗集料形成骨架结构，通过橡胶沥青、矿粉和少量细集料形成玛蹄脂填充骨架空隙。其橡胶沥青级配范围以及设计标准汇总分别见表4-3、表4-4。

得克萨斯州橡胶沥青混合料级配范围 表4-3

混合料类型	筛孔(mm)通过率(%)								
	19	12.5	9.5	4.75	2.36	1.18	0.6	0.3	0.075
SMAR-13	100	72~85	50~70	30~45	17~27	12~22	8~20	6~15	5~9

得克萨斯州橡胶沥青混合料设计标准汇总 表4-4

得克萨斯州橡胶沥青混合料技术要求	
标准	技术要求
击实次数(次)	75
设计次数时的压实度(%)	97
油石比(%)	7.0~10.0
VMA(%)	≥19.0
胶粉掺量(%)	≥15.0
汉堡车辙(20000次,122OF)(in❶)	≤0.5
拉伸强度(psi)	85~200
析漏(%)	≤0.2

从表中可以看出，得克萨斯州橡胶沥青混合料具有以下特点：

采用SMA级配设计原理，同时减少矿粉含量，采用较高的油石比及较大的VMA(油石比=7.0%~10%,VMA≥19%)。

2)澳大利亚

澳大利亚橡胶沥青混合料级配范围见表4-5，有两种混合料类型即14型和10型，均为典型的间断级配。碎石含量比较高，表4-6为两种混合料的材料组成范围。从该表可以看出，澳大利亚橡胶沥青混合料中废胎胶粉含量为2.5%~3%，沥青含量为7.5%~9%，即橡胶沥青中胶粉掺量为33%左右，比美国各州常用的橡胶沥青胶粉掺量高，混合料中橡胶沥青的含量也比美国各州间断级配混合料所用橡胶沥青高。

澳大利亚橡胶沥青混合料级配范围 表4-5

混合料类型	筛孔(mm)通过率(%)									
	13.2	9.5	6.7	4.75	2.36	1.18	0.6	0.3	0.15	0.075
14型	90~100	65~75	40~50	30~40	15~25	10~19	7~15	5~10	4~8	3~5
10型	100	90~100	64~74	36~46	20~30	12~22	8~17	6~11	4~8	3~7

澳大利亚橡胶沥青混合料组成 表4-6

组 成	内 容	
	14mm	10mm
集料	86~89	86~89
填料	1.0~3.0	1.0~3.0

❶ 1in=0.0254m，下同。

续上表

组　　成	内　　容	
	14mm	10mm
胶粉	2.5～3.0	2.5～3.0
沥青	7.5～9.0	7.5～9.0
橡胶沥青含量	10.0～12.0	10.0～12.0

从澳大利亚两种橡胶沥青混合料马歇尔击实试验技术指标要求(表 4-7)可以看出:混合料中结合料含量较高,马歇尔试件稳定度标准较低,矿料间隙率(VMA)要求比较高,大于美国相同类型的混合料,沥青膜较厚,但混合料的空隙率要求与美国相同类型混合料基本一致,偏向于密实型混合料空隙率上限。

澳大利亚标准马歇尔试验(双面各击实 50 次)结果　　表 4-7

混合料类型	稳定度(kN)	流值(mm)	空隙率(%)	VMA(%)	沥青膜厚(μm)
14 型	大于 3.0	3.0～5.5	5.0～6.5	大于 27	19～25
10 型	大于 2.5	3.0～5.5	5.0～6.5	大于 27	19～25

3)南非

南非橡胶沥青混合料应用广泛,对混合料中矿料有严格和明确的要求:粗集料压碎值(Aggregate Crushing Value,ACV)不超过 25;干/湿比例系数不大于 75%;19.0～13.2mm 针片状指数(Flakiness Index)不超过 25%,9.5～6.7mm 不超过 30%;至少 95% 的颗粒具有至少 3 个破碎面;石料磨光值(Polished Stone Value)不低于 50。南非橡胶沥青混合料使用的级配类型比较广泛,有连续级配、半开级配、开级配以及间断级配和半开级配,结合料含量为 5.5%～8.5%。南非橡胶沥青混合料级配范围及配合比设计技术要求分别见表 4-8、表 4-9。

南非橡胶沥青混合料级配范围　　表 4-8

筛孔尺寸(mm)	连续级配(%)		半开级配(%)	开级配(%)			间断级配和半开级配
	13.2mm	19.0mm	19.0mm	类型 1	类型 2	类型 3	
19.0	100	100	100	100	100	100	尚未颁布
13.2	100	84～96	70～100	90～100	70～100	100	
9.5	80～100	70～84	50～82	30～50	50～80	50～70	
4.75	50～70	45～63	16～38	10～20	15～30	20～30	
2.36	32～50	29～47	8～22	8～14	10～22	5～15	
1.18	—	19～33	4～15	—	—	—	
0.6	13～25	13～25	3～10	—	6～13	3～8	
0.3	8～18	10～18	3～8	—	—	—	
0.15	—	6～13	2～6	—	—	—	
0.075	4～8	4～10	1～4	2～6	3～6	2～5	
集料含量(%)	91.0	91.0	90.5	93.5	93.5	93.5	
结合料含量(%)	7.0	7.0	8.5	5.5	5.5	5.5	
活性添加剂含量(%)	2.0	2.0	1.0	1.0	1.0	1.0	

南非橡胶沥青混合料配合比设计技术要求　　表4-9

指　　标	混合料级配		
	密级配	半开级配	开级配
混合料空隙率(%)	2~6	3~7	尚未颁布
矿料间隙率(%)	最小17	—	
间接拉伸强度(kPa)	最小550	最小600	
40℃动态蠕变(MPa)	最小10	最小15	
稳定度(kN)	8~15	6.5~12.5	
流值(mm)	2~5	2~5	
粉胶比	1.0~1.5	1.0~1.5	
膜厚度(μm)	5.5	5.5	
SHRP旋转压实	$N_{in}=9, N_{des}=128, N_{max}=208$	$N_{in}=9, N_{des}=128, N_{max}=208$	

从表4-9中可以看出，半开级配混合料空隙率范围仅比连续密实型级配高1%，与美国各州间断级配混合料空隙率水平基本相当。

4.1.2　国内配合比设计方法

近年来国内就橡胶沥青展开了很多研究，有些单位就橡胶沥青混合料提出了推荐级配。

江苏省交通科学研究院主要借鉴美国亚利桑那州橡胶沥青混合料设计思路，采用高沥青用量及低矿粉含量，于2005年提出Ⅰ型级配。为了进一步提高橡胶沥青混合料粗集料的间隙率，以容纳更多的橡胶沥青，于2009年又提出了Ⅱ级配，Ⅱ型比Ⅰ型细料更少，但矿粉略有增加。在分析国内外原材料技术性质及工程技术差异的基础上进行了“橡胶改性沥青在高速公路上的应用研究”，结合工程应用经验，提出了间断级配橡胶沥青混合料(AR-AC13S)级配范围及设计标准，见表4-10、表4-11。

江苏省交通科学研究院橡胶沥青混合料推荐矿料级配　　表4-10

级　　配		筛孔(mm)质量百分率(%)									
		16	13.2	9.5	4.75	2.36	1.18	0.6	0.3	0.15	0.075
江苏省交通科学研究院	Ⅰ型	100	90~100	60~80	28~42	12~22	—	—	—	—	0~3
	Ⅱ型	100	90~100	50~70	18~30	10~22	—	—	—	—	0~5

江苏省交通科学研究院橡胶沥青混合料技术标准　　表4-11

技术标准	江苏省交通科学研究院技术要求	
	Ⅰ型	Ⅱ型
击实次数	双面各75次	双面各75次
空隙率(%)	5.5±1.0	5.5±1.0
稳定度(kN)	≥4.5	报告
流值(0.1mm)	20~50	报告
矿料间隙率VMA(%)	≥19	≥20
沥青饱和度VFA(%)	70~85	70~85

续上表

技术标准	江苏省交通科学研究院技术要求	
	Ⅰ型	Ⅱ型
油石比(%)	—	7 ~ 9
动稳定度(次/mm)	≥2800	≥3000
残留稳定度(%)	≥85	≥85
冻融劈裂强度比(%)	≥80	≥80
破坏应变(με)	≥2000	≥2500

交通运输部公路科学研究院在 2008 年 12 月编写出版了《橡胶沥青及混合料施工技术指南》,其中湿法橡胶沥青混凝土[ARHM(W)]密级配参考级配范围见表 4-12,表中级配也是间断级配,基本上与多碎石 SAC 级配相差不大,与 SMA 级配近似。

湿法橡胶沥青混凝土[ARHM(W)]密级配参考级配　　表 4-12

筛孔(mm)	ARHM20(W)	ARHM16(W)	ARHM13(W)	ARHM10(W)	ARHM7(W)	ARHM5(W)
	通过率(%)					
26.5	100	—	—	—	—	—
19	90 ~ 100	100	—	—	—	—
16	77 ~ 88	95 ~ 100	100	—	—	—
13.2	64 ~ 76	77 ~ 85	95 ~ 100	100	—	—
9.5	47 ~ 59	54 ~ 64	62 ~ 71	95 ~ 100	100	—
7.2	—	—	—	56 ~ 66	95 ~ 100	100
4.75	25 ~ 35	25 ~ 35	25 ~ 35	25 ~ 35	58 ~ 68	95 ~ 100
2.36	18 ~ 27	19 ~ 28	20 ~ 28	20 ~ 28	25 ~ 35	25 ~ 35
1.18	14 ~ 21	15 ~ 22	15 ~ 23	15 ~ 23	19 ~ 28	19 ~ 28
0.6	10 ~ 17	11 ~ 18	12 ~ 19	12 ~ 19	15 ~ 22	16 ~ 23
0.3	7 ~ 13	9 ~ 14	10 ~ 15	10 ~ 15	12 ~ 18	13 ~ 18
0.15	5 ~ 10	7 ~ 11	8 ~ 12	8 ~ 12	9 ~ 14	10 ~ 15
0.075	4 ~ 8	5 ~ 9	6 ~ 10	6 ~ 10	7 ~ 11	8 ~ 12

交通运输部公路科学研究院关于橡胶沥青混合料的技术要求,以不同交通量、气候条件方式列出。其中关于密级配橡胶沥青混合料马歇尔试验技术指标见表 4-13。

交通运输部公路科学研究院密级配橡胶沥青混合料技术指标　　表 4-13

技术指标	单位	技术要求
击实次数	—	75
稳定度(流值为 3mm)	kN	≥7
设计空隙率 V_a	%	3 ~ 5
沥青饱和度 VFA	%	70 ~ 85

交通运输部公路科学研究院结合实际工程经验提出了橡胶沥青混合料院级级配范围,

见表4-14。

交通运输部公路科学研究院级配范围　　表4-14

筛孔(mm)	16	13.2	9.5	4.75	2.36	1.18	0.6	0.3	0.15	0.075
通过率(%)	100	95~100	62~71	25~35	20~28	15~23	12~19	10~15	8~12	6~10

4.1.3 国内外配合比设计方法总结与分析

国外湿法废胎胶粉复合改性沥青混合料配合比设计：

(1)橡胶沥青一般用于中、细粒式混合料，一般混凝土的公称最大粒径不大于19mm。

(2)橡胶沥青混凝土主要有间间断级配和连续级配两种类型，南非半开级配混合料从集料含量的指标来看，属典型间断级配。这是因为间断级配可以提供空间容纳橡胶粉，从而减少碾压弹性。

(3)橡胶沥青混合料的结合料含量比例高，远高于一般沥青混合料(如SMA)。我国常用表面层改性沥青混凝土油石比在5%以内，改性沥青SMA油石比一般为6%，而国外橡胶沥青混合料油石比一般在7%~8%，这样的高油石比混合料，其高温稳定性需作为关键指标进行验证，是混合料设计中最为重要的指标之一。

国内湿法废胎胶粉复合改性沥青混合料配合比设计：

(1)橡胶沥青混合料技术标准各单位有很大差异，而且同一指标在数值上也有所区别。

(2)结合国外橡胶沥青混合料设计体系及国内工程应用经验，我国少数省市制订了相关设计与施工指南。目前，我国在橡胶沥青混合料的配合比设计方面还没有形成统一规范，综合橡胶沥青及SMA各自优点并还处于探索阶段，许多问题有待解决。

因此，我国还需要通过实践不断总结成功经验，规避不利因素，逐渐达成共识并最终形成全国统一的技术标准。

4.2 河南省湿法工艺橡胶沥青混合料配合比设计方法

间断级配橡胶沥青混合料具有良好嵌挤效果、高温性能、低温性能、抗疲劳性能和抗滑性能。河南省根据项目A，项目B，项目C，项目D，项目E^{2017}、E^{2018}，项目F中使用200km以上等项目使用效果，对交通运输部公路科学研究院WRAC-13级配不断调整、完善，并大胆突破，逐步形成具有河南省特色的间断级配橡胶沥青混合料设计体系WRAC。

4.2.1 原材料

河南省废胎胶粉复合改性沥青混合料石料主要分两大类，即硬质石灰岩和玄武岩，原材料均满足《公路沥青路面施工技术规范》(JTG F40—2004)技术指标要求，以下将项目A、项目F硬质石灰岩和项目E^{2017}玄武岩列在一起对比两种原材料的性能。

项目所用的各种原材料产地分别为：

(1)项目A采用的是山东A石化公司提供的A级70号重交基质沥青、北京A公司生产的橡胶粉复合改性沥青。

(2)项目 E2017 A 级 70 号重交基质沥青由 SK 公司提供,橡胶粉及橡胶粉复合改性沥青由许昌 B 公司生产。

(3)项目 F 采用山东 B 石化公司提供的 A 级 70 号重交基质沥青、北京 A 公司生产的橡胶粉及橡胶复合改性沥青。

1)橡胶粉复合改性沥青

(1)基质沥青

基质沥青性能指标均满足交通运输部有关规范要求。

(2)橡胶粉

《路用废胎硫化橡胶粉》(JT/T 797—2011)将橡胶粉分为三种规格:30 目以下、30 ~ 80 目、80 ~ 200 目;《废轮胎橡胶沥青及混合料技术标准》(河北省地方性标准,DB 13/T 1013—2009)建议采用 20 ~ 80 目橡胶粉。经实体项目检验,施工过程中 20 目胶粉较粗,混合料不易碾压;80 目胶粉过细,与基质沥青混合时容易结团,增加生产难度,并且价格昂贵。近年来,多个项目采用 30 ~ 60 目胶粉。

项目 A 采用内掺 20% 的 30 ~ 40 目、40 ~ 60 目两种目数胶粉,内掺 2% 的 SBS,生产了两种橡胶粉复合改性沥青,并对橡胶粉复合改性沥青 180℃黏度、软化点、弹性恢复、5℃延度指标进行了检测,结果见表 4-15。

项目 A 两种橡胶粉复合改性沥青的性能　　表 4-15

技术指标	沥青种类	
	30 ~ 40 目	40 ~ 60 目
180℃旋转黏度(Pa·s)	1.5	2.3
25℃针入度(100g,5s)(0.1mm)	54	48
软化点(℃)	68	66
25℃弹性恢复(%)	84	87
延度(5℃,5cm/min)(cm)	13	15

采用 30 ~ 40 目和 40 ~ 60 目胶粉的橡胶粉复合改性沥青在性能上没有明显差异,经过室内试验,最终确定采用 30 ~ 40 目胶粉。

(3)胶粉复合改性沥青

橡胶粉复合改性沥青由 30 ~ 40 目橡胶粉、SBS 等与 70 号沥青掺配而成。橡胶粉复合改性沥青的典型配方见表 4-16,复合改性沥青性能指标见表 4-17。

橡胶粉复合改性沥青成分比例(内掺)　　表 4-16

成分组成	基质沥青	胶粉	SBS	综合稳定剂	表面活性剂	交联剂
质量份(%)	77.7	15.5	1.7	4.1	0.7	0.3

橡胶粉复合改性沥青技术要求及试验结果汇总表　　表 4-17

检验项目	项目 A	项目 E2017	项目 F	技术要求
180℃运动黏度(Pa·s)	1.286	1.4	2.829	1.0 ~ 3.0
针入度(25℃,100g,5s)(0.1mm)	50	49	47	40 ~ 60

续上表

检验项目		项目A	项目E2017	项目F	技术要求
延度(5cm/min,5℃)(cm)		12	14	14	≥10
软化点(环球法)(℃)		65.5	65.5	66.5	≥60
闪点(℃)		234	238	234	≥230
TOFT后残留物	质量损失(%)	-0.378	0.01	-0.357	≤1
	25℃针入度比(%)	78	75	79.2	≥60
	延度(5℃)	8	10	6	≥5
离析,软化点差(℃)		1.8	2.0	2.4	≤5
25℃弹性恢复(%)		81.0	84	86.3	≥75

2)矿料

(1)粗集料

粗集料规格分别为10~15mm、5~10mm,试验项目及试验结果见表4-18。试验结果表明粗集料完全满足《公路沥青路面施工技术规范》(JTG F40—2004)的技术指标要求,其中磨光值>40。

粗集料技术性质 表4-18

检测项目		单位	上面层要求	10~15mm粗集料			5~10mm粗集料		
				项目A	项目E2017 玄武岩	项目F 石灰岩	项目A	项目E2017 玄武岩	项目F 石灰岩
石料压碎值 ≤		%	26	17.8	6.4	15.8	—	—	—
磨光值 ≥		—	40	40	45	41	—	—	—
洛杉矶磨耗损失 ≤		%	28	17.5	5.7	18.5	—	—	—
表观相对密度 ≥		—	2.6	2.999	2.959	2.768	2.848	2.970	2.748
毛体积相对密度		—	实测值	2.947	2.920	2.747	2.805	2.911	2.705
吸水率 ≤		%	2.0	0.59	0.46	0.42	0.54	0.68	0.35
对沥青的黏附性 ≥		级	5	5	5	5	—	—	—
坚固性 ≤		%	12	5	0.01	4.5	—	—	—
针片状含量	混合料 ≤	%	15	5.2	4.0	5.9	—	—	—
	粒径大于9.5mm ≤	%	12	6.2	3.7	6.2	—	—	—
	粒径小于9.5mm ≤	%	18	—	—	—	5.8	4.4	4.2

(2)细集料

项目A和项目F细集料均采用石灰岩机制砂,项目E2017采用玄武岩机制砂,试验项目及试验结果见表4-19。结果表明细集料完全满足《公路沥青路面施工技术规范》(JTG F40—2004)的技术指标要求。

机制砂技术性质　　表 4-19

试验项目		单位	质量要求	项目 A 石灰岩机制砂	项目 E[2017] 玄武岩机制砂	项目 F 石灰岩机制砂
表观相对密度	≥	—	2.60	2.704	2.859	2.730
毛体积相对密度		—	实测值	2.522	2.741	2.622
坚固性(>0.3mm 部分)	≤	%	12	4	0.01	6
砂当量	≥	%	70	71	60	75
亚甲蓝值	≤	g/kg	10	1.6	1.8	1.1
棱角性(流动时间)	≥	s	30	30.5	47.3	33.8

(3)矿粉

项目 A、项目 E[2017]和项目 F 矿粉为石灰岩矿粉,矿粉干燥、清洁,试验结果见表 4-20。结果表明矿粉质量满足《公路沥青路面施工技术规范》(JTG F40—2004)的技术指标要求,塑性指数为 2.6%。

矿粉技术性质　　表 4-20

项目			单位	规范要求	项目 A 石灰岩矿粉	项目 E[2017] 石灰岩矿粉	项目 F 石灰岩矿粉
表观密度		≥	t/m^3	2.50	2.719	2.730	2.703
含水率		≤	%	1	0.5	0.2	0.6
粒度范围	<0.6mm		%	100	100	100	100
	<0.15mm		%	90~100	91.9	99.6	98.1
	<0.075mm		%	75~100	76.8	86.7	95.2
外观			无团粒结块		无	—	无
亲水系数			—	<1	0.47	0.84	0.59
塑性指数			%	<4	2.6	3.0	2.9
加热安定性			—	实测记录	无变质	无变质	无变质

4.2.2　矿料级配

结合河南省项目 A、项目 E[2017]、项目 F 等工程应用情况,对交通运输部公路科学研究院的 WRAC-13 级配不断调整、完善,并大胆突破,逐步形成了具有河南省特色的间断级配橡胶沥青混合料设计、施工技术体系 WRAC。

经过这些实体项目的应用发展,间断级配橡胶沥青混合料典型级配和技术指标已基本定型,且所设计的级配与交通运输部公路科学研究院的级配有明显差异,形成具有特色的 WRAC-13 橡胶沥青间断级配混合料设计体系。该方法不仅适于河南省,对其他地区橡胶沥青混合料设计也具有参考意义。

间断级配橡胶沥青混合料 WRAC-13,整个流程包括 4 个部分,其配合比设计流程如图 4-1 所示。

(1)确定原材料基本性能及设计级配范围。

(2)在设计级配范围内确定矿料级配及初选沥青用量。

(3)按马歇尔试验方法成型试件,测定体积指标及马歇尔稳定度、流值,初定最佳沥青用量。

(4)按规定进行高温稳定性,低温抗裂性、水稳定性以及渗水性能等检验。

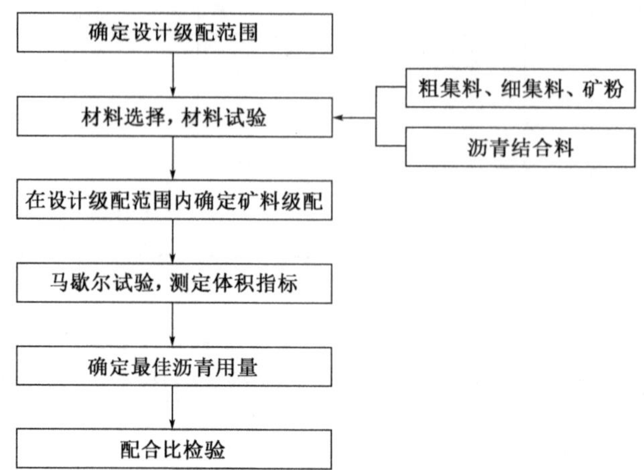

图 4-1 WRAC-13 配合比设计流程图

1)工程中混合料级配及油石比

截至 2018 年 11 月,WRAC-13 已在河南 200 余公里路面上以成功应用,通过工程应用验证了间断级配混合料的设计方法与标准,同时为设计方法的完善积累了经验。在此,汇总了这些工程中间断级配混合料的级配,作为确定橡胶沥青间断级配混合料级配范围的参考,见表 4-21。

间断级配混合料工程应用级配汇总 表 4-21

工程名称	油石比(%)	筛孔(mm)通过百分率(%)									
		16	13.2	9.5	4.75	2.36	1.18	0.6	0.3	0.15	0.075
项目 A 粗级配	6.2	100	95.3	65.8	27.8	20.2	15.7	11.9	8.4	7.2	6.5
项目 A 中级配	6.0	100	96.5	68.8	33.9	22.3	16.6	12.5	8.3	6.9	6.0
项目 A 细级配	6.1	100	97.2	72.2	38.1	28.2	18.9	13.3	9.9	7.8	6.4
项目 B	6.0	100	84.8	67.2	32.1	21.4	17.8	14.3	10.6	9.0	7.0
项目 C	6.5	100	84.4	65.9	37.0	22.7	17.6	15.6	10.6	7.8	6.0
项目 D	6.2	100	84.5	61.7	27.5	19.0	16.0	12.6	7.7	6.4	5.1
项目 E^{2017}	6.3	100	93.2	63.3	29	24.4	18.6	15.3	11.4	8.8	5.9
项目 E^{2018}	6.8	100	96.0	66.3	33.7	25.3	19.4	15.5	10.8	7.7	5.5
项目 F	5.6	100	90.9	66.3	33.8	24.9	18.1	13.6	9.8	7.9	6.9
交通运输部公路科学研究院	—	100	95~100	62~71	25~35	20~28	15~23	12~19	10~15	8~12	6~10
得克萨斯州	—	100	72~85	50~70	30~45	17~27	12~22	8~20	6~15	—	5~9
亚利桑那州	5.5~9.5	100	80~100	65~80	28~42	14~22	—	—	—	—	0~2.5
WRAC-13	—	100	80~100	62~75	25~39	18~30	14~22	8~18	6~14	5~11	5~8

在初期工程应用中,为了满足理想的性能和外观要求,橡胶沥青间断级配混合料生产中

级配往往需要经过多次调整、优化。表 4-21 中每组级配都是经过室内试验优化、施工过程中调整，并通过施工验证的。

相当一部分级配已经突破美国得克萨斯州和交通运输部公路科学研究院级配范围，其中 0.075mm、2.36mm 筛孔通过率靠近下限，9.5mm 筛孔通过率一般处于美国得克萨斯州的上限，13.2mm 筛孔通过率下限参照美国亚利桑那州级配范围，为各地不同原材料的选择提供了更大空间。

2）WRAC-13 级配范围

参照美国得克萨斯州、交通运输部公路科学研究院 WRAC-13 的级配设计思路，结合工程应用经验，提出 WRAC-13 级配范围，见表 4-22。

WRAC-13 推荐级配范围　　表 4-22

混合料类型	方孔筛筛孔（mm）质量百分率（%）									
	16.0	13.2	9.5	4.75	2.36	1.18	0.6	0.3	0.15	0.075
WRAC-13	100	80 ~ 100	62 ~ 75	25 ~ 39	18 ~ 30	14 ~ 22	8 ~ 18	6 ~ 14	5 ~ 11	5 ~ 8

对表 4-22 中关键筛孔通过率要求说明如下：

13.2mm 筛孔下限参照美国亚利桑那州级配范围，为各地不同原材料的选择提供了更大空间，9.5mm 筛孔上限和《公路沥青路面施工技术规范》（JTG F40—2004）中 SMA-13 级配一致。

扩宽 4.75mm 和 2.36mm 通过率范围，为各地不同的原材料的级配选择提供了更好的空间，突破传统间断级配 2.36 ~ 4.75mm 含量偏小（ <8% ）的技术瓶颈。项目 A 和项目 C 生产配比 2.36 ~ 4.75mm 含量接近 15%，项目 A 减少该档料溢料 3000t，节约工程费用 40 万。

0.075mm 筛孔通过率是结合交通运输部公路科学研究院和美国得克萨斯州的级配范围提出的。根据工程应用，间断级配橡胶沥青混合料中矿粉较多时容易引起泛油等问题，所以倾向于少添加矿粉。交通运输部公路科学研究院级配的 0.075mm 筛孔通过率为 6% ~ 10%，美国得克萨斯州级配 0.075mm 筛孔通过率为 5% ~ 9%，此处结合工程实践提出 0.075mm的通过率为 5% ~8%。

4.2.3　马歇尔试验结果与分析

1）试件成型方法

室内击实试验的主要目的是预估混合料经过施工压实或者车辆荷载作用后的体积指标。因此，室内击实方法和标准主要考虑的是施工条件（压实功）和交通状况。

采用美国得克萨斯州方法进行混合料设计时发现，旋转压实成型方法容易造成试件松散，数据离散，影响试验结果准确性。目前工程中普遍采用马歇尔法进行混合料设计和施工控制，实践证明马歇尔双面击实 75 次与现场施工情况比较吻合，结合河南省的施工水平和交通状况以及应用经验，最后推荐 WRAC-13 配合比设计采用双面 75 次的马歇尔击实法。

2）项目中混合料马歇尔试验结果

在 WRAC-13 技术发展、演变过程中，结合工程应用情况和研究成果对设计指标进行不断优化调整，将马歇尔试验指标汇总于表 4-23，作为制定 WRAC-13 设计标准的参考。

不同工程中橡胶沥青间断级配混合料马歇尔试验指标 表4-23

工程名称	油石比(%)	VV(%)	VMA(%)	饱和度(%)	稳定度(kN)	流值(mm)	谢伦堡析漏损失(%)	肯塔堡飞散损失(%)
项目A粗级配	6.2	4.0	15.6	74.3	10.14	2.98	0.04	8.5
项目A中级配	6.0	4.0	15.0	73.3	9.33	3.10	0.05	7.9
项目A细级配	6.1	4.0	15.1	73.3	11.37	3.62	0.07	7.5
项目B	6.0	4.0	15.6	74.4	10.39	2.92	0.06	8.3
项目C	6.5	4.0	16.7	76.0	9.33	3.20	0.08	6.2
项目D	6.0	4.2	16.6	74.7	11.26	2.66	0.07	8.2
项目E^{2017}	6.3	3.8	17.2	77.9	9.16	2.4	0.06	6.8
项目E^{2018}	6.8	4.0	16.7	76.1	12.35	3.7	0.07	6.5
项目F	5.6	3.8	15.1	74.8	12.29	3.32	0.04	8.5
最大值	6.8	4.2	17.2	77.9	12.35	3.7	0.08	8.5
最小值	5.6	3.8	15.0	73.3	9.16	2.4	0.04	6.2
平均值	6.2	4.0	16.0	75.0	10.6	3.1	0.06	7.6

(1)空隙率范围:4% ±1%

最大值4.2%,最小值3.8%,平均值4.0%。江苏省交通科学研究院规定空隙率较大,为5.5% ±1%,施工时路面渗水系数难以保证。空隙率指标参照河南省沥青路面多年来施工经验和交通运输部公路科学研究院技术要求制定。

(2)矿料间隙率VMA范围:空隙率为4%时,VMA≥15.0%

最大值17.2%,最小值15.0%,平均值16.0%。江苏省交通科学研究院规定矿料间隙率≥20.0%,同样较大,需要较多橡胶沥青去填充矿料间隙,导致混合料油石比太高,路面建设成本较高。交通运输部公路科学研究院参照《公路沥青路面施工技术规范》(JTG F40—2004)AC-13C的标准要求,当空隙率为4%时,VMA≥14.0%,VMA过小易导致橡胶沥青对混合料骨架形成干涉作用,影响混合料高温性能。河南省则提出当空隙率为4%时,VMA≥15.0%,较交通运输部公路科学研究院高1%左右,主要是考虑到橡胶沥青胶粉掺量高,膨胀性强,需要较大的空间去容纳,其他几种公称最大粒径的VMA也按此规律,均比现行规范的AC类沥青混合料提高1%。

(3)饱和度VFA范围:70% ~85%

最大值77.9%,最小值73.3%,平均值75%。饱和度指标参照交通运输部公路科学研究院和江苏省交通科学研究院的技术要求。

(4)稳定度范围:≥8.0kN

最大值12.35kN,最小值9.16kN,平均值10.60kN。参照《公路沥青路面施工技术规范》(JTG F40—2004)5.3.3-1 中密级配沥青混凝土的技术要求,较交通运输部公路科学研究院 7.0kN 和江苏省交通科学研究院 6.0kN 高。

(5)流值范围:2.0 ~ 5.0mm

最大值 3.7mm,最小值 2.4mm,平均值 3.1mm。参照江苏省交通科学研究院的技术标准。

(6)谢伦堡沥青析漏损失:≤0.1%

首次提出用谢伦堡沥青析漏损失来评价橡胶沥青混合料的油石比取值是否合适。

最大值 0.08%,最小值 0.04%,平均值 0.06%。参照《公路沥青路面施工技术规范》(JTG F40—2004)5.3.3-3 中 SMA 沥青混合料马歇尔试验配合比设计技术要求。

(7)肯塔堡飞散损失:≤15%

首次提出用肯塔堡飞散损失来评价橡胶沥青混合料的油石比取值是否合适。

最大值 8.5,最小值 6.2,平均值 7.6。参照《公路沥青路面施工技术规范》(JTG F40—2004)表 5.3.3-3 中 SMA 沥青混合料马歇尔试验配合比设计技术要求。

3)混合料设计标准

结合 4.2.2 节,根据河南省近三年应用成果,提出间断级配橡胶沥青混合料 WRAC-13 技术要求,见表 4-24。

间断级配橡胶沥青混合料 WRAC-13 技术标准　　表 4-24

试验项目	技术标准	试验项目	技术标准
马歇尔试件尺寸	ϕ101.6mm×63.5mm	稳定度(kN)	≥8.0
击实次数	两面各 75 次	流值(mm)	2 ~ 5
空隙率(%)	3 ~ 5	谢伦堡沥青析漏试验的结合料损失(%)	≤0.1
矿料间隙率 VMA(%)	≥15.0	肯塔堡飞散试验的混合料损失(%)	≤15
沥青饱和度(%)	70 ~ 85		

4.3 混合料路用性能研究

4.3.1 高温性能

高温稳定性是指沥青混合料在高温条件下,能够抵抗车辆荷载的反复作用,不发生显著永久变形,保证路面平整度的特性。沥青混合料是一种典型的黏-弹-塑性材料,在高温条件下或者长时间承受载荷的作用下会产生显著的变形,其中不可恢复变形称为永久变形,这部分变形是导致沥青路面产生车辙、波浪等病害的主要原因。因此,研究沥青混合料高温性能对于沥青路面使用非常重要。在沥青混合料高温性能相关研究中,最常用的是剪切试验和车辙试验,河南省近三年项目中,沥青混合料高温性能主要采用车辙试验。

目前我国车辙试验是采用标准方法成型沥青混合料板块状试件,在规定温度条件下,试验轮以(42±1)次/min 的频率,沿着试件表面同一轨迹反复行走,测试试件在试验轮反复作用下产生的车辙深度。车辙试验评价指标为动稳定度 DS,定义为试件产生 1mm 的车辙深度试验轮的行走次数,动稳定度由式(4-1)计算得到:

$$DS=\frac{(t_2-t_1)\cdot 42}{d_2-d_1}\cdot c_1\cdot c_2 \tag{4-1}$$

式中:DS——沥青混合料的动稳定度(次/mm);

t_1、t_2——试验时间,通常为 45min 和 60min;

d_1、d_2——与试验时间 t_1 和 t_2 对应的试件表面的变形量(mm);

42——每分钟行走的次数(次/min);

c_1、c_2——试验机或试样修正系数。

河南省近三年来不同工程动稳定度试验结果汇总于表 4-25。

河南省工程应用动稳定度试验结果汇总 表 4-25

混合料类型		动稳定度(次/mm)
项目 A	粗级配	5568
	中级配	5950
	细级配	5465
项目 B		5625
项目 C		5159
项目 D		4568
项目 E	项目 E^{2017}	5663
	项目 E^{2018}	5476
项目 F		6152
最大值		6152
最小值		4568
平均值		5514

从表 4-25 可以看出,河南省近三年来不同工程沥青混合料动稳定度最大值、最小值以及平均值均大于 4500 次/mm。基于河南省近年来动稳定度测试结果,提出河南省路面施工动稳定度次数不得小于 4500 次/mm,此标准比交通运输部公路科学研究院要求的 4000 次/mm 以及江苏省交通科学研究院的 3000 次/mm 均高。

4.3.2 低温性能

当冬季气温降低时,沥青面层将产生体积收缩,而在基层结构与周围材料的约束作用下沥青混合料无法自由收缩,将在结构层中产生温度应力。由于沥青混合料具有一定应力松弛能力,当降温速率较慢时,所产生的温度应力会随着时间增加逐渐松弛减小,不会对沥青路面产生较大危害。但当气温骤降时,所产生的温度应力来不及松弛,当超过沥青混合料容许应力时,沥青混合料就会被拉裂,导致沥青路面出现裂缝,造成路面损坏。因此,要求沥青混合料具备一定低温抗裂性能,即要求沥青混合料具有较高的低温强度或较大的低温变形能力。

低温弯曲试验是评价沥青混合料低温变形能力的常用方法之一。在试验温度 -10℃ ±

0.5℃的条件下，以 50mm/min 的速率，对沥青混合料小梁试件跨中施加集中荷载至断裂破坏，记录试件跨中荷载与挠度关系曲线。试件破坏时破坏弯拉应变用式(4-2)确定，沥青混合料在低温下破坏弯拉应变越大，低温柔韧性越好，抗裂性越好。

$$\varepsilon_{B} = \frac{6hd}{L^{2}} \tag{4-2}$$

式中：ε_B——试件破坏时的最大弯拉应变；

h——跨中断面试件的高度(mm)；

d——试件破坏时的跨中挠度(mm)；

L——试件的跨径(mm)。

按《公路沥青路面施工技术规范》(JTG F40—2004)进行橡胶粉复合改性沥青混合料配合比检验。近三年来各项目沥青混合料低温性能结果列于表 4-26。

河南省工程应用低温性能检验试验结果汇总　　表 4-26

混合料类型		弯曲破坏应变(με)
项目 A	粗级配	2768
	中级配	2883
	细级配	2768
项目 B		2831
项目 C		2948
项目 D		3105
项目 E	项目 E^{2017}	3126
	项目 E^{2017}	2825
项目 F		2902
最大值		3126
最小值		2768
平均值		2906

从表 4-26 可以看出，河南省近三年来不同工程沥青混合料的弯曲破坏应变的最大值为 3126με，最小值为 2768με，平均值为 2906με。基于河南省近年来不同路面工程的弯曲破坏应变测试结果，提出河南省路面施工弯曲破坏应变不得小于 2500με，此标准和交通运输部公路科学研究院提出的 2500με 相一致。

4.3.3　水稳定性

沥青路面在外界动态荷载作用下，路面内部结构空隙中自由水不断产生动水压力或真空负压抽吸，水分逐渐侵入沥青与集料界面，使两者之间黏附性降低并逐渐丧失黏结力，继而沥青从石料表面脱落(剥离)，沥青混合料掉粒、松散，沥青路面形成坑槽、推挤变形等病害。

浸水试验是根据浸水前后沥青混合料物理、力学性能降低程度来表征其水稳定性的一类试验，常用的方法有浸水马歇尔试验、浸水车辙试验、浸水劈裂强度试验等。在浸水条件下，由于沥青与集料之间黏附性降低，最终表现出沥青混合料整体力学强度损失。以浸水前后的马歇尔稳定度比值、车辙深度比值、劈裂强度比值等来评价沥青混合料的水稳定性。除了浸水试验，冻融劈裂试验也可以检验沥青混合料水稳定性。冻融劈裂试验条件较一般浸水试验条件苛刻一些，但试验结果与实际情况较为吻合，是目前使用较为广泛的评价方法。按照规范规定（T 0729），冻融劈裂试验中，将沥青混合料试件分为两组，一组试件用于测定常规状态劈裂强度；另一组试件首先进行真空饱水，然后置于－18℃条件下冷冻16h，再在60℃水中浸泡24h，最后进行劈裂强度测试。沥青混合料试件冻融劈裂强度比采用式(4-3)计算。

$$TSR = \frac{\sigma_1}{\sigma_2} \times 100 \tag{4-3}$$

式中：TSR——沥青混合料试件的冻融劈裂强度比（%）；

σ_1——试件在常规条件下的劈裂强度（MPa）；

σ_2——试件经一次冻融劈裂循环后在规定条件下的劈裂强度（MPa）。

近三年来河南省各项目的沥青混合料水稳定性实验结果列于表4-27。

河南省工程应用水稳定性试验结果汇总 表4-27

混合料类型		浸水残留稳定度（%）	冻融残留强度比（%）
项目A	粗级配	88.4	90.8
	中级配	91.3	85.5
	细级配	89.8	85.7
项目B		91.2	85.6
项目C		87.4	85.2
项目D		87.8	84.8
项目E	项目E^{2017}	96.0	80.2
	项目E^{2018}	91.3	82.3
项目F		88.6	83.5
最大值		96	90.8
最小值		87.4	80.2
平均值		90.2	84.84

从表4-27可以看出，河南省近三年来不同工程沥青混合料浸水残留稳定度比试验结果最大值、最小值和平均值均大于85%，而冻融劈裂强度比最大值、最小值和平均值均大于80%，这与交通运输部公路科学研究院和江苏交通科学研究院的要求一致。

4.3.4 抗渗水性能

沥青混合料渗水是导致沥青路面早期损坏的主要原因。渗水性能表征水进入路面的能力的大小，是可以用来衡量沥青路面质量好坏的一个重要标准。在水损害机理研究方面，许多学者做了大量研究，表明路面出现的病害与渗水性能密切相关。表4-28是河南省近三年各工程项目沥青混合料渗水系数试验结果。

河南省工程应用渗水系数试验结果汇总　　表 4-28

混合料类型		沥青混合料试件渗水系数(mL/min)
项目 A	粗级配	43
	中级配	40
	细级配	37
项目 B		39
项目 C		42
项目 D		39
项目 E	项目 E^{2017}	33
	项目 E^{2018}	28
项目 F		31
最大值		43
最小值		28
平均值		37

从表 4-28 可以看出,河南省近三年来不同工程沥青混合料的渗水系数试验结果最大值为 43mL/min,最小值为 28mL/min,平均值为 37mL/min,渗水系数试验结果均低于交通运输部公路科学研究院提出的 100mL/min 的要求,因此规定河南省路面工程的渗水系数≤100mL/min。

4.3.5　构造深度

离析是混合料在生产和施工环节中发生的非均质性变化,表现出级配粗细不均、沥青含量变化、路面空隙率变化较大等现象。由于离析存在,实际级配、沥青含量严重偏离设计值,从而使设计配合比成为虚设,路面质量处于失控状态,离析与非离析区域沥青路面表面纹理深度会明显变化。因此,可通过测定路面表面构造深度来评价。路面表面的构造深度,指一定面积的道路表面凹凸不平的开口孔隙的平均深度。良好的测试显示构造深度和路面不均匀性之间有较好的相关关系。因此,测试构造深度能很好地反映路面的离析程度。表 4-29 是河南省近三年工程应用构造深度的试验结果。

河南省工程应用构造深度试验结果汇总　　表 4-29

混合料类型		沥青混合料试件的构造深度(mm)
项目 A	粗级配	0.77
	中级配	0.73
	细级配	0.68
项目 B		0.67
项目 C		0.69
项目 D		0.68
项目 E	项目 E^{2017}	0.75
	项目 E^{2018}	0.71

续上表

混合料类型	沥青混合料试件的构造深度(mm)
项目 F	0.73
最大值	0.77
最小值	0.67
平均值	0.71

从表 4-29 可以看出,河南省近三年来不同工程沥青混合料的构造深度试验结果的最大值为 0.77mm,最小值为 0.67mm,平均值为 0.71mm,基于河南省近年来不同路面工程的构造深度试验结果,提出河南省路面施工构造深度下限为 0.65mm。此标准与交通运输部公路科学研究院提出的构造深度下限 0.65mm 相一致,基于河南省本地实际情况,增设构造深度上限 0.8mm,防止路面渗水。

4.3.6 抗疲劳性能

沥青混合料疲劳破坏是指在重复应力作用下,在低于极限应力下时发生的破坏。沥青路面在使用过程中,由于受到车辆荷载的反复作用,或者受到环境温度交替变化所产生的温度应力作用,长期处于应力应变反复变化的状态。随着荷载作用次数增加,材料内部缺陷、微裂纹不断扩展,路面结构强度逐渐衰减,直至最后发生疲劳破坏,路面出现裂缝。

通常采用应力控制模式或者应变控制模式进行沥青混合料疲劳试验和分析。应力控制模式的疲劳试验是在重复加载的过程中,以试件所受应力为常数,重复加载使混合料劲度模量降低,应变增大,试件内部产生疲劳损伤而出现微裂缝,并定义试件断裂时荷载作用次数为疲劳寿命。

应变控制模式的疲劳试验是试验过程中保持试件应变不变,由于试件在重复加载过程中出现疲劳损伤,混合料的劲度模量逐渐减小。为保证每次加载作用下产生相同应变,施加应力将不断减小,在疲劳试验过程中,试件破坏不明显。并定义施加应力降低至初始应力 50%(即试件劲度模量下降为初始劲度模量的 50%)时的荷载作用次数为疲劳寿命。

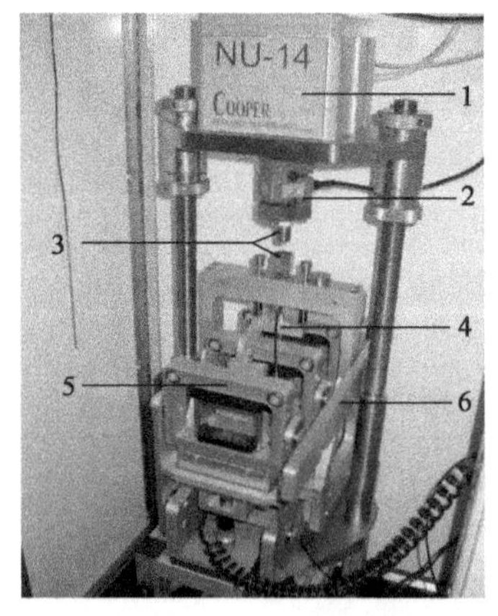

图 4-2 Cooper NU-14 型四点弯曲疲劳试验系统

1-气动伺服加载装置;2-力传感器;3-夹具接头;4-位移传感器;5-试件四点夹头;6-定位板

由于应力控制模式疲劳试验对试件作用强于应变控制模式疲劳试验,因此,对于同一种材料,在相同初始试验条件下,应力控制模式疲劳试验疲劳寿命要低得多。相关研究表明,应变控制模式得到的疲劳试验结果更加接近沥青路面实际疲劳状态。因此,河南省近三年路面工程中疲劳寿命测试均采用应变控制模式下的疲劳试验。

河南省路面疲劳试验主要采用四点弯曲疲劳试验作为沥青混合料疲劳性能研究的标准试验。Cooper NU-14 型四点弯曲疲劳试验系统如图 4-2 所示。

气动伺服加载装置为整个疲劳试验系统提供动力荷载,可根据要求输出不同频率、不同振幅以及不同形状的动力波形。力传感器能够准确测定所施加的荷载大小,测量精度为 1N，最大测量荷载为 20kN，在疲劳试验过程中，可对试件所受到的荷载进行实时动态监控。夹具接头用于连接加载系统与疲劳试件夹具，起到传递动态荷载的作用。位移传感器用于监测试件的变形量，测量精度达到 0.001mm。在应变控制疲劳试验模式中，位移传感器实时监控试件的变形量，将位移信号反馈至控制系统，并由控制系统调整加载系统工作状态，以达到在每个荷载循环中准确控制试件应变量的目的。位移传感器的具体设计如图 4-3 所示。

位移传感器的触点位于试件中央位置，通过读取触点与两侧支撑点连线的垂直距离 d（图 4-4）来监测试件实际变形量 δ，支撑点直接紧贴于疲劳试件上表面，位置分别位于试件外 1/6 处，位移传感器监测量与实际试件变形量两值之间关系为 $\delta = 2d$。

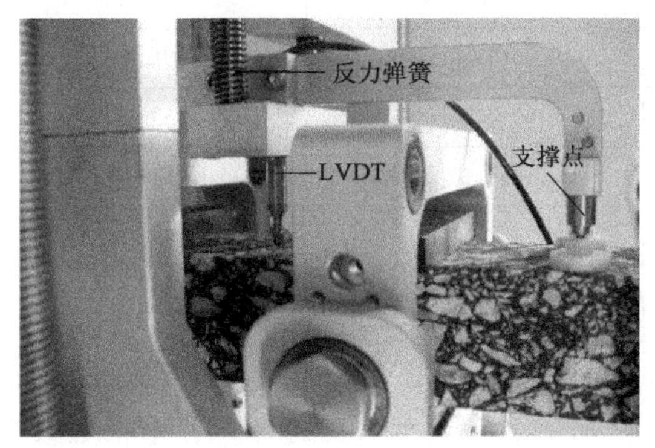

图 4-3　位移传感器的放置图

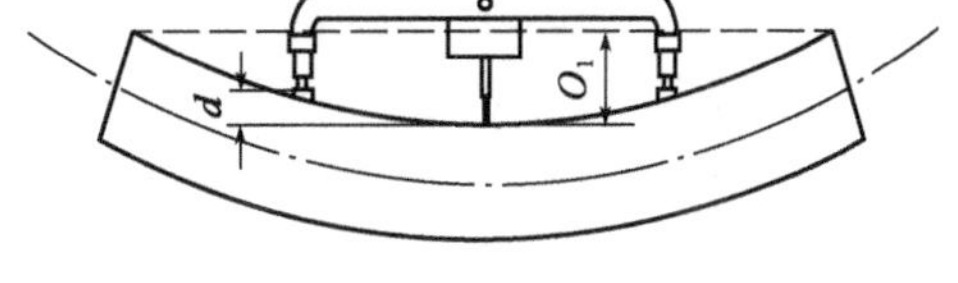

图 4-4　位移传感器测量值与试件实际变形值关系图

试件夹头用于夹持试件，中间的两个夹头通过夹具接头与加载系统相连，并在疲劳试验时，将动态荷载传递至试件，使试件发生期望变形。而两侧夹头垂直方向固定不动，只提供试件转动自由度。夹头的松紧程度由夹头控制箱控制夹头下方 4 个步进电机来实现。在疲劳试验时，夹头通过步进电机产生的扭矩提供一定夹持力（通常为 500N），用于夹持试件。

试验开始前，先对控制软件进行试验参数设置，试验参数包括：试验模式（应变控制方式或应力控制方式）、试验波形（正弦波或偏正弦波）、试件尺寸、试验温度、试验破坏准则（应变控制模式下可输入的百分比来控制，通常取初始劲度模量 50% 为破坏临界点）、试验荷载水平（应力或应变水平）、试验频率（5 ~ 30Hz）。当完成试验参数设置后，通过计算机控制启动疲劳试验，读取第 100 个加载循环时劲度模量作为试件的初始劲度模量。试验过程中，计算机控制系统自动控制加载，读取力传感器和位移传感器数值，在屏幕上实时显示各参数变化情况，并按一定加载间隔自动记录试验数据。所记录试验数据包括：加载次数、应力值、应变值、劲度模量、模量百分比、滞后角、耗散能等。当所测得劲度模量下降至初始劲度模量 50% 时，试验自动停止。河南省试验的疲劳寿命取劲度模量衰减至初始劲度模量 50% 的荷载循环次数，试验结果见表 4-30。

河南省工程应用疲劳寿命试验结果汇总　　表 4-30

混合料类型		最佳油石比(%)	500με应变疲劳寿命(次)
项目 A	粗级配	6.2	62314
	中级配	6.0	58932
	细级配	6.1	59358
项目 B		6.0	58950
项目 C		6.5	98320
项目 D		6.0	55670
项目 E	项目 E^{2017}	6.3	78530
	项目 E^{2018}	6.8	101090
项目 F		5.6	53305
SBS 改性沥青 AC-13C		5.0	51732
最大值		6.8	78530
最小值		5.6	53305
平均值		6.2	65918

从表 4-30 可以看出,河南省近三年来不同工程沥青混合料疲劳寿命试验结果最大值、最小值以及平均值分别为 78530 次、53305 次、65918 次,均比 5.0% 油石比的 SBS 改性沥青 AC-13C 疲劳寿命 51732 次高,因此河南省沥青路面疲劳寿命较好。

4.4 河南省湿法工艺橡胶沥青混合料技术指标体系的建立

根据不同配合比设计结果,结合当地实际情况,最终确定废胎胶粉复合改性沥青混合料技术标准见表 4-31、表 4-32。

废胎胶粉复合改性沥青混合料技术要求　　表 4-31

指　标	单　位	技术要求	
稳定度	kN	≥8	
流值	mm	2 ~ 5	
设计空隙率 VV	%	3 ~ 6	
沥青饱和度 VFA	%	70 ~ 85	
矿料间隙率 VMA	%	相应于以下公称最大粒径(mm)的 VMA	
		19	≥14
		16	≥14.5
		13.2	≥15
		9.5	≥16

废胎胶粉复合改性沥青混合料路用性能要求　　表 4-32

试 验 项 目	技 术 标 准
浸水残留稳定度(%)	≥85
冻融残留强度比(%)	≥80
车辙试验动稳定度(次/mm)	≥4500
弯曲破坏应变(με)	≥2500
沥青混合料试件渗水系数(mL/min)	≤100
沥青混合料试件的构造深度(mm)	0.65～0.80

第5章 干拌直投复合改性胶粉沥青混合料配合比设计

5.1 国内外干法工艺橡胶沥青混合料配合比设计方法

5.1.1 国外配合比设计方法

20世纪80年代,美国开始大规模推广橡胶沥青,但是由于受到专利保护,推广受到限制。之后,美国各州尤其是亚利桑那州、加利福尼亚州和佛罗里达州的橡胶沥青技术开始快速发展。加利福尼亚州在1978年修建了第一条采用干法制备的橡胶沥青混凝土路面,1992年发布了橡胶沥青间间断级配混合料设计指南,1995年共修建了100多条橡胶沥青路面,2001年时达到210多条。1985年到1992年的8年间,亚利桑那州修筑了35个橡胶沥青路面工程,1999年时达到163个。目前,美国已有100多家收集并利用废胶粉的厂家,其废轮胎利用率已达到80%以上。

干法处理是胶粉不作为胶结料的一部分,在沥青加入集料之前,将胶粉与集料拌和。由于搅拌时间短,橡胶粉与沥青之间发生反应作用不充分,因而干法制备在早期实施的一些试验路段中没有取得很大成功。美国第一个有实用价值的干法处理实例是所谓的"改善行驶系统",它采用粗颗粒橡胶粉作为集料的一部分加入间断级配矿料中。干法橡胶沥青混合料常用的制备方法见表5-1。

干法橡胶沥青混合料的制备方法　　表5-1

技术名称	发明时间和地点	生产方法	是否申请专利	是否进行路面评估	生产公司
Geneticdry (RUMAC)	1989年,New York	干法改性/RUMAC-gap, dense	否	1989年后进行了有限度的路面评估	TAK
Chunkrubber	1990年,SHRP	干法改性/RUMAC-gap, dense	否	未进行路面评估	CRREL
Geneticdry	1992年,Kanass	干法改性/AP-opengap	否	1992年后进行了有限度的路面评估	—

美国橡胶沥青混合料常采用间断级配或开级配,以便提供较大间隙容纳橡胶沥青较厚的沥青膜。表5-2为美国部分地区橡胶沥青混合料级配范围,级配的共同特点是具有较大集料间隙率。

美国部分州橡胶沥青混合料级配范围　　表 5-2

地　区	各筛孔(mm)通过百分率(%)								
	19	12.5	9.5	4.75	2.36	1.18	0.6	0.3	0.075
亚利桑那州	100	80 ~ 100	65 ~ 80	28 ~ 42	14 ~ 22	—	—	—	0 ~ 2.5
得克萨斯州	100	72 ~ 85	50 ~ 70	30 ~ 45	17 ~ 27	12 ~ 22	8 ~ 20	6 ~ 15	5 ~ 9
加利福尼亚州	100	90 ~ 100	65 ~ 80	28 ~ 42	15 ~ 25	—	5 ~ 15	—	2 ~ 7

得克萨斯州是按照 SMA 思路设计间断级配橡胶沥青。加利福尼亚州和亚利桑那州的级配设计思路相似，其中亚利桑那州完全不用矿粉。其中加利福尼亚州和得克萨斯州规定了油石比范围，亚利桑那州虽然没有规定具体油石比范围，但从空隙率和 VMA 来看，油石比不小于 7%。虽然对于间断级配而言，油石比较普通沥青混合料较大，但并不用担心其出现析漏现象。首先因为橡胶沥青的黏度较大，可以在集料的表面形成较厚的沥青膜，剥落的现象不易出现，另外，间断级配如亚利桑那州级配的目标空隙率都高于连续级配，因此，间断级配可以提供充分的空间给黏结剂。美国部分州对橡胶沥青混合料的指标要求如表 5-3 所示。

美国部分州橡胶沥青混合料指标要求　　表 5-3

技 术 指 标	亚利桑那州	得克萨斯州	加利福尼亚州
油石比(%)	—	7.0 ~ 10.0	7.5 ~ 8.7
VMA(%)	≥19	≥19	≥18
空隙率(%)	5.5 ± 1.0	3	3 ~ 6

5.1.2　国内配合比设计方法

1) 交通运输部公路科学研究院配合比设计方法

从 20 世纪 80 年代后期至今，国际上主要研究在间断级配沥青混凝土中使用橡胶粉，并在相应技术指南中也做了明确规定。参照国外经验，考虑试验结果稳定性，交通运输部公路科学研究院采用公称最大粒径 9.5mm 的间断级配，即 SAC-10。表 5-4 为交通运输部公路科学研究院矿料研究级配，试验时采用级配中值。

交通运输部公路科学研究院研究矿料级配　　表 5-4

级　配	13.2	9.5	4.75	2.36	1.18	0.6	0.3	0.15	0.075
SAC-10	100	90	30	23	17	13	10	8	6
	—	100	40	32	25	20	16	13	10

干法橡胶粉沥青混合料配合比设计仍沿用马歇尔击实试验方法，双面击实次数各 75 次。由于混合料中掺加橡胶粉，沥青黏度增加，马歇尔击实温度比一般普通沥青混合料高，与 SBS 改性沥青基本一致，击实温度为 160 ~ 165℃。试验采用普通重交 70 号沥青、河北玄武岩石料，橡胶粉掺量为 0%、10%、20%、30%（占沥青结合料的用量），按照 4% 空隙率确定最佳油石比，马歇尔击实试验结果见表 5-5。

干法橡胶粉混合料马歇尔试验结果　　表 5-5

混合料类型		4%空隙率时最佳油石比
胶粉类型	橡胶粉比例(%)	
无橡胶粉	0	5.45
40 目	10	5.23
	20	5.53
	30	5.80
80 目	10	5.38
	20	5.43
	30	5.78
120 目	10	5.28
	20	5.48
	30	5.69

从表 5-5 确定的最佳油石比发现，随着橡胶粉掺量增加，混合料油石比逐渐加大。由于橡胶粉颗粒细小，并且表面有许多凹凸状毛刺，会吸收沥青中的轻质油分而发生溶胀现象。溶胀的结果，一方面使橡胶粉表层产生一定的结聚作用，有利于橡胶粉和沥青及石料固结为一体；另一方面使沥青用量增加。

2）同济大学 CRM-SDAM-13 配合比设计方法

同济大学吕伟民、曹卫东等将 1～3mm 的橡胶颗粒用于降噪路面，将橡胶颗粒视为细集料，采用骨架嵌挤密实体积法 CRM-SDAM 进行配合比设计。

混合料采用 SMA-13 级配，橡胶颗粒掺量为混合料的 2%，SBS 改性沥青油石比在 6.5% 左右。

（1）原材料

粗集料采用辉绿岩，细集料为石灰岩，矿粉由石灰岩磨制而成，沥青为 SBS 改性沥青，废橡胶粉由废旧轮胎粉碎磨制而成，并经处治改性。原材料密度测试结果见表 5-6。

原材料密度测试结果　　表 5-6

原　材　料	表观相对密度	毛体积相对密度	吸水率(%)	有效相对密度
9.5～13.2mm 碎石	2.768	2.741	0.4	2.763
4.75～9.5mm 碎石	2.768	2.724	0.7	2.755
0～2.36mm 石屑	2.700	—	—	—
矿粉	2.715	—	—	—
SBS 改性沥青	1.019	—	—	—
橡胶粉(0～3mm)	1.15	—	—	—

（2）混合料级配组成设计

①粗集料主骨架设计。

粗集料由 4.75～9.5 mm 和 9.5～13.2mm 两档碎石组成，采用干捣实法测定两者不同比例组成时间隙率 VCA。试验表明，当两种材料比例接近 1:1 时，粗集料主骨架 VCA 最小，骨架最稳定，$d_{dc}=1.613\mathrm{g/cm^3}$，VCA＝40.969%。集料本身的性质（如表面纹理、颗粒形状等）与各档粗集料的比例决定粗集料间隙率 VCA 的大小。当料源发生变化时，需重新进行上述试验。

②CRM-SDAM 混合料设计参数确定。

废橡胶粉的掺量取 2%，矿粉用量为 10%。选取设计空隙率 $V_a=4\%$，VMA＝17%。

将上述设计参数代入下面方程组中，即可计算粗集料用量、细集料用量和油石比（有效沥青）。计算结果为：粗集料用量为 75%，细集料用量为 15%，油石比（不考虑吸收的沥青）为 6.2%。

$$
\begin{gathered}
q_c+q_f+q_m=100\\
\frac{q_f}{d_f}+\frac{q_m}{d_m}+\frac{q_n}{d_n}+\frac{q_r}{d_r}=\frac{q_c}{100d_c}(\mathrm{VCA}-V_a)\\
\frac{q_a}{d_a}=\frac{(\mathrm{VMA}-V_a)}{100}\frac{q_c}{d_c}
\end{gathered}
\tag{5-1}
$$

式中：q_c、q_f、q_m、q_a、q_r——粗集料、细集料、矿粉、有效沥青和橡胶粉质量百分数；

d_a——沥青的密度；

d_f、d_m、d_r——细集料、矿粉和橡胶粉的表观密度；

V_a——压实沥青混合料设计空隙率。

③确定 CRM-SDAM 矿料的级配。

根据上述骨架嵌挤密实体积法进行配合比设计，结合原材料级配获取矿料合成级配曲线图，如图 5-1 所示。

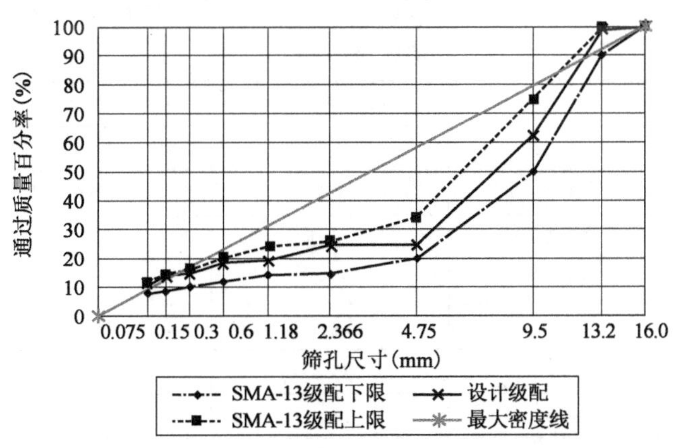

图 5-1　CRM-SDAM-13 矿料合成级配曲线

由图 5-1 可以看出：与 SMA 相比，CRM-SDAM 矿料级配基本落在 SMA-13 级配范围内，主要区别在于 2.36～4.75mm 这一档集料完全间断，且 4.75mm 筛孔通过率接近 SMA 下限。

（3）马歇尔试验结果验证

为验证压实混合料体积参数，采用上述计算方法确定的各矿料组成用量，油石比为 6.4%（考虑集料吸收的沥青），橡胶粉的掺量为 2%，按照标准试验规程成型马歇尔试件，双面击实各 75 次，测得试件体积参数见表 5-7。

CRM-SDAM 混合料的体积参数 表 5-7

编 号	毛体积相对密度	理论相对密度	空隙率(%)	VMA(%)	VFA(%)	VCA(%)
1	2.348	2.439	3.7	17.2	78.3	40.5
2	2.356	2.439	3.4	16.9	80.0	40.3
3	2.358	2.439	3.3	16.9	80.3	40.3

注:理论最大相对密度采用集料的有效相对密度计算。

由于橡胶粉受热膨胀、吸收沥青不确定性以及体积参数测定方法的变异性等多重因数影响,致使实测混合料体积参数与设计参数有所出入。但从测试结果来看,设计参数与实测体积参数比较接近,说明采用骨架嵌挤密实体积法进行 CRM-SDAM 混合料配合比设计可行。

3)哈尔滨工业大学配合比设计方法

(1)混合料级配组成设计

谭忆秋、周纯秀将 1 ~5mm 橡胶颗粒用于破冰路面,混合料采用连续级配和间断级配进行对比,粗集料的级配采用均匀设计法设计,细集料的级配按照逐级填充的原则确定,橡胶颗粒的掺量为混合料的 4%。

相关研究资料表明:对于细粒式沥青混合料而言,混合料中起到嵌挤作用的是大于 4.75mm的粒料。哈尔滨工业大学周纯秀博士采用 13.2mm、9.5mm、4.75mm 三档集料来形成骨架并以均匀设计法设计粗集料级配,实测紧装密度,以剩余空隙率为目标确定粗集料级配,结果见表 5-8。研究表明,粗集料的数量越多,混合料高温性能越好。因此,在选择粗集料级配时,理论上以粗集料的级配所形成的剩余空隙率最小为标准。但考虑到第 7 种组合三种粒径含量太接近,容易形成干涉,最终选择表 5-8 中第 10 种组合为粗集料级配。

试验设计与结果 表 5-8

编 号	各档的配比(%)			剩余空隙率(%)
	13.2	9.5	4.75	
1	78.7	8.7	12.6	33.01
2	63.1	28.5	8.4	34.52
3	52.3	6.5	41.2	31.98
4	43.6	28.2	28.2	32.98
5	36	55.2	8.7	32.06
6	29.3	16.1	54.6	31.24
7	23.1	45.4	31.4	30.43
8	17.4	78.8	3.8	32.52
9	12.1	28	59.9	32.89
10	7.1	63.4	29.6	30.98
11	2.3	4.4	93.3	34.05

按照逐级填充原则确定细集料级配,每档粒料的数量以即将破坏骨架为限度,类推细集料级配见表 5-9。

细集料级配　　表5-9

类型	相应筛孔(mm)的质量百分率(%)					
	2.36	1.18	0.6	0.3	0.15	0.075
细集料	100	80	60	25	10	0

确定集料和橡胶颗粒的级配范围见表5-10。

矿料和橡胶颗粒的级配范围　　表5-10

类型	通过下列筛孔(mm)的质量百分率(%)								
	16.0	13.2	9.5	4.75	1.18	0.6	0.3	0.15	0.075
集料	100	90~100	47~60	25~45	20~30	11~20	9~15	6~12	4~8
橡胶颗粒	—	—	100	30~60	5~15	—	—	—	—

最终哈尔滨工业大学分别采用了两种级配:一种为间断级配,橡胶颗粒掺量为4%,记为JG-1;另一种为连续级配,分别记为AC-1(橡胶颗粒掺量为4%)和AC-2(橡胶颗粒掺量为0%)。两种级配曲线如图5-2所示。

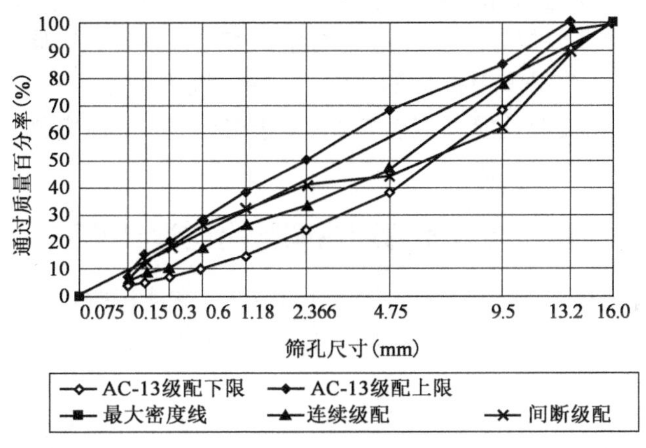

图5-2　两种级配曲线图

(2)马歇尔试验结果及最佳油石比确定

根据橡胶颗粒沥青混合料组成特点,提出采用修正马歇尔法进行最佳油石比确定,即在考察马歇尔体积指标的同时,增加飞散损失率这一控制指标,结论如下:

①密度:间断级配橡胶沥青混合料 > 连续级配橡胶沥青混合料 > 普通沥青混合料。

橡胶沥青混合料与普通沥青混合料密度变化趋势相同,都是随着油石比增大,先增大后减小。

②空隙率:橡胶沥青混合料 < 普通沥青混合料。

在合适级配和拌和工艺下,橡胶颗粒沥青混合料压实度并不比普通沥青混合料压实度低。

③稳定度:间断级配橡胶沥青混合料 > 连续级配橡胶沥青混合料。

流值:间断级配橡胶沥青混合料 < 连续级配橡胶沥青混合料。

与普通沥青混合料相比,橡胶颗粒沥青混合料稳定度偏低,流值偏大,但并不表明橡胶沥青混合料高温稳定性差，这与橡胶颗粒的强度和模量较低有关。

④飞散损失率：间断级配橡胶沥青混合料 < 连续级配橡胶沥青混合料。

随着油石比的增加，橡胶沥青混合料飞散损失率逐渐减小，说明橡胶沥青混合料耐久性增强。

综上，间断级配要优于连续级配，橡胶颗粒密度较小，变形能力较强，在相同质量情况下体积更大，且在外力作用下需要的变形空间更大。在间断级配中，橡胶颗粒可以填充于粗集料形成的骨架空隙中，不会对原有骨架结构产生较大干涉作用，从而保证了混合料的强度特性。

5.1.3 国内外配合比设计方法总结与分析

国外橡胶改性沥青混合料具有一定优点，能够改善路面的使用性能，但同时也存在一些不足。为了解决这些问题，按照各国试验体系对橡胶沥青和掺加的橡胶沥青的物理力学性质作了全面的试验研究，并与所采用的基质沥青的性能进行对比。分析表明：橡胶沥青性能得以提高，橡胶沥青反应温度降低，橡胶沥青混合料施工和易性得以改善。

国内首先采用一些优化的方法确定橡胶沥青混合料组成材料的适宜配比范围，然后进行混合料级配组成设计。根据橡胶沥青混合料组成特点，提出采用修正马歇尔法进行最佳油石比确定，即在考察马歇尔体积指标的同时，增加飞散损失率这一控制指标。研究表明，在适宜的级配条件下，橡胶颗粒沥青混合料高、低温性能，抗水损害性能及抗疲劳性能均满足规范规定，且间断级配性能较优。

5.2 河南省干拌直投橡胶沥青混合料配合比设计方法

本节结合河南省项目 M 和项目 N 实体应用效果，对交通运输部公路科学研究院 ARHM-13D 级配不断调整、完善，逐步形成具有河南省特色的间断级配橡胶沥青混合料设计体系 DRAC。

5.2.1 原材料

河南省直投胶粉复合改性沥青混合料原材料以硬质石灰岩为主，原材料均满足《公路沥青路面施工技术规范》(JTG F40—2004)的技术指标要求。

基质沥青及胶粉的各种原材料产地分别为：项目 M 基质沥青为中石油提供的昆仑 A 级 70 号重交沥青，复合橡胶粉生产厂家为广西 C 公司。项目 N 基质沥青为 SK 公司提供的 A 级 70 号重交沥青，复合橡胶粉由许昌 B 公司生产。

1)基质沥青及橡胶粉

(1)基质沥青

基质沥青性能指标均满足交通运输部有关规范要求，见表 5-11。

基质沥青技术要求及试验结果汇总表　　表 5-11

检 验 项 目	项目 M 检测结果	项目 N 检测结果
针入度(25℃,100g,5s)(0.1mm)	63	72
延度(5cm/min,15℃)(cm)	>100	>100
软化点(环球法)(℃)	48.0	47.0

续上表

检验项目		项目M检测结果	项目N检测结果
闪点(℃)		265	266
TOFT后残留物	质量损失(%)	-0.357	0.01
	25℃针入度比(%)	79.2	75
	延度(5℃)(cm)	6	10
含蜡量(蒸馏法)(%)		1.52	1.60
密度(15℃)(g/cm³)		1.023	1.031
溶解度(%)		99.85	99.8

(2)橡胶粉

《路用废胎硫化橡胶粉》(JT/T 797—2011)将橡胶粉分为三种规格:30目以下、30~80目、80~200目。建议采用20~80目橡胶粉,20目胶粉较粗,混合料难以碾压,近年来,河南省多个项目均采用60~80目胶粉。

2)矿料

(1)粗集料

项目M的两种粗集料的规格分别为10~15mm、5~10mm;项目N的两种粗集料的规格分别为10~20mm、5~10mm;粗集料磨光值大于40,其他相应指标完全满足《公路沥青路面施工技术规范》(JTG F40—2004)的技术指标要求,检测项目及试验结果见表5-12。

粗集料试验结果汇总表　　表5-12

检测项目			单位	上面层质量要求	≥10mm粗集料		5~10mm粗集料	
					项目M 10~15mm	项目N 10~20mm	项目M	项目N
石料压碎值		≤	%	26	15.8	19.7	1	—
磨光值		≥	—	40	41	—	—	—
洛杉矶磨耗损失		≤	%	28	18.5	21	—	—
表观相对密度		≥	—	2.6	2.768	2.814	2.748	2.752
毛体积相对密度			—	实测值	2.747	2.777	2.705	2.689
吸水率		≤	%	2.0	0.42	0.9	0.35	0.78
对沥青的黏附性		≥	级	5	5	4	5	—
针片状颗粒含量	混合料	≤	%	15	5.2	5.0	—	—
	粒径大于9.5mm	≤	%	12	6.2	7.0	—	—
	粒径小于9.5mm	≤	%	18	—	—	4.2	2.8

注:项目A两种粗集料来源于偃师;项目B两种粗集料来源于禹州。

(2)细集料

细集料采用石灰岩机制砂,质量完全满足《公路沥青路面施工技术规范》(JTG F40—2004)的技术要求,试验项目及试验结果见表5-13。

机制砂试验结果汇总表 表 5-13

试验项目		单位	质量要求	项目 M 机制砂	项目 N 机制砂
表观相对密度	≥	—	2.60	2.716	2.722
毛体积相对密度		—	实测值	2.622	2.683
砂当量	≥	%	70	75	62
亚甲蓝值	≤	g/kg	10	2.6	3.8
棱角性(流动时间)	≥	s	30	33.8	31.3

注:项目 M 细集料来源于辉县;项目 N 细集料来源于禹州。

(3)矿粉

矿粉干燥、清洁,质量均满足《公路沥青路面施工技术规范》(JTG F40—2004)的相关技术要求,塑性指数为 2.6%,具体试验结果见表 5-14。

矿粉试验结果汇总表 表 5-14

项目			单位	规范要求	项目 M 矿粉	项目 N 矿粉
表观密度		≥	t/m^3	2.50	2.808	2.795
含水率		≤	%	1	0.6	0.6
粒度范围	<0.6mm		%	100	100	100
	<0.15mm		%	90 ~ 100	97.9	99.1
	<0.075mm		%	75 ~ 100	96.1	86.7
外观			无团粒结块		无	无
亲水系数			—	<1	0.48	0.8
塑性指数			%	<4	2.9	3.7
加热安定性			—	实测记录	无变质	无变质

注:项目 M 矿粉为石灰岩矿粉,产地为辉县;项目 N 矿粉为石灰岩矿粉,产地为禹州。

5.2.2 矿料级配

结合在河南省项目 M、项目 N 等项目的工程应用,对交通运输部公路科学研究院的 ARHM-13D级配不断调整、完善,并大胆突破,逐步形成了具有河南省特色的间断级配干拌直投复合改性胶粉沥青混合料设计、施工技术体系 DRAC。河南省结合 DRAC-13 工程应用历程,经历了初步尝试和优化成熟两个阶段,

2018 年 10 月,项目 M 2km 双向六车道试验路段的成功铺筑,标志着干拌直投复合改性胶粉沥青混合料的典型级配和技术指标已基本定型。该方法不仅适于河南省,对其他地区干拌胶粉改性沥青混合料设计也具有参考意义。

对于干拌直投复合改性胶粉沥青混合料 DRAC,其配合比设计流程如图 5-3 所示。整个流程包括 4 个部分:

(1)确定原材料基本性能及设计级配范围;

(2)在设计级配范围内确定矿料级配及初选沥青用量;

(3)按马歇尔试验方法成型试件,测定体积指标及马歇尔稳定度、流值,初定最佳沥青用量;

(4)按规定进行高温稳定性、低温抗裂性、水稳定性以及渗水性能等检验。

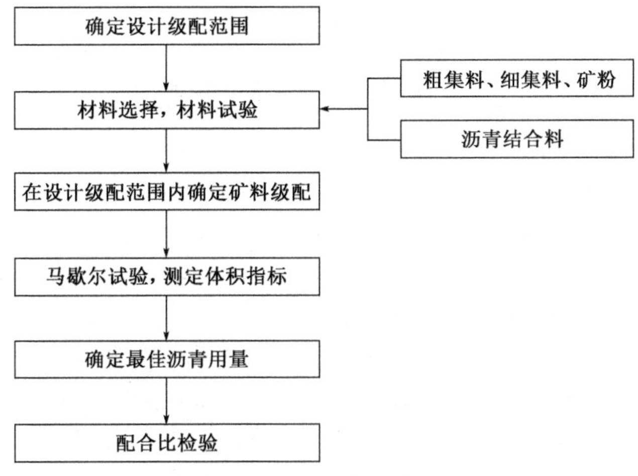

图 5-3　DRAC 配合比设计流程图

1)工程中混合料级配及油石比

通过工程应用验证了间断级配混合料设计方法与标准,同时为设计方法的完善积累了经验。表 5-15 汇总了河南实体工程间断级配混合料级配,作为确定间断级配混合料级配范围的参考。

间断级配混合料工程应用级配汇总　　表 5-15

工程名称	油石比(%)	橡胶粉掺量(%)	下列筛孔(mm)通过百分率(%)									
			16	13.2	9.5	4.75	2.36	1.18	0.6	0.3	0.15	0.075
项目 M DRAC-13 粗级配	5.2	20	100	92.3	63.8	27.8	20.2	15.7	11.9	8.4	7.2	5.3
项目 M DRAC-13 中级配	5.0	20	100	94.8	65.7	32.4	24.2	17.1	11.2	7.8	6.4	5.5
项目 M DRAC-13 细级配	4.8	20	100	97.2	72.2	38.1	28.2	18.9	13.3	9.9	7.8	6.0
项目 N AC-16C 粗级配	5.2	20	95.5	79.9	62.4	37.7	25.0	17.4	11.3	7.7	5.7	4.4
项目 N AC-16C 中级配	4.9	20	95.8	80.9	64.4	41.5	27.9	19.3	12.5	8.5	6.2	4.7
项目 N AC-16C 细级配	4.7	20	96	82	66.4	45.2	30.9	21.3	13.7	9.3	6.7	5.1
交通运输部公路科学研究院	—		100	95 ~ 100	66 ~ 74	30 ~ 40	23 ~ 32	17 ~ 25	13 ~ 20	10 ~ 16	8 ~ 13	6 ~ 10
DRAC-13			100	90 ~ 100	60 ~ 74	25 ~ 40	18 ~ 30	15 ~ 25	8 ~ 18	6 ~ 15	5 ~ 12	4 ~ 7

注:1. 油石比为基质沥青油石比(%)。

2. 橡胶粉掺量为占基质沥青百分比(%)。

3. 表中级配是经过室内试验和现场施工优化所得。

2)DRAC-13 级配范围

参照美国得克萨斯州、交通运输部公路科学研究院 ARHM-13D 的级配设计思路,结合工程应用经验,提出 DRAC-13 级配范围,见表 5-16。

DRAC-13 推荐级配范围 表 5-16

类型	方孔筛筛孔(mm)的质量百分率(%)									
	16.0	13.2	9.5	4.75	2.36	1.18	0.6	0.3	0.15	0.075
DRAC-13	100	90 ~ 100	60 ~ 74	25 ~ 40	18 ~ 30	15 ~ 25	8 ~ 18	6 ~ 15	5 ~ 12	4 ~ 7

对表 5-16 中关键筛孔通过率要求说明如下:

13.2mm 筛孔下限参照 SMA-13 级配范围,为不同原材料选择提供了更大空间;9.5mm 筛孔上限和《公路沥青路面施工技术规范》(JTG F40—2004)中 SMA-13 级配基本一致。

扩宽 4.75mm 和 2.36mm 通过率范围,为不同原材料级配选择提供更大空间,突破传统间断级配 2.36 ~ 4.75mm 含量偏小(<6%)的技术瓶颈,2.36 ~ 4.75mm 含量接近 13%,减少“2.36 ~ 4.75mm 集料”溢料 50%。

0.075mm 筛孔通过率结合工程实践和交通运输部公路科学研究院级配范围,工程实践中间断级配干拌胶粉改性沥青混合料矿粉较多易引起泛油和碾压后胶粉上浮现象,交通运输部公路科学研究院级配 0.075mm 筛孔通过率为 6% ~ 10%,因此,此处提出 0.075mm 通过率为 4% ~ 7%。

5.2.3 马歇尔试验结果与分析

1)试件成型方法

室内击实试验的主要目的是预估混合料经过施工压实或者车辆荷载作用后的体积指标。因此,室内标准击实主要考虑施工条件(压实功)和交通状况。

得克萨斯州的方法在进行混合料设计时发现,旋转压实成型试件容易松散,造成数据离散,影响试验结果准确性。目前工程中普遍采用马歇尔法进行混合料设计和施工控制,实践证明马歇尔双面击实 75 次与现场施工情况较吻合。同时,河南省结合项目施工水平和交通状况,上面层混合料设计绝大部分都是采用马歇尔法击实法。综合考虑推荐 DRAC-13 配合比设计时,采用双面击实 75 次马歇尔法。

2)工程项目中混合料的马歇尔试验结果

在 DRAC-13 技术发展、演变过程中,结合工程应用情况和研究成果对其设计指标进行不断优化调整,相关工程混合料马歇尔试验指标汇总于表 5-17。

不同工程中干拌直投复合改性胶粉沥青间断级配混合料马歇尔试验指标 表 5-17

工程名称	油石比(%)	橡胶粉掺量(%)	VV(%)	VMA(%)	饱和度(%)	稳定度(kN)	流值(mm)	谢伦堡析漏损失(%)	肯塔堡飞散损失(%)
项目 M DRAC-13 粗级配	5.2	20	4.0	15.8	74.7	9.14	2.96	0.05	4.5
项目 M DRAC-13 中级配	5.0	20	4.0	15.9	75.0	9.47	3.20	0.03	4.1

续上表

工程名称	油石比（%）	橡胶粉掺量（%）	VV（%）	VMA（%）	饱和度（%）	稳定度（kN）	流值（mm）	谢伦堡析漏损失（%）	肯塔堡飞散损失（%）
项目M DRAC-13细级配	4.8	20	4.0	15.6	73.3	10.26	3.42	0.02	6.4
项目N AC-16C粗级配	5.2	20	4.0	15.2	73.7	9.6	2.92	0.03	8.3
项目N AC-16C中级配	4.9	20	4.0	15.0	73.3	10.4	3.20	0.04	7.6
项目N AC-16C细级配	4.7	20	4.0	14.7	72.9	11.3	26.6	0.06	7.4
最大值	5.2		4	15.9	75	11.3	3.42	0.06	8.3
最小值	4.7		4	14.7	72.9	9.14	2.66	0.02	4.1
平均值	5.0		4	15.4	73.8	10.0	3.06	0.04	6.4

注：1.油石比为基质沥青油石比（%）。
2.橡胶粉掺量为占基质沥青百分比（%）。

(1)空隙率范围:4% ±1%

最大值4%,最小值4%,平均值4%。空隙率指标参照河南省沥青路面多年来施工水平和交通运输部公路科学研究院技术要求制定。

(2)矿料间隙率VMA范围:空隙率为4%时,VMA≥15.0%

最大值15.9%,最小值14.7%,平均值15.4%。矿料间隙率VMA过大,需要较多沥青结合料去填充矿料间隙,油石比偏高,施工成本增加。交通运输部公路科学研究院参照《公路沥青路面施工技术规范》(JTG F40—2004)AC-13C的标准,当空隙率为4%时,VMA≥14.0%。矿料间隙率VMA过小易导致胶粉对混合料骨架形成干涉作用,影响混合料高温性能。河南省主要从干拌直投复合改性胶粉沥青混合料胶粉掺量高,膨胀性强,需要较大空间去容纳的角度出发,提出当空隙率为4%时,VMA≥15.0%的技术标准,其他公称最大粒径VMA按此规律,均比《公路沥青路面施工技术规范》(JTG F40—2004)AC类提高1%。

(3)饱和度VFA范围:70% ~85%

最大值75.0%,最小值72.9%,平均值73.8%。饱和度指标参照交通运输部公路科学研究院技术要求。

(4)稳定度范围:≥8.0kN

最大值11.3kN,最小值9.14kN,平均值10.0kN。参照《公路沥青路面施工技术规范》(JTG F40—2004)表5.3.3-1中密级配沥青混凝土技术要求,较交通运输部公路科学研究院高1.0kN。

(5)流值范围:1.5 ~5.0mm

最大值3.42mm,最小值2.66mm,平均值3.06mm。参照《公路沥青路面施工技术规范》(JTG F40—2004)表5.3.3-1中密级配沥青混凝土技术要求。

(6)谢伦堡沥青析漏损失:≤0.1%

首次提出用谢伦堡沥青析漏损失来评价干拌直投复合改性胶粉沥青混合料的油石比是

否合适。

最大值0.06%,最小值0.02%,平均值0.04%。参照《公路沥青路面施工技术规范》(JTG F40—2004)表5.3.3-3中SMA混合料马歇尔试验配合比设计技术要求。

(7)肯塔堡飞散损失:≤15%

首次提出用肯塔堡飞散损失来评价干拌直投复合改性胶粉沥青混合料的油石比是否合适。

最大值8.3%,最小值4.1%,平均值6.4%。参照《公路沥青路面施工技术规范》(JTG F40—2004)表5.3.3-3中SMA混合料马歇尔试验配合比设计技术要求。

3)混合料设计标准

结合5.2.2节,根据河南省近两年来的应用成果,提出间断级配干拌直投复合改性胶粉沥青混合料DRAC-13技术要求,见表5-18。

间断级配沥青混合料DRAC-13技术标准 表5-18

试验项目	技术标准	试验项目	技术标准
马歇尔试件尺寸	ϕ101.6mm×63.5mm	稳定度(kN)	≥8.0
击实次数	两面各75次	流值(mm)	1.5~5
空隙率(%)	3~5	谢伦堡沥青析漏试验的结合料损失(%)	≤0.1
矿料间隙率VMA(%)	≥15.0	肯塔堡飞散试验的混合料损失(%)	≤15
沥青饱和度(%)	70~85		

5.3 混合料路用性能研究

5.3.1 高温性能

沥青混合料是黏弹性材料,其强度和模量都随温度升高而下降。沥青混合料高温稳定性是指沥青混合料在高温条件下,经过车辆荷载重复作用后,抵抗车辙、拥包、推移、泛油等变形的能力。引起沥青混合料路面产生车辙的主要原因为混合料设计不合理、混合料表面温度过高以及较大荷载重复作用。混合料设计不合理常表现为沥青标号选用不当、沥青用量较大、填料过多以及矿质集料性能不满足要求等。其中沥青标号选用不当是主要因素,而压实度不合格或者混合料质量控制不当易导致沥青含量过高。马歇尔试验要求沥青混合料经过压实后,其室内密度与室外试验基本相等,即压实度应达到100%,否则沥青标号选用不当。当混合料设计不合理时,在高温作用和较大荷载重复作用下,沥青达到相应软化点后易变形,导致沥青膜脱落,混合料将会产生车辙病害。

我国目前评价沥青混合料高温稳定性较为常用的是车辙试验。车辙试验是通过成型标准车辙试件,在轮载重复作用下,产生压密、剪切、推移和流动,其结果与实际沥青路面的车辙之间存在较好相关性。因此,采用车辙试验动稳定度指标可以有效评价沥青混合料高温性能(抵抗塑性流动变形能力),反映沥青混合料抗车辙能力。近两年来河南省各项目沥青混合料高温性能结果汇总于表 5-19。

河南省工程应用动稳定度试验结果汇总　　表 5-19

混合料类型		基质沥青油石比(%)	动稳定度(次/mm)
项目 M	DRAC-13 粗级配	5.2	5365
	DRAC-13 中级配	5.0	5275
	DRAC-13 细级配	4.8	4856
项目 N	AC-16C 粗级配	5.2	5462
	AC-16C 中级配	4.9	5509
	AC-16C 细级配	4.7	5415
最大值		5.2	5509
最小值		4.7	4856
平均值		5.0	5314

综合河南省工程应用中沥青混合料动稳定度试验结果,可得最大值为 5509 次/mm,最小值为 4856 次/mm,平均值为 5314 次/mm,均满足不小于 4000 次/mm 的要求,该结果与交通运输部公路科学研究院一致。

5.3.2　低温性能

沥青混合料抵抗低温收缩的能力称为低温抗裂性。路面开裂是当今沥青路面常见的病害之一,沥青路面裂缝形成原因较为复杂。我国参照美国裂缝分类标准,将裂缝分为块裂、龟裂、边缘裂缝及单根裂缝。单根裂缝又分为纵向裂缝、横向裂缝、施工裂缝、接头裂缝等。其中,横向裂缝主要指沥青路面温度收缩裂缝,简称温缩裂缝。开裂一旦出现不仅破坏沥青路面的连续性,而且大大降低沥青路面承载能力。我国地域面积广阔,南北温差大,沥青路面出现温缩开裂病害比例较大。

小梁弯曲试验是评价沥青混合料低温抗裂性的主要方法。一般认为弯曲应变越大,混合料低温变形能力越强,抗裂性能越好。按照《公路沥青路面施工技术规范》(JTG F40—2004)标准试验方法,将河南省各项目沥青混合料低温性能性能指标汇总于表 5-20。

河南省工程应用低温性能试验结果汇总　　表 5-20

混合料类型		弯曲破坏应变(με)
项目 M	DRAC-13 粗级配	2668
	DRAC-13 中级配	2753
	DRAC-13 细级配	2798
项目 N	AC-16C 粗级配	2768
	AC-16C 中级配	2850
	AC-16C 细级配	2694
最大值		3105
最小值		2768
平均值		2884

综合河南省工程应用中橡胶沥青混合料低温性能试验结果，可得最大值为 2850με，最小值为 2668με，平均值为 2755με，均满足不小于 2500με 的规范要求，该结果与交通运输部公路科学研究院的一致。

5.3.3 水稳定性

水稳定性能是反映沥青混合料抵抗水损坏的能力。所谓水损坏，是指沥青混合料在铺筑压实后，浸入混合料内部的水分，在车辆重复荷载作用下，产生动水压力，混合料嵌挤力与内摩阻力逐渐被减小，沥青胶结料黏度降低，与集料黏附性削弱。根据沥青混合料强度形成理论，路面整体结构强度降低，集料与沥青出现分离现象，最终导致混合料产生翻浆、唧泥、松散等病害。

根据调查结果总结分析，目前高等级道路沥青路面水损坏成因分为内因和外因两个部分。其中内因对混合料水损坏影响程度较小，主要包括沥青酸值和集料物理化学性能；外因是混合料产生水损坏的主要原因，主要包括水的作用、汽车荷载影响、混合料空隙率、路面压实度、混合料离析等。

目前评价沥青混合料水稳定性的主要方法有浸水马歇尔试验、真空饱水马歇尔试验、浸水劈裂试验、真空饱水劈裂试验、冻融劈裂试验及浸水车辙试验。我国多采用浸水马歇尔试验和冻融劈裂试验评价方法，河南省各项目沥青混合料水稳定性评价结果列于表 5-21。

河南省工程应用水稳定性试验结果汇总　　表 5-21

混合料类型		浸水残留稳定度比(%)	冻融残留强度比(%)
项目 M	DRAC-13 粗级配	86.4	82.8
	DRAC-13 中级配	88.9	83.2
	DRAC-13 细级配	89.6	84.7
项目 N	AC-16C 粗级配	86.7	87.1
	AC-16C 中级配	89.1	85.2
	AC-16C 细级配	85.4	84.4
最大值		89.6	87.1
最小值		85.4	82.8
平均值		87.7	84.6

综合河南省工程应用中橡胶沥青混合料水稳定性试验结果，可得浸水残留稳定度比最大值为 89.6%，最小值为 85.4%，平均值为 87.7%，均满足大于 85% 的规范要求；冻融残留强度比最大值为 87.1%，最小值为 82.8%，平均值为 84.6%，均满足不小于 80% 的规范要求。该结果与交通运输部公路科学研究院、江苏省交通科学研究院的一致。

5.3.4 抗渗水性能

路面平整性和渗水性是沥青路面施工质量好坏的主要评价指标，为此，精准检测路面渗水性是施工质量控制的重要环节，但是，在对沥青路面实施渗水性检测时，往往会受到空隙率以及压实度等多重因素影响，降低试验检测数据的精准性，也影响后期道路养护工作。为此，在开展沥青路面施工前，对其渗水系数进行精准检测，制定有效防治措施至关重要。沥青路面渗水系数是指一定体积的水在一定高度下对路面产生压力,以每分钟内自由水下降的体积来表示,以此反映路面密实的状况。

对项目M和项目N不同级配的沥青混合料进行室内试件渗水系数测试,各项目测试结果汇总于表5-22。

沥青混合料渗水系数测试 表5-22

混合料类型		沥青混合料试件渗水系数(mL/min)
项目M	DRAC-13 粗级配	44
	DRAC-13 中级配	35
	DRAC-13 细级配	31
项目N	AC-16C 粗级配	27
	AC-16C 中级配	22
	AC-16C 细级配	19
最大值		43
最小值		37
平均值		40

从表5-22可以看出,河南省近三年工程案例中,沥青混合料渗水系数最大值为43mL/min,最小值为37mL/min,平均值为40mL/min,最大值、最小值和平均值均小于100mL/min,根据当地施工条件、气候条件做适当调整,结合交通运输部公路科学研究院标准,提出沥青混合料渗水系数≤100mL/min。

5.3.5 构造深度

路面构造深度也称纹理深度,是路面粗糙度的重要指标,指一定面积的道路表面凹凸不平的开口孔隙平均深度,主要用于评定路面表面的宏观粗糙度、排水性能及抗滑性。

通常认为,路面宏观构造和微观构造直接影响着路面抗滑性能的好坏,而路面构造深度是表征路面宏观构造的重要指标。按照《公路沥青路面设计规范》(JTG D50—2006)以及《沥青路面表层渗透再生修复技术指南》的规定,沥青路面构造深度TD不小于0.55mm。构造深度的主要测试方法有手工铺砂法和电动铺砂法。沥青混合料构造深度测试见表5-23。

沥青混合料构造深度测试 表5-23

混合料类型		沥青混合料试件构造深度(mm)
项目M	DRAC-13 粗级配	0.78
	DRAC-13 中级配	0.74
	DRAC-13 细级配	0.68
项目N	AC-16C 粗级配	0.76
	AC-16C 中级配	0.71
	AC-16C 细级配	0.68
最大值		0.78
最小值		0.68
平均值		0.73

从表5-23可以看出，河南省工程案例中，沥青混合料构造深度最大值为0.78mm，最小值为0.68mm，构造深度平均值为0.73mm，根据当地施工条件和气候条件，结合交通运输部公路科学研究院技术标准，提出沥青混合料构造深度下限为0.65mm，增设上限为0.8mm。

5.3.6 抗疲劳性能

随着公路交通量日益增长，汽车轴重不断增大，汽车对路面的破坏作用变得越来越明显。路面使用期间受车轮荷载的反复作用，长期处于应力应变交叠变化状态，导致路面结构强度逐渐下降。当荷载重复作用超过一定次数时，荷载作用下路面内产生的应力就会超过强度下降后的结构抗力，致使路面出现裂纹，产生疲劳断裂破坏。

沥青混合料疲劳试验方法大致可以分为4类：

第一类是实际路面在真实汽车荷载作用下的疲劳试验破坏，以美国著名的AASHTO试验路为代表。

第二类是足尺试验法。模拟在汽车荷载作用下的疲劳研究，包括环道试验和加速加载试验，主要有澳大利亚和我国交通运输部公路科研所的加载设备（ALF），南非国立道路研究所的重型车辆模拟车（HVS），美国华盛顿州立大学的室外大型环道和重庆公路科学研究所的室内大型环道试验。

第三类是试板试验法。主要通过轮辙试验模拟车轮在路面上的作用，了解裂缝产生和扩展的形式。

第四类是小型疲劳试验研究。先将沥青混合料制作成一定形状的试件，然后按某种方式模拟沥青路面受力状态。此试验方法的特点在于沥青混合料制备比较方便，试件尺寸小，试验周期短，温度、荷载等因素易于控制，便于进行大量试验，可以排除其他影响因素得出沥青混合料的疲劳规律。前三类方法耗资大、周期长，开展并不普遍。因此，大量采用的还是小型疲劳试验方法。室内小型疲劳试验常采用简单弯曲试验，其中有中点加载或三分点加载、旋转悬臂梁和梯形悬臂梁三种试验方式。此外，还有劈裂试验、弹性基础梁弯曲试验、三轴压力试验等。

从道路材料的性能着手，进行不同级配沥青混合料弯曲疲劳性能研究，对延长橡胶沥青路面的使用寿命具有重要意义。

沥青混合料疲劳性能见表5-24。

沥青混合料疲劳性能 表5-24

混合料类型		基质沥青最佳油石比（%）	500με应变疲劳寿命（次）
项目M	DRAC-13 粗级配	5.2	63245
	DRAC-13 中级配	5.0	61302
	DRAC-13 细级配	4.8	59670
项目N	AC-16C 粗级配	5.2	61268
	AC-16C 中级配	4.9	60258
	AC-16C 细级配	4.7	56782
SBS 改性沥青 AC-13C		5.0	51732
最大值		63245	63245

续上表

混合料类型	基质沥青最佳油石比(%)	500με应变疲劳寿命(次)
最小值	56782	56782
平均值	60421	60421

从表5-24可以看出，河南省近两年的工程案例中，在500με应变条件下，沥青混合料疲劳寿命最大值为63245次，最小值为56782次，疲劳寿命平均值为60421次，高于5.0%油石比的SBS改性沥青混合料AC-13C，说明干拌直投复合改性胶粉沥青混合料疲劳寿命较好。

5.3.7 单轴贯入试验

干拌直投复合改性胶粉的加入对沥青结合料有一定程度的改性，同时，废胎胶粉在混合料中的填充作用也不容忽视。本节将通过对干法工艺橡胶沥青混合料黏结力c和内摩擦角φ的测定，分析干拌直投复合改性胶粉对混合料的改性效应和填充效应双重改性效应。通过对黏结力c的分析可以进一步验证胶粉改性剂对结合料的改性效应。通过对内摩擦角φ的分析可以明确胶粉改性剂对混合料的填充效应。

沥青混合料黏结力c和内摩擦角φ的测定与混合料抗剪强度的测试密切相关，现阶段路面结构剪切特性分析的难点在于沥青铺装层材料抗剪切性能的测试。对于测试方法的选取，通常应遵循以下原则：

(1)试验试件的受力状态应与荷载作用下路面结构受力状态相似；

(2)能够反映材料剪切破坏机理；

(3)测试方法简单，参数易确定。

单轴贯入试验能够较好满足抗剪切性能测试原则。首先，单轴贯入试验试件内部应力分布情况与车辆荷载作用下路面结构基本相同。其次，压头直径远小于试件直径，且试件周围无侧向压力，压头下圆柱体仅受周围材料侧向约束作用，试件破坏意味着约束破坏，能更好体现沥青混合料抗剪强度的形成机理。另外，试验过程中主动贯入压力不同，产生的被动侧向压力也不同，这与路面结构真实受力情况相似。同时侧向压力也与沥青混合料自身性能息息相关，试验结果也在一定程度上反映黏结料和集料的作用。最后，单轴贯入试验装置和操作简便，因此，《公路沥青路面设计规范》(JTG D50—2017)将单轴贯入试验作为评定沥青混合料抗剪强度的方法。

公称最大粒径小于或等于16mm的混合料贯入试验标准试验条件：圆柱体试件尺寸$D \times H$为100mm×100mm；圆柱形刚性压头尺寸直径为28.5mm；加载速率为1mm/min；试验温度为60℃。

对混合料进行单轴贯入试验，读取最大贯入荷载P，沥青混合料标准高度试件的贯入应力和贯入强度分别按下列公式计算：

$$\sigma_p = \frac{P}{A} \tag{5-2}$$

$$R_\tau = f_\tau \sigma_p \tag{5-3}$$

式中：σ_p——沥青混合料贯入应力(MPa)；

R_τ——沥青混合料贯入强度(MPa);

P——试件破坏时的极限荷载(N);

A——压头横截面面积(mm^2);

f_τ——贯入应力系数,对于 100mm × 100mm 标准圆柱体试件,$f_\tau = 0.34$;对直径为 100mm 的非标准高度试件,应按式(5-4)计算贯入应力系数,此时试件厚度应满足$38mm \leqslant h < 100mm$。

$$f_\tau = 0.0012h + 0.22 \tag{5-4}$$

之后,利用上述基本抗剪参数乘以沥青混合料贯入应力,即可求出沥青混合料试件中剪应力最大处的各主应力值和剪应力值,计算公式如下:

$$\sigma_1 = \sigma_p \cdot \sigma_{1g} \tag{5-5}$$

$$\sigma_3 = \sigma_p \cdot \sigma_{3g} \tag{5-6}$$

$$\tau_{max} = \sigma_p \cdot \tau_{max1} \tag{5-7}$$

式中:σ_1、σ_3——单轴贯入试验沥青混合料试件中最大剪应力处的第一和第三主应力值;

τ_{max}——沥青混合料的抗剪强度。

同时,为了进一步求出沥青混合料黏聚力 c 和内摩擦角 φ,需要结合沥青混合料单轴贯入试验和无侧限抗压强度试验,利用莫尔圆来求取。利用式(5-5)~式(5-7)可分别计算出 σ_1、σ_3 和τ_{max},由此便可画出第一个莫尔圆;对于第二个莫尔圆,需要结合沥青混合料单轴压缩试验来确定。对于单轴压缩试验,可以当作侧限为零的三轴试验,因此通过无侧限抗压强度值,即可定出上图莫尔圆中的 $\sigma_1 = \sigma_u$,$\sigma_3 = 0$,这样便可画出第二个莫尔圆。图 5-4 表示利用贯入试验和无侧限抗压试验的数据画出的莫尔圆,图中 σ_u 表示单轴压缩试验中试件的无侧限抗压强度,c、φ 表示混合料黏聚力和内摩擦角。

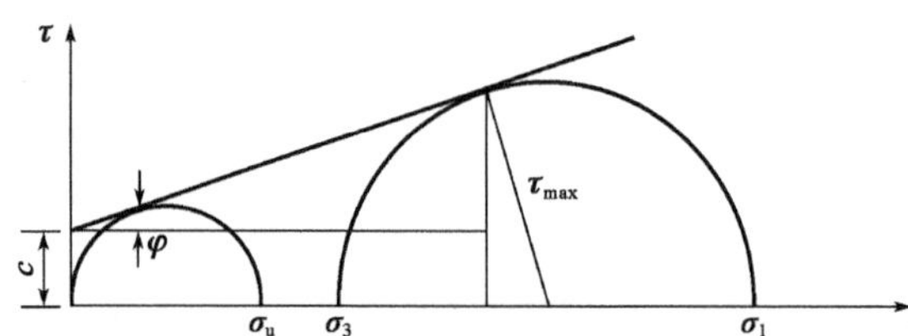

图 5-4 单轴贯入试验和无侧限抗压试验莫尔圆

根据图 5-4,利用简单的几何关系,可以推导出基于贯入试验和无侧限抗压试验强度的 c 和 φ 计算公式:

$$\frac{\sigma_u}{2}\cos\varphi - \frac{\sigma_u}{2}(1 - \sin\varphi) \cdot \tan\varphi = c \tag{5-8}$$

$$\frac{\sigma_1 - \sigma_3}{2}\cos\varphi - \left(\frac{\sigma_1 + \sigma_3}{2} - \frac{\sigma_1 - \sigma_3}{2} \cdot \sin\varphi\right) \cdot \tan\varphi = c \tag{5-9}$$

由式(5-8)和式(5-9)可以求解出 c、φ 如下:

$$\begin{cases} \varphi = \arcsin \dfrac{\sigma_1 - \sigma_3 - \sigma_u}{\sigma_1 + \sigma_3 - \sigma_u} \\ c = \dfrac{\sigma_u}{2} \cdot \dfrac{1 - \sin\varphi}{\cos\varphi} \end{cases} \tag{5-10}$$

按照上面介绍的试验方法，采用旋转压实仪成型试件，之后分别对试件进行钻芯、切割，进而得到尺寸为100mm×100mm的标准圆柱体试件，具体试验过程如图5-5、图5-6所示。

图5-5　旋转压实仪成型试件

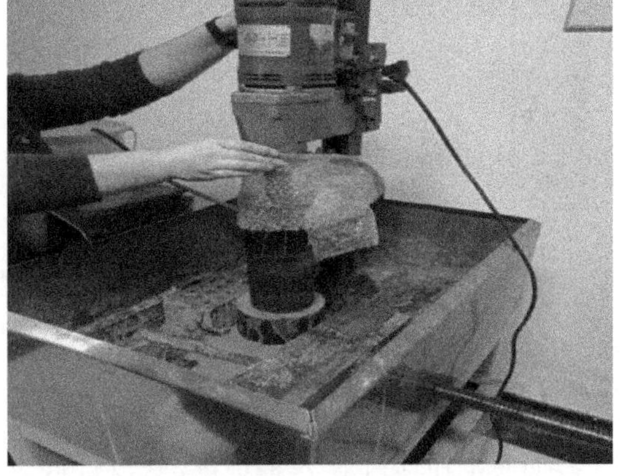

图5-6　钻芯取样

采用IPC UTM-25多功能沥青混合料测试系统在60℃条件下分别进行单轴贯入试验和单轴压缩试验，具体试验过程如图5-7～图5-9所示。

图5-7　IPC UTM-25多功能沥青混合料测试系统

图5-8　单轴贯入试验

图5-9　单轴压缩试验

单轴贯入试验和单轴压缩试验的典型加载过程如图 5-10、图 5-11 所示。

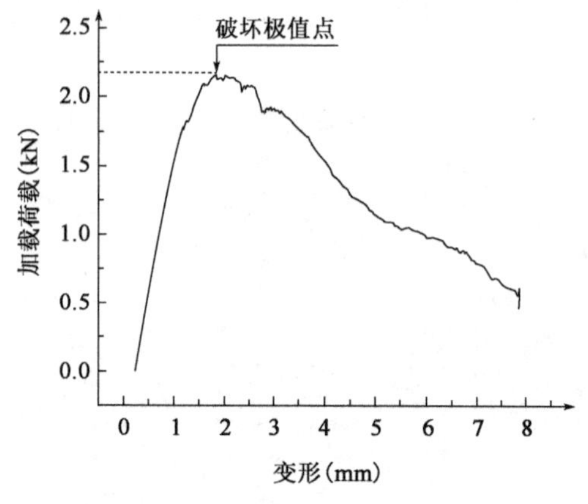

图 5-10　单轴贯入试验典型加载曲线

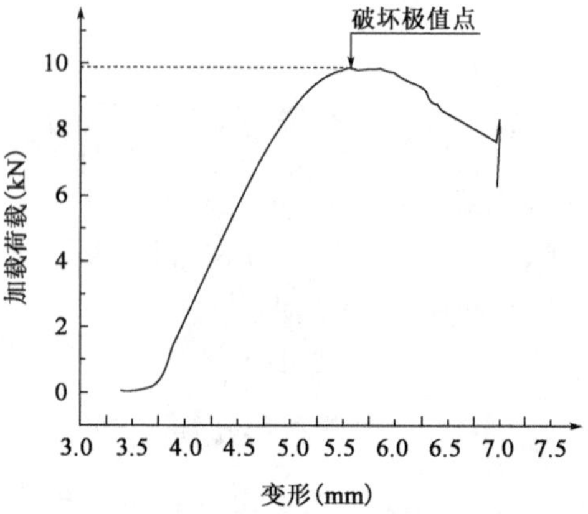

图 5-11　单轴压缩试验典型加载曲线

项目 M 和项目 N 六种级配混合料(胶粉掺量均为沥青的 20%)的黏结力 c、内摩擦角 φ 以及贯入强度 σ_p 试验结果见表 5-25。

混合料贯入强度和 c、φ　　表 5-25

级配类别		单轴贯入极值力(kN)	平均应力值(MPa)	单轴压缩极值力(kN)	平均应力值(MPa)	σ_p(MPa)	c(MPa)	φ(°)
项目 M	DRAC-13 中级配不掺加胶粉	1.816	2.362	7.472	0.909	0.803	0.218	38.8
		1.198		6.803				
		1.537		7.369				
		1.477		6.906				
	DRAC-13 细级配	1.826	3.953	9.065	1.300	1.335	0.291	41.8
		3.218		11.351				
		2.254		10.687				
		2.790		9.729				
	DRAC-13 中级配	2.599	4.443	10.878	1.357	1.511	0.296	42.9
		2.861		12.657				
		3.034		9.399				
		2.845		9.698				
	DRAC-13 粗级配	3.232	4.841	10.817	1.377	1.646	0.293	43.9
		2.945		8.716				
		3.361		11.253				
		2.816		12.482				

续上表

级配类别		单轴贯入极值力（kN）	平均应力值（MPa）	单轴压缩极值力（kN）	平均应力值（MPa）	σ_p（MPa）	c（MPa）	φ（°）
项目 N	AC-16C 中级配不掺加胶粉	1.943	2.542	6.436	0.951	0.864	0.225	39.4
		1.256		9.194				
		1.512		6.215				
		1.776		8.032				
	AC-16C 细级配	3.235	4.464	10.247	1.403	1.518	0.309	42.5
		2.720		12.019				
		3.091		10.602				
		2.346		11.209				
	AC-16C 中级配	3.477	5.257	10.632	1.473	1.787	0.312	44.0
		3.196		13.569				
		3.189		11.893				
		3.554		10.182				
	AC-16C 粗级配	3.187	5.573	13.835	1.507	1.895	0.316	44.4
		3.727		10.509				
		3.269		11.189				
		4.039		11.811				

分析表 5-25 可得出如下结论：

（1）两组级配沥青混合料黏聚力 c 均较不掺加胶粉高。以项目 M 和项目 N 中级配为例，黏结力分别为 0.296MPa 和 0.312MPa，较胶粉掺量为零时的 0.218MPa 和 0.225MPa 分别增加了 35.8% 和 38.7%。由此表明，胶粉改性剂对基质沥青确实起到改性效应，这与未经处理只起物理填充作用的橡胶颗粒传统干法工艺不同。究其原因，在于项目所用胶粉改性剂经过特殊工艺加工、活化，再经一定时间闷料发育，对基质沥青改性达到与湿法工艺类似的效果。

（2）两组级配沥青混合料内摩擦角 φ 均较不掺加胶粉高。以项目 M 和项目 N 中级配为例，内摩擦角分别为 43.9°和 44.4°，较胶粉掺量为零时的 38.8°和 39.4°分别增加了 13.1% 和 12.7%。由此表明，与传统干法工艺中相比，在一定程度上改善了混合料骨架结构。

（3）对比两组粗、中、细三种级配贯入强度 σ_p、黏聚力 c 和内摩擦角 φ 可知，粗级配贯入强度 σ_p 最高，中级配次之，细级配最差。

通过本节的分析可知，直投胶粉复合改性剂在改善干法工艺橡胶沥青混合料矿料骨架结构的同时，对沥青结合料也起一定改性作用，进而改善混合料的高温稳定性。

5.3.8　压实特性

压实对热拌沥青混合料强度和耐久性均有很大的影响，良好的压实可以保证沥青路面具有足够的承载力和耐久性、更好地适应环境变化，进而满足交通荷载的需求。已有研究表明,胶粉具有较大弹性,胶粉颗粒吸收沥青中的油分发生膨胀,体积可增加 2 ~3 倍。当混合料矿料级配及配合比设计不合理时,会导致沥青混合料压实困难,或压实后路面膨胀破坏,进而导致混合料空隙率增大,在水和荷载作用下出现松散、剥落等病害。为此,研究干法工艺橡胶沥青混凝土路面的压实性能显得尤为重要。

1)沥青混合料压实性能评价方法

采用能较准确反映沥青混合料在压实过程中受力状态的成型方法,通过压实过程中相关参数的变化来评价干法工艺橡胶沥青混合料的压实性能。

我国现阶段普遍使用的沥青混合料成型方法是马歇尔击实法和轮碾法。对于马歇尔击实法,试件成型时受力状态与实际沥青路面压实状态有很大差别,同时粗集料颗粒可能会因击实功较大而破碎;对于轮碾法,与混合料实际压实状态最为接近,但试件成型不方便且密实度难以控制。

针对常用沥青混合料成型方法存在的问题,美国战略公路研究计划(SHRP)研发了沥青混合料旋转压实成型仪(SGC),并提出了相应的试验方法。旋转压实成型方法作为 Superpave 沥青混合料设计方法的核心,能够较好地反映沥青混合料在压实过程中的受力状态及其密实过程。

旋转压实曲线反映了沥青混合料体积指标随压实次数的变化情况。在 Superpave 沥青混合料设计方法中,以特定旋转压实次数下沥青混合料密实度比 γ(压实密度与最大理论密度的比值)作为沥青混合料的设计标准。为了使混合料达到要求的密实度,不同的交通量规定了相应的设计压实次数 N_{des},同时规定了与 N_{des} 有关的初始压实次数 N_{ini} 和最大旋转压实次数 N_{max}。初始压实次数 N_{ini} 主要用来防止矿料不能形成有效的嵌挤并达到要求的强度,即混合料的软弱级配;而最大旋转压实次数 N_{max} 则为防止通车后沥青面层在车辆荷载作用下进一步压密变形产生车辙等病害。国外大量研究采用初始压实次数 N_{ini} 和最大旋转压实次数 N_{max} 来评价沥青混合料压实性能。设计压实次数 N_{des} 与初始压实次数 N_{ini} 和最大旋转压实次数 N_{max} 之间的关系为:

$$\lg N_{ini} = 0.45\lg N_{des} \tag{5-11}$$

$$\lg N_{max} = 0.10\lg N_{des} \tag{5-12}$$

式中:N_{ini}——初始压实次数,对应的混合料密实度比小于 89%(混合料空隙率为 11%);

N_{des}——设计压实次数,对应的混合料密实度比为 96%(混合料空隙率为 4%);

N_{max}——最大压实次数,当沥青混合料的空隙率小于 2% 时,认为沥青混合料接近破坏,此时对应的混合料密实度比为 98%。

长安大学张争奇教授对沥青混合料旋转压实曲线进行了较为深入的分析,提出了压实曲线斜率和密实能量指数的概念,以反映沥青混合料内在压实信息。采用该指标对两种级配沥青混合料施工压实特性和抵抗交通荷载能力进行分析,并结合车辙试验和试验路对指标的合理性进行了验证。

沥青混合料旋转压实曲线反映混合料在施工期间压实特性和开放交通后混合料在交通荷载作用下的密实度变化特性。获得压实曲线可以分为两部分:N_{ini} 与 N_{des} 之间的曲线,反映了混合料在施工期间的压实特性;N_{des} 与 N_{max} 之间的曲线,反映了开放交通后混合料在车辆荷载作用下的压实特性。

本节为了分析不同影响因素对混合料压实特性的影响，采用压实曲线斜率和密实能力指数作为混合料压实性能评价指标，选取 N_0 和 N_{des} 之间的旋转压实曲线对干法工艺橡胶沥青混合料的压实性能进行研究。

2）压实曲线斜率

美国 SHRP 旋转压实仪（SGC）采用干法工艺橡胶沥青混合料某配合比压实曲线，自然坐标系下试件高度随压实次数变化情况如图 5-12 所示，密实度比随压实次数的变化情况如图 5-13 所示。

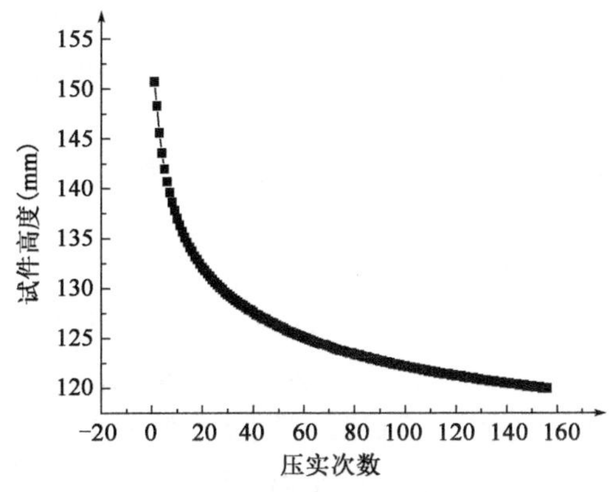

图 5-12　自然坐标下试件高度随压实次数变化情况

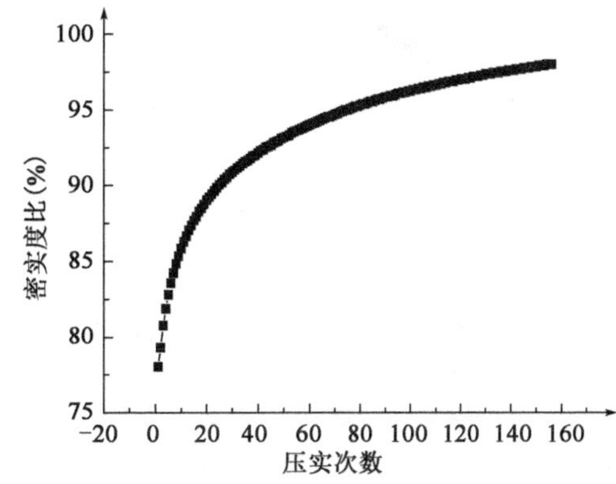

图 5-13　自然坐标下试件密实度比随压实次数变化情况

美国战略公路研究计划（SHRP）项目研究过程中，常采用密实度比与旋转次数的常用半对数关系图研究混合料的压实特性。由上节的分析可知，N_{ini} 与 N_{des} 之间的压实曲线反映了混合料在施工期间的压实特性。因此，为了更合理地分析干法工艺橡胶沥青混合料的压实特性，在初始压实次数和设计压实次数之间，用半对数坐标图线性方程来表示压实曲线，对该区间曲线进行线性拟合和平均斜率计算。该平均斜率表示在施工压实期间混合料的压实速率，压实速率越大，表明混合料施工和易性越好。半对数坐标下混合料压实曲线如图 5-14 所示。

由图 5-14 可知，N_{ini} 与 N_{des} 之间半对数坐标下压实曲线通常呈线性分布，该区间压实曲线平均斜率可按式（5-13）来计算：

$$K = \frac{\gamma_{N_{des}} - \gamma_{N_{ini}}}{\ln N_{des} - \ln N_{ini}} \tag{5-13}$$

式中：K——N_{ini} 与 N_{des} 之间压实曲线的平均斜率；

$\gamma_{N_{des}}$——设计密实度次数时混合料的密实度比；

$\gamma_{N_{ini}}$——初始压实次数时混合料的密实度比。

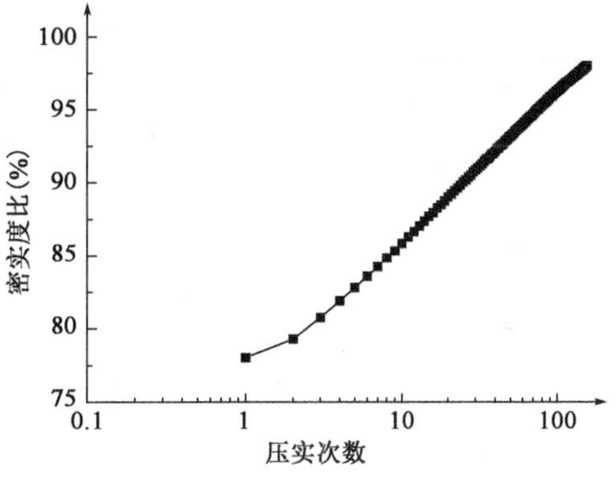

图 5-14　半对数坐标下混合料的压实曲线

3）密实能量指数

由上节分析可知，压实曲线上某一区间平均斜率仅可反映混合料相对压实性能，但无法直观反映混合料在压实过程中达到相应密实度时的具体能量，为此，采用密实能量指数（Construction Energy Index，CEI）来进一步反映混合料压实性能。CEI 是指混合料在压实过程中，为使其达到一定密实度，旋转压实仪所做的功。在压实曲线上取两点，即初始密实度点和指定密实度点，对两点间压实曲线进行积分即为该区间密实能量指数，表示将混合料从初始密实度压实到指定密实度时旋转压实仪所做的功。因此，通过分析压实曲线不同点位间的密实能量指数，便可进一步了解不同沥青混合料的压实性能。

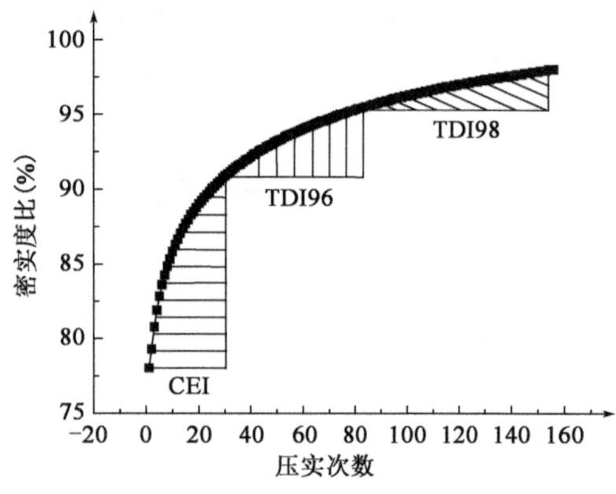

图 5-15　密实能量指数 CEI、TDI96 和 TDI98

根据规范对沥青路面通车空隙率的要求和路面通车后空隙率的变化情况，通过密实能量指数来评价混合料施工和易性以及通车后抵抗交通荷载的能力，本节对 CEI、TDI96 和 TDI98 的定义如图 5-15 所示。

通过图 5-15 可以获取如下混合料压实信息：

（1）施工过程中密实能量指数 CEI

对于高速公路和一级公路，为了防止面层空隙率过大时，雨水进入路面结构与车辆荷载耦合作用出现水损害，现阶段我国沥青路面上面层密实度通常要求达到 94%（混合料空隙率为 6%）以上。因此，本节将 CEI 定义为将混合料从松散状态压实到 94% 密实度所做的功，CEI 值越小，则表明混合料的施工和易性越好。

（2）通车后密实能量指数 TDI

将混合料密实度从 94% 压实到 96%（混合料空隙率为 4%）时所需的功定义为 TDI96；将混合料密实度从 96% 压实到 98%（混合料空隙率为 2%）时所需的功定义为 TDI98，沥青混合料 TDI 值越大，混合料承受的交通荷载越多。

4）关键影响参数对干法橡胶沥青混合料压实性能的影响

根据本节两组（6 个）级配设计结果，在 170℃ 下闷料发育 90min 制备成品沥青混合料，对比混合料压实特性参数变化情况，试验结果见表 5-26。

不同油石比下混合料压实特性参数　　表 5-26

混合料类型		油石比（%）	密实度比 94% 时的压实次数	能量参数		半对数坐标下的斜率 $N_{ini} \sim N_{des}$
				CEI	TDI96	
项目 M	DRAC-13 粗级配	5.2	89	7821	6183	4.11
	DRAC-13 中级配	5.0	74	6771	5937	4.14
	DRAC-13 细级配	4.8	69	6119	4660	4.15
项目 N	AC-16C 粗级配	5.2	96	9337	—	—
	AC-16C 中级配	4.9	82	7655	6789	4.06
	AC-16C 细级配	4.7	71	6817	5899	4.13

分析表 5-26 可得出如下结论：

（1）两种混合料 CEI 均随级配由粗变细呈现减小趋势。对于 DRAC-13 混合料，细级配所需压实功为 6119，较粗级配的 7821 降低了 22%；对于 AC-16C 混合料，细级配所需压实功为6817,较粗级配的9337降低了27%。由此表明,在一定范围内,随着级配变细,混合料所需要的压实功均减小,施工和易性呈增强趋势变化。在一定范围内,级配越细,混合料所需要的压实功越小,施工和易性越强。

(2)两种混合料TDI96均随级配由粗变细呈现减小趋势。对于DRAC-13沥青混合料,细级配TDI96为4660,较粗级配6183降低了25%;对于AC-16C混合料,细级配TDI96为5899,较中级配6789降低了13%。由此表明,级配越细,沥青混合料抵抗交通荷载的能力越弱。

(3)级配越细,混合料N_{ini}~N_{des}范围内半对数坐标下的斜率呈增加趋势,这与CEI指标分析结果相符。同时,平均斜率变化幅度较小,表明该指标仅能定性分析混合料的施工和易性。

5.4 河南省干拌直投橡胶沥青混合料技术指标体系的建立

根据不同配合比设计结果,结合河南省实体工程应用情况,建立混合料技术指标控制体系,见表5-27、表5-28。

干拌直投复合改性胶粉沥青混合料技术要求　　表5-27

指　标	单　位	技术要求	
稳定度	kN	≥8	
流值	mm	1.5~5	
设计空隙率VV	%	3~6	
沥青饱和度VFA	%	70~85	
矿料间隙率VMA	%	相应于以下公称最大粒径(mm)的VMA	
		19	≥14
		16	≥14.5
		13.2	≥15
		9.5	≥16

干拌直投复合改性胶粉沥青混合料路用性能技术要求　　表5-28

试验项目	技术标准	试验项目	技术标准
浸水残留稳定度(%)	≥85	弯曲破坏应变(με)	≥2500
冻融残留强度比(%)	≥80	沥青混合料试件渗水系数(mL/min)	≤100
车辙试验动稳定度(次/mm)	≥4000	沥青混合料试件的构造深度(mm)	0.65~0.8

第6章　橡胶沥青应力吸收层应用技术研究

橡胶沥青应力吸收层指一种铺筑于水泥混凝土路面与沥青面层之间或半刚性基层与沥青面层之间,为防止反射裂缝而设计的高弹性、高变形能力的橡胶沥青碎石封层。它能有效吸收下层裂缝部位的集中应力,并防止上层沥青路面相对应形成反射裂缝。橡胶沥青应力吸收层的主要优点如下:

①具有较好的抗剪强度,可减少沥青罩面层与旧路面之间的相对运动。

②具有较强的抗变形能力和良好的柔韧性,可减少和防止沥青罩面层的反射裂缝。

③具有良好的防水性,可阻止路表水渗入路面下部结构,从而消除路面水损坏。

④增强了沥青罩面层与旧路面之间的结合,从而消除层间滑移,减少温度变化引起的沥青面层内的拉应力和拉应变。

橡胶沥青应力吸收层可有效解决在旧路加铺沥青混凝土罩面时出现的反射裂缝、新旧结构层黏结不牢和水害等技术问题。在道路沥青化工程中,特别是道路“白改黑”工程中应用越来越广泛。

6.1　反射裂缝产生发展机理及橡胶沥青应力吸收层防裂机理

6.1.1　反射裂缝产生发展机理

由于半刚性基层板接、裂缝处不能承受拉应力和剪应力,所以裂缝和接缝顶面的沥青面层最容易受到损伤,一般情况下反射裂缝与半刚性基层的裂缝及接缝相对应。如果沥青面层与半刚性基层之间有较好的黏结性能,那么造成反射裂缝可能有如下两种情况:

一般认为,反射裂缝的产生和发展是由于半刚性基层面板的移动所造成的,而这些移动又主要来源于温度变化、行驶车辆及两者的综合作用。由温度变化引起的反射裂缝称为温度型反射裂缝,由行车荷载引起的反射裂缝称为荷载型反射裂缝。

温度型反射裂缝:外部环境对路面温度的影响可以按日变化温度和年变化温度来考虑。在年变化温度作用下,由于作用周期长,沥青面层的顶面与底面温度较接近。在寒冷的季节,半刚性基层产生收缩变形,在沥青面层内产生拉应力;在炎热的夏季,旧混凝土板膨胀,在沥青面层中产生压应力,由此产生了反射裂缝。在日变化温度作用下,沥青面层顶面温度变化较大,底面温度变化较小,使沥青面层出现翘曲变形。随着温度的下降,在面层顶面产生拉应力,底面层产生压应力。温度变化越大、越快,产生的应力越大,面层越容易开裂。

荷载型反射裂缝:当汽车荷载驶经接缝时,在沥青面层中产生的应力影响线可分为三个过程:①轴载位于接缝一侧时,接缝两侧产生较大的相对位移,在面层中造成较大的剪切应力;②轴载位于接缝顶面时,两板无相对位移或相对位移较小,面层主要承受弯拉应力作用;③轴载驶离接缝时,在面层内产生与第一次方向相反的剪切应力,在整个过程中面层受到两次剪切、一次弯曲,而且是连续的。如果接缝处设有传力杆,基层刚度大且无脱空,那么上述三个过程的区分不明显。传统强度理论认为,当沥青面层中某点的临界应力超过沥青混凝土本身的极限强度时,沥青面层即达到破坏状态。实际上并非如此,沥青面层中的反射裂缝从其产生到整个路面破坏,中间要经历一个裂缝扩展阶段,即反射裂缝在面层厚度方向上的纵向扩展和其表面的横向扩展。

断裂力学认为,裂缝的扩展有三种位移模式:张开模式、剪切模式和撕开模式。其中温度应力对反射裂缝影响的模式为张开模式,行车荷载对反射裂缝影响的主要模式是张开模式和剪切模式。当车轮驶经裂缝的正上方时,以张开模型来引起反射裂缝;当车轮在裂缝之前和之后的位置时,以剪切模式影响反射裂缝。撕开模式在夹铺层中不常出现。

反射裂缝在瞬间是不可能贯穿整个路面宽度的,除非在应力作用时,裂缝的长度已经等于或大于相对于整个路面宽度的临界长度(这里的临界长度是指当裂缝的长度接近或大于该长度时,裂缝的扩展非常快而且是不稳定的)。较为合理的发展过程是裂缝首先在路表面某些位置产生,然后再向两侧扩展。一般情况下,反射裂缝多出现在轮迹处,因为温度对反射裂缝的影响在整个路面宽度内都是相同的,而行车荷载则是以一定的频率分布在车道上的,尤其在渠化交通的道路上。与面层开裂有关的问题是环境因素的负效应,反射裂缝一经出现,水分的浸入、沥青的氧化以及行车荷载的反复作用,常常加速反射裂缝向四周扩展。因此,如何延缓反射裂缝的产生和扩展时间,必须从混合料本身着手进行深入研究。

综上所述,对反射裂缝产生和发展的机理有如下认识:

(1)温度应力引起反射裂缝的产生,并“参与”了其最初的发展。

(2)荷载应力加速了裂缝的发展。

这两点认识在特定环境、路况及交通等条件下是正确的。在分析反射裂缝的产生和发展时,温度应力和荷载应力都应考虑,但其相对重要性是随气候条件、面层材料性能、交通状况等的不同而不同。

(3)影响反射裂缝的因素,除温度、行车荷载因素外,路面结构特性对反射裂缝的产生也有一定的影响,其中面层与基层的黏结特性、面层的模量、板的长度、面层的厚度等对温度型反射裂缝有较大的影响;路面板接缝的传荷能力、面层模量、面层厚度等对荷载型反射裂缝有较大的影响。

(4)沥青面层中的反射裂缝从其产生到破坏经历了三个阶段:产生、发展、破坏,其中发展阶段包括裂缝在面层厚度方向上的扩展和在其表面的横向扩展。即使路面出现了反射裂缝,如养护及时、减少环境因素的负效应,控制反射裂缝的进一步扩展,那么存在反射裂缝的面层结构也不会立即破坏。

6.1.2 橡胶沥青应力吸收层防裂机理

橡胶沥青应力吸收层是一层柔软的应力吸收层。设置橡胶沥青应力吸收层的目的是能有效吸收旧水泥混凝土的水平位移导致的高应力(包括弯拉应力、剪切应力),并阻止下层裂缝在相关作用力下由尖端向上延伸至罩面层。在工程实践中,设置橡胶沥青应力吸收层不仅具备相关理论依据,也取得了一定效果,可以有效地延缓裂缝的产生速度,同时形成的富油层具有良好的防渗水作用。橡胶沥青应力吸收层用于路面破坏不严重、路面弯沉较小的水泥混凝土路面可取得良好的效果。

橡胶沥青在沥青面层和基层之间形成了一层1cm左右厚度的高黏弹性的软介层,将面层和基层联结成为整体。应力吸收层能把裂缝处基层位移引起的应变消散在夹层范围内，有效缓解基层裂缝处沥青面层底面的应力集中现象，起到遏制基层裂缝向面层扩展的作用；同时填充面层和基层的缝隙，防止水分下渗，起到封层的作用；橡胶沥青的高黏性，能够使面层牢固的吸附黏结在基层上，使路面形成统一的结构整体，共同发挥作用。因此，橡胶沥青应力吸收层应具备黏结性能、防水性能和应力吸收三种功能。

6.2 橡胶沥青应力吸收层力学分析

力学分析是沥青路面研究的重要手段，通过力学分析，可以研究新路面材料或结构对路面应力、应变影响，从而评价其路用性能。橡胶沥青 SAMI 应力吸收层可以改善路面裂缝处的受力状态，从而延缓反射裂缝的发生。这些作用从力学角度考虑都体现为SAMI 应力吸收层对路面局部受力的影响。分析这些影响，对理解橡胶沥青应力吸收层的防裂机理，橡胶沥青路面的结构设计和混合料设计等都有重要意义。

为此，有必要通过有限元理论对路面结构受力进行分析，对比橡胶沥青应力吸收层厚度及模量对路面结构及反射裂缝处各结构层力学指标的影响，分析研究橡胶沥青应力吸收层对反射裂缝的防治效果。

6.2.1 路面结构力学模型的建立

我国沥青路面设计方法采用双圆均布荷载作用下的多层弹性层状体系理论（图6-1），在计算时，对各层的边界条件及材料性质假设如下：

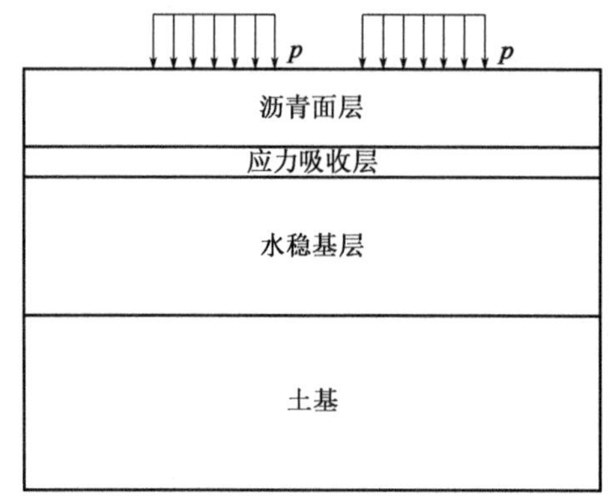

图6-1 路面结构力学计算示意图

（1）各层都是均匀连续的、完全弹性的线弹性体，材料各个方向均为各向同性，各层位移及变形是微小的。

（2）各层层间完全连续，为连续体系。

（3）地基底面各向位移为零，地基侧面水平位移为零，基层、面层和功能层的沿路横断面上的水平位移为零。

（4）不计路面自重影响。

计算行车荷载采用我国现行路面设计规范中规定的标准轴载 BZZ-100，轮胎内压为 0.7MPa，轮压半径 $R=10.65$cm，双圆中心距为 31.91cm。面层各结构层基本参数见表 6-1。

路面各结构层基本参数表　　表6-1

路面结构层	弹性模量（MPa）	泊　松　比	厚度（cm）
沥青面层	1200	0.25	18
SAMI 层	10~90	0.25	1~3
水泥稳定碎石	1400	0.25	40
土基	60	0.35	—

6.2.2　应力吸收层弹性模量的影响分析

固定 SAMI 层为 1cm，变化 SAMI 层弹性模量，10MPa、20MPa、30MPa、50MPa、70MPa、90MPa，其他参数不变，计算不同弹性模量下结构层顶面弯沉、结构层最大拉应力、结构层最大剪应力、结构层最大拉应变的关系。

(1)应力吸收层弹性模量对结构层顶面弯沉的影响

不同应力吸收层弹性模量时的结构层顶面弯沉见表 6-2，顶层弯沉随应力吸收层弹性模量变化情况如图 6-2 所示。

不同应力吸收层弹性模量时的结构层顶面弯沉　　表 6-2

SAMI 层弹性模量(MPa)	应力吸收层表面弯沉(0.01mm)	路表弯沉(0.01mm)
无应力吸收层		34.17
10	47.76	48.76
20	41.12	42.36
30	39.24	40.52
50	36.96	38.01
70	35.87	36.92
90	35.52	36.25

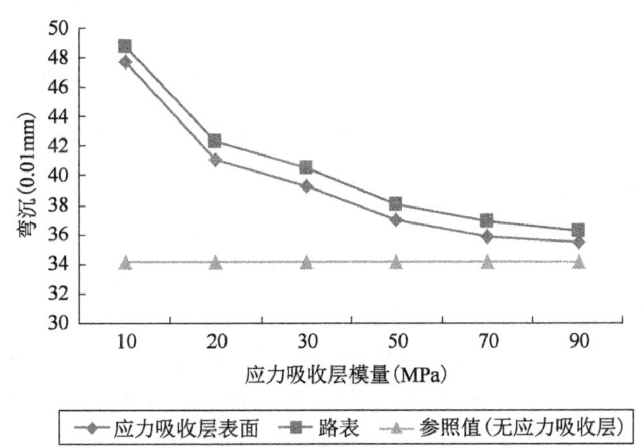

图 6-2　顶层弯沉随应力吸收层弹性模量变化情况

由表 6-2、图 6-2 可以看出，有应力吸收层存在时，路表弯沉要比没有应力吸收层的弯沉大。当应力吸收层模量很低时，弯沉增长幅度较大，随着应力吸收层模量的增大，路表弯沉增长幅度逐渐减小。

应力吸收层模量比沥青混凝土及水稳基层的模量低很多，相对于路面结构，属于软弱夹层，当有应力吸收层存在时，会造成路表弯沉的增大。随着应力吸收层模量的增加，这种影响会逐渐减弱。

(2)应力吸收层弹性模量与结构层层底最大拉应力的关系

不同应力吸收层弹性模量时的结构层层底最大拉应力见表 6-3，层底最大拉应力随应力吸收层弹性模量变化情况如图 6-3 所示。

不同应力吸收层弹性模量时的结构层层底最大拉应力　　表 6-3

SAMI 层弹性模量(MPa)	应力吸收层层底最大拉应力(MPa)	沥青层层底最大拉应力(MPa)
无应力吸收层		0.392
10	0.043	0.280
20	0.045	0.288
30	0.049	0.299
50	0.055	0.312
70	0.063	0.343
90	0.074	0.387

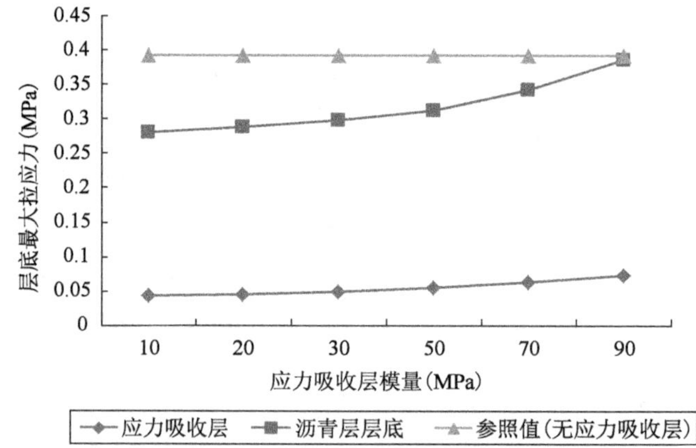

图 6-3　层底最大拉应力随应力吸收层弹性模量变化情况

由表 6-3、图 6-3 可知,由于应力吸收层模量较低,应力吸收层层底拉应力较小,并且由于应力吸收层消散应力的作用,沥青层层底最大拉应力也有一定幅度的下降。随着应力吸收层模量的增加,应力吸收层及沥青层层底的最大拉应力都有所增加,并且随着模量的增加,增大幅度也越来越大。

(3)应力吸收层弹性模量与结构层最大剪应力的关系

不同应力吸收层弹性模量时的结构层最大剪应力见表 6-4,最大剪应力随应力吸收层弹性模量的变化情况如图 6-4 所示。

不同应力吸收层弹性模量时的结构层最大剪应力　　表 6-4

SAMI 层弹性模量(MPa)	应力吸收层最大剪应力(MPa)	沥青层最大剪应力(MPa)
无应力吸收层		0.231
10	0.028	0.296
20	0.033	0.287
30	0.038	0.280
50	0.045	0.273
70	0.056	0.268
90	0.069	0.263

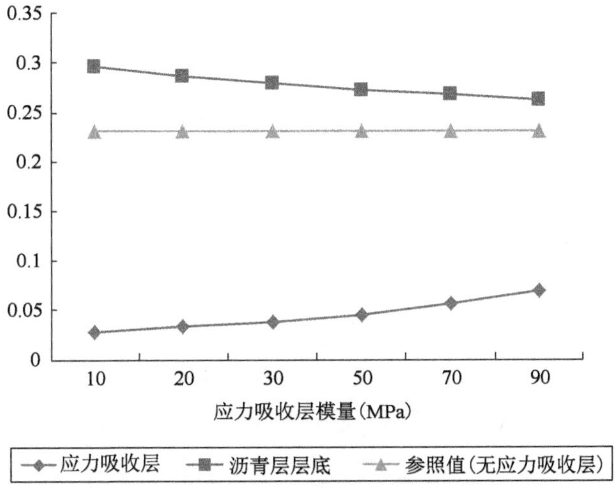

图6-4　最大剪应力随应力吸收层弹性模量的变化情况

由表6-4、图6-4可知,同样由于应力吸收层模量较低,应力吸收层层底最大拉应力较小,但是由于模量较低,层间位移增大,沥青层最大剪应力相对于没有应力吸收层时有所增加。随着应力吸收层模量的增加,应力吸收层最大剪应力越来越大,层间相对位移增加量越来越小,沥青层最大剪应力越来越小。

(4)应力吸收层弹性模量与结构层层底最大拉应变的关系

不同应力吸收层弹性模量时的结构层层底最大拉应变见表6-5,层底最大拉应变随应力吸收层弹性模量变化情况如图6-5所示。

不同应力吸收层弹性模量时的结构层层底最大拉应变　　表6-5

SAMI层弹性模量(MPa)	应力吸收层层底最大拉应变(με)	沥青层层底最大拉应变(με)
无应力吸收层		250.3
10	340.5	142.7
20	327.3	151.3
30	307.4	164.8
50	289.1	181.2
70	278.2	199.7
90	266.1	220.8

由表6-5、图6-5可知,应力吸收层层底最大拉应变随着模量的增加越来越小,沥青层层底最大拉应变随着最大拉应力的减小越来越小。

6.2.3　应力吸收层厚度的影响分析

固定SAMI层弹性模量为50MPa,变化SAMI层厚度为1cm、1.5cm、2cm、2.5cm、3cm,其他参数不变,计算不同厚度下结构层顶面弯沉、结构层层底最大拉应力、结构层最大剪应力、结构层层底最大拉应变的关系。

(1)应力吸收层厚度与结构层顶面弯沉的关系

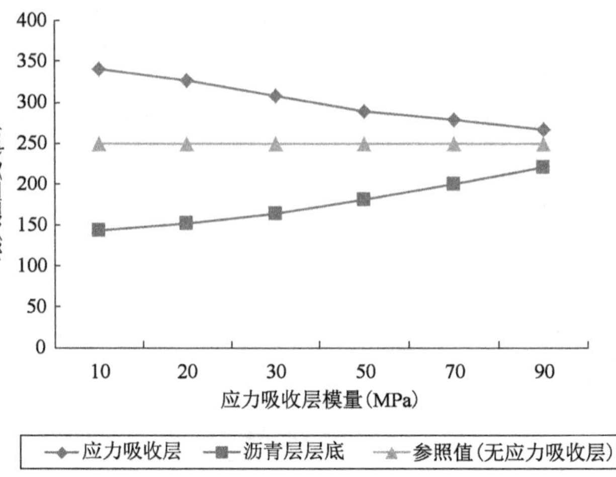

图 6-5　层底最大拉应变随应力吸收层弹性模量变化情况

不同应力吸收层厚度时的结构层顶面弯沉见表 6-6,顶面弯沉随应力吸收层厚度变化情况如图 6-6 所示。

不同应力吸收层厚度时的结构层顶面弯沉　　表 6-6

SAMI 层厚度(cm)	应力吸收层表面弯沉(0.01mm)	路表弯沉(0.01mm)
无应力吸收层		34.17
1	36.96	38.01
1.5	38.12	39.50
2	39.15	40.83
2.5	40.87	42.05
3	42.03	43.17

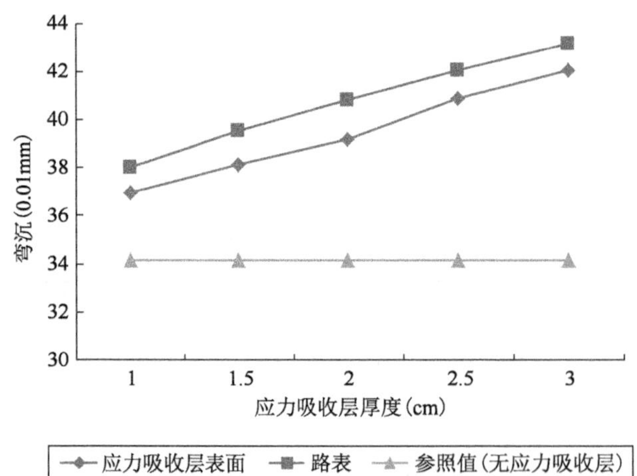

图 6-6　顶面弯沉随应力吸收层厚度变化情况

由表 6-6、图 6-6 可以看出,随着应力吸收层厚度的增加,结构层顶面的弯沉越来越大。因此,从弯沉角度来说,应力吸收层厚度不宜过大。

(2)应力吸收层厚度与结构层层底最大拉应力的关系

不同应力吸收层厚度时的结构层层底最大拉应力见表 6-7,层底最大拉应力随应力吸收层厚度的变化情况如图 6-7 所示。

不同应力吸收层厚度时的结构层层底最大拉应力　　表 6-7

SAMI 层厚度(cm)	应力吸收层层底拉应力(MPa)	沥青层层底拉应力(MPa)
无应力吸收层		0.392
1	0.055	0.312
1.5	0.063	0.317
2	0.069	0.321
2.5	0.075	0.327
3	0.081	0.335

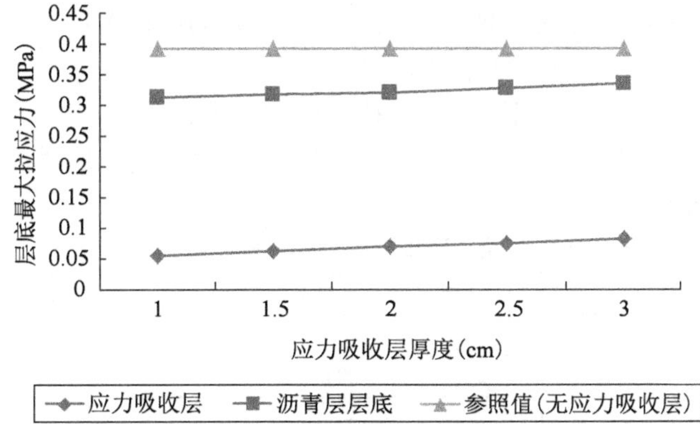

图 6-7　层底最大拉应力随应力吸收层厚度的变化情况

由表 6-7、图 6-7 可以看出,随着应力吸收层厚度的增加,应力吸收层层底最大拉应力逐渐增大,但是由于模量较低的缘故,其最大拉应力始终较低;沥青层层底最大拉应力有所增加,但增加不明显。

(3)应力吸收层厚度与结构层最大剪应力的关系

不同应力吸收层厚度时的结构层最大剪应力见表 6-8,最大剪应力随应力吸收层厚度的变化情况如图 6-8 所示。

不同应力吸收层厚度时的结构层最大剪应力　　表 6-8

SAMI 层厚度(cm)	应力吸收层最大剪应力(MPa)	沥青层层底最大剪应力(MPa)
无应力吸收层		0.231
1	0.038	0.273
1.5	0.049	0.285
2	0.061	0.303
2.5	0.078	0.324
3	0.093	0.350

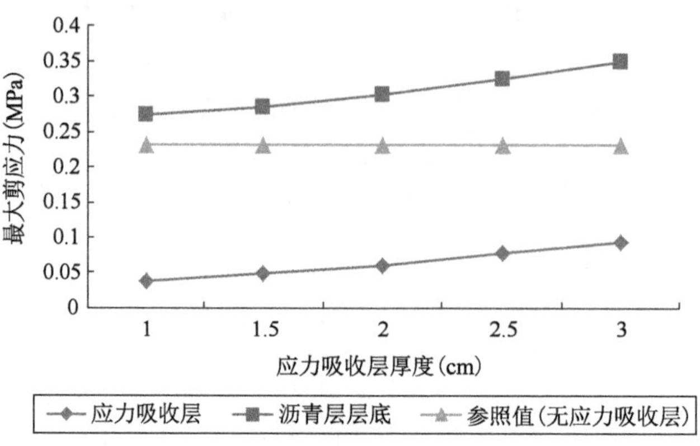

图 6-8　最大剪应力随应力吸收层厚度变化情况

由表 6-8、图 6-8 可以看出,随着应力吸收层厚度的增加,应力吸收层层底最大剪应力逐渐增大。沥青层最大剪应力也逐渐增大,并且增加幅度也越来越大,这说明随着厚度增加,层间相对位移也越来越大,剪应力越来越大。

(4)应力吸收层厚度与结构层层底最大拉应变的关系

不同应力吸收层厚度时的结构层层底最大拉应变见表 6-9,层底最大拉应变随应力吸收层厚度的变化情况如图 6-9 所示。

不同应力吸收层厚度时的结构层层底最大拉应变　　表 6-9

SAMI 层厚度(cm)	应力吸收层层底最大拉应变(με)	沥青层层底最大拉应变(με)
无应力吸收层		250.3
1	289.1	181.2
1.5	301.2	196.5
2	317.9	213.7
2.5	335.4	234.1
3	36.5	256.3

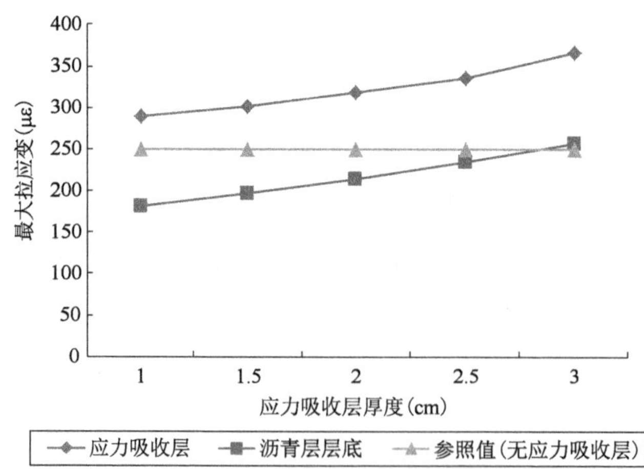

图 6-9　层底最大拉应变随应力吸收层厚度的变化情况

由表 6-9、图 6-9 可知,随着厚度的增加,应力吸收层最大拉应变逐渐增大;沥青层层底最大拉应变随着应力吸收层厚度的增加有所增加。

6.2.4 应力吸收层对裂缝的影响

假设裂缝宽度为1cm，深度贯穿基层，宽度贯穿路面全宽，其他参数不变，计算裂缝处对应层位的各个力学指标，分析应力吸收层对裂缝处应力应变的影响。裂缝处路面结构力学计算示意如图6-10所示。

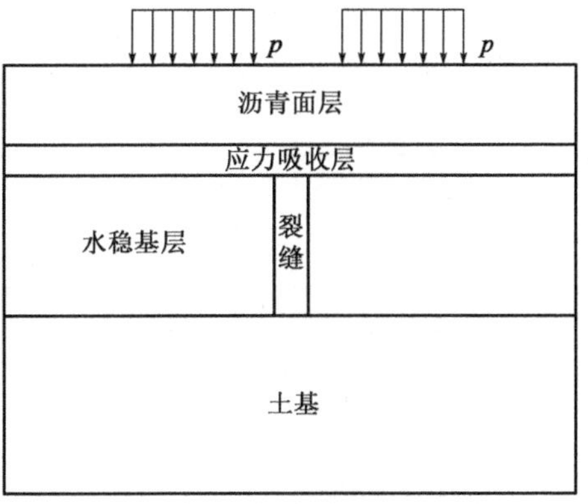

图6-10 裂缝处路面结构力学计算示意图

(1)应力吸收层弹性模量与结构层顶面弯沉的关系

不同应力吸收层弹性模量时的结构层顶面弯沉见表6-10，顶面弯沉随应力吸收层弹性模量的变化情况如图6-11所示。

不同应力吸收层弹性模量时的结构层顶面弯沉 表6-10

SAMI层弹性模量(MPa)	应力吸收层表面弯沉(0.01mm)	路表弯沉(0.01mm)
无应力吸收层		34.36
10	47.99	48.93
20	41.45	42.87
30	39.55	41.79
50	38.76	38.81
70	36.53	37.65
90	36.24	37.11

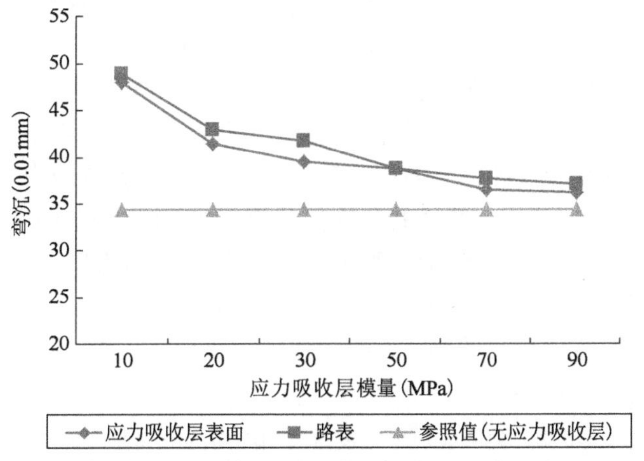

图6-11 顶面弯沉随应力吸收层弹性模量的变化情况

由表6-10、图6-11可以看出，有裂缝的结构层顶面弯沉与无裂缝的弯沉有着同样的变化趋势，随着模量的增加弯沉越来越小。

对比有无裂缝路面的各结构层位可以看出，当有裂缝存在时，各结构层顶面弯沉有所增加；其中应力吸收层的顶面弯沉平均增加了约0.34(0.01mm)，无应力吸收层路表弯沉增加了0.19(0.01mm)，有应力吸收层路表弯沉增加了0.13(0.01mm)。

(2)应力吸收层弹性模量与结构层层底最大拉应力的关系

不同应力吸收层弹性模量时的结构层层底最大拉应力见表6-11,层底最大拉应力随应力吸收层弹性模量的变化情况如图6-12所示。

不同应力吸收层弹性模量时的结构层层底最大拉应力　　表6-11

SAMI层弹性模量(MPa)	应力吸收层层底最大拉应力(MPa)	沥青层层底最大拉应力(MPa)
无应力吸收层		0.878
10	0.089	0.402
20	0.080	0.389
30	0.076	0.364
50	0.068	0.341
70	0.083	0.345
90	0.097	0.356

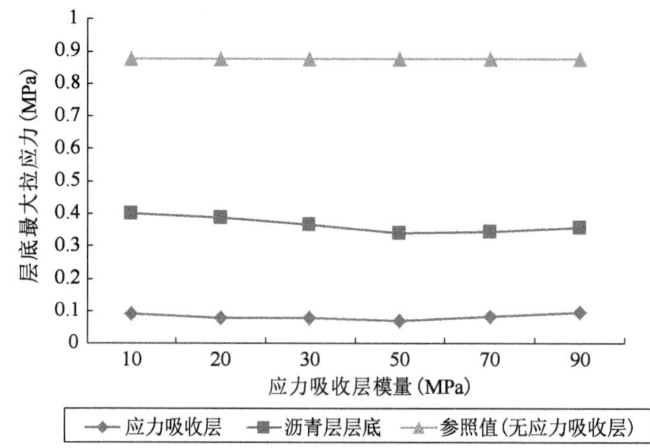

图6-12　层底最大拉应力随应力吸收层弹性模量的变化情况

对比有无裂缝的各个层位层底最大拉应力可以看出,当有裂缝存在时,空白对照路面(无应力吸收层)的沥青层底最大拉应力急剧增加了约2.2倍;当存在应力吸收层时,应力吸收层层底最大拉应力也有所增加,但增加量不大,沥青层底最大拉应力增幅同样较小。

由表6-11、图6-12可以看出,裂缝的存在使得普通路面的沥青层底拉应力急剧增加,而应力吸收层起到了很好的应力消散的作用,从而大大降低了沥青层底拉应力增加的幅度。

(3)应力吸收层弹性模量与结构层最大剪应力的关系

不同应力吸收层弹性模量时的结构层最大剪应力见表6-12,最大剪应力随应力吸收层弹性模量的变化情况如图6-13所示。

不同应力吸收层弹性模量时的结构层最大剪应力　　表6-12

SAMI层弹性模量(MPa)	应力吸收层最大剪应力(MPa)	沥青层层底最大剪应力(MPa)
无应力吸收层		0.613
10	0.180	0.311
20	0.191	0.292
30	0.204	0.285
50	0.217	0.275
70	0.233	0.273
90	0.259	0.279

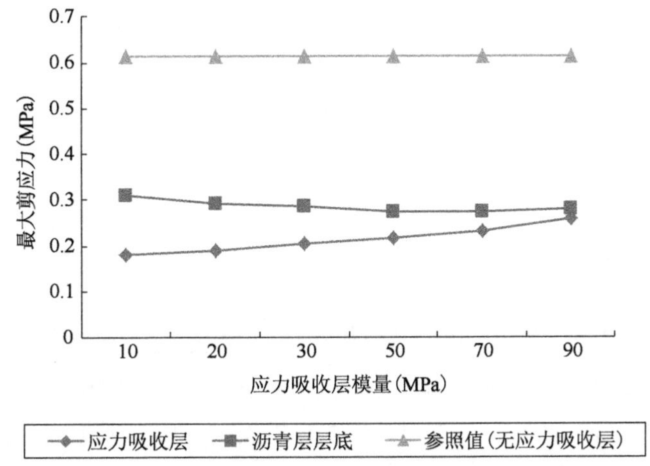

图 6-13　最大剪应力随应力吸收层弹性模量的变化情况

对比有无裂缝的各个结构层最大剪应力(表 6-12、图 6-13)可以看出,当有裂缝存在时,空白对照路面(无应力吸收层)的结构层最大剪应力急剧增加了约 2.7 倍;当存在应力吸收层时,应力吸收层层底最大剪应力也急剧增加,增加了约 8 倍,而沥青层最大剪应力仅增加了约 0.2MPa,增长幅度较少。

分析原因可得,裂缝的存在使得普通路面的沥青层最大剪应力急剧增加,而应力吸收层很好地起到了应力消散的作用,大大降低了沥青层最大剪应力增加的幅度。

(4)应力吸收层弹性模量与结构层层底最大拉应变的关系

不同应力吸收层弹性模量时的结构层层底最大拉应变见表 6-13,层底最大拉应变随应力吸收层弹性模量的变化情况如图 6-14 所示。

不同应力吸收层弹性模量时的结构层层底最大拉应变　　表 6-13

SAMI 层弹性模量(MPa)	应力吸收层层底最大拉应变(με)	沥青层层底最大拉应变(με)
无应力吸收层		432.5
10	1138.4	235.8
20	1093.2	220.3
30	1025.7	207.2
50	936.1	181.3
70	833.5	167.8
90	726.8	172.7

对比有无裂缝的各个结构层层底最大拉应变(表 6-13、图 6-14)可以看出,当有裂缝存在时,空白对照路面(无应力吸收层)的结构层层底最大拉应变急剧增加了约 1.7 倍;当存在应力吸收层时,应力吸收层层底最大拉应变也急剧增加,增加了约 5 倍,而沥青层层底最大拉应变仅增加了约 40με,增长幅度较少。

分析原因可得,裂缝的存在使得普通路面的沥青层层底拉应变大大增加,而应力吸收层由于模量较低的缘故,在裂缝处应力的作用下,拉应变急剧增加,但同样也很好地削减了应力集中对沥青层层底的影响,大大降低了沥青层层底拉应变增加的幅度。

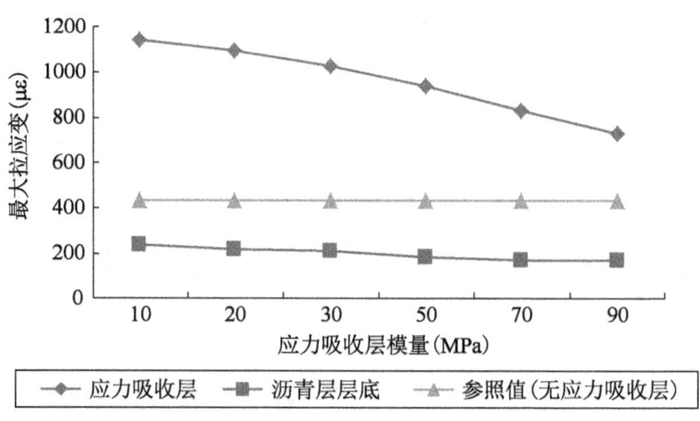

图 6-14　层底最大拉应变随应力吸收层弹性模量的变化情况

同样固定 SAMI 层弹性模量为 50MPa,变化 SAMI 层厚度为 1cm、1.5cm、2cm、2.5cm、3cm,其他参数不变,计算不同厚度下结构层顶面弯沉、结构层层底最大拉应力、结构层最大剪应力、结构层层底最大拉应变的关系。

(5)应力吸收层厚度与结构层顶面弯沉的关系

不同应力吸收层厚度时的结构层顶面弯沉见表 6-14,顶面弯沉随应力吸收层厚度的变化情况如图 6-15 所示。

不同应力吸收层厚度时的结构层顶面弯沉　　表 6-14

SAMI 层厚度(cm)	应力吸收层表面弯沉(0.01mm)	路表弯沉(0.01mm)
无应力吸收层		34.36
1	37.45	39.76
1.5	38.63	40.25
2	39.96	41.64
2.5	41.43	42.69
3	42.61	43.87

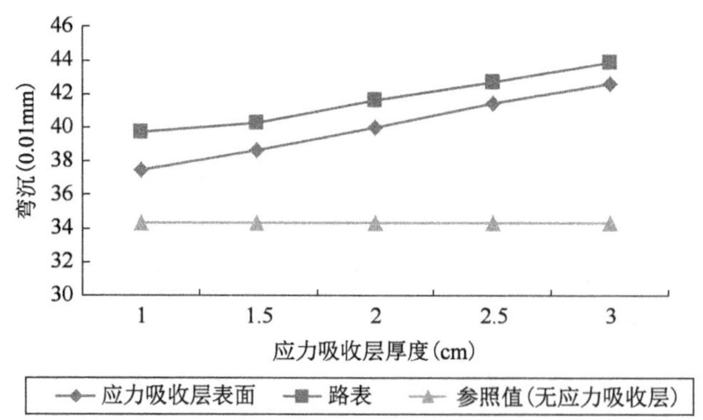

图 6-15　顶面弯沉随应力吸收层厚度的变化情况

由表 6-14、图 6-15 可以看出,随着应力吸收层厚度的增加,结构层顶面的弯沉越来越大。因此,从弯沉角度来说,应力吸收层厚度不宜过大。

（6）应力吸收层厚度与结构层层底最大拉应力的关系

不同应力吸收层厚度时的结构层层底最大拉应力见表6-15，层底最大拉应力随应力吸收层厚度的变化情况如图6-16所示。

不同应力吸收层厚度时的结构层层底最大拉应力　　表6-15

SAMI层厚度(cm)	应力吸收层层底最大拉应力(MPa)	沥青层层底最大拉应力(MPa)
无应力吸收层		0.878
1	0.068	0.341
1.5	0.072	0.354
2	0.078	0.359
2.5	0.086	0.367
3	0.095	0.379

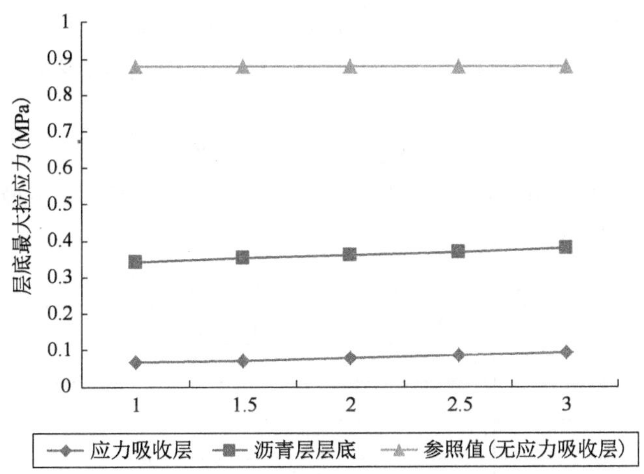

图6-16　层底最大拉应力随应力吸收层厚度的变化情况

由表6-15、图6-16可以看出，随着应力吸收层厚度的增加，应力吸收层层底最大拉应力逐渐增大，沥青层层底最大拉应力有所增加，厚度对结构层层底拉应力的影响较小。

（7）应力吸收层厚度与结构层最大剪应力的关系

不同应力吸收层厚度时的结构层最大剪应力见表6-16，最大剪应力随应力吸收层厚度的变化情况如图6-17所示。

不同应力吸收层厚度时的结构层最大剪应力　　表6-16

SAMI层厚度(cm)	应力吸收层最大剪应力(MPa)	沥青层最大剪应力(MPa)
无应力吸收层		0.613
1	0.207	0.291
1.5	0.220	0.302
2	0.237	0.317
2.5	0.255	0.339
3	0.275	0.371

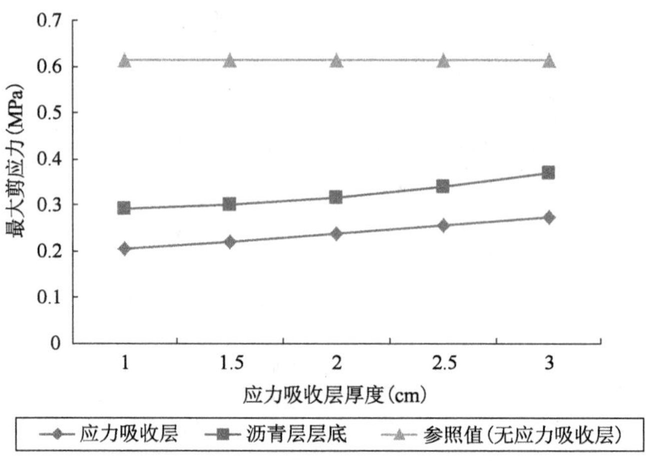

图 6-17 最大剪应力随应力吸收层厚度的变化情况

由表 6-16、图 6-17 可以看出,随着应力吸收层厚度的增加,应力吸收层最大剪应力逐渐增大。沥青层最大剪应力也逐渐增大,并且增加幅度也越来越大,厚度的增加对应力吸收层消散应力的作用影响不大。

(8)应力吸收层厚度与结构层层底最大拉应变的关系

不同应力吸收层厚度时的结构层层底最大拉应变见表 6-17,层底最大拉应变随应力吸收层厚度的变化情况如图 6-18 所示。

不同应力吸收层厚度时的结构层层底最大拉应变 表 6-17

SAMI 层厚度(cm)	应力吸收层层底最大拉应变(με)	沥青层层底最大拉应变(με)
无应力吸收层		432.5
1	936.1	193.2
1.5	983.1	215.1
2	1035.3	230.8
2.5	1090.8	251.4
3	1151.2	272.8

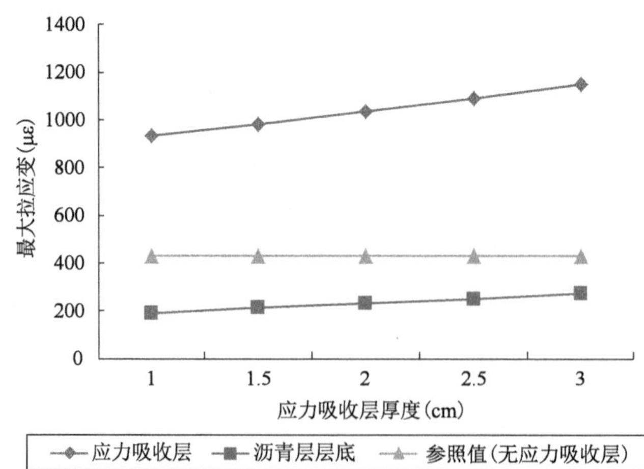

图 6-18 层底最大拉应变随应力吸收层厚度的变化情况

由表6-17、图6-18可知，随着厚度的增加，应力吸收层层底最大拉应变逐渐增大，并且增长幅度很大；沥青层层底最大拉应变随着沥青层层底拉应变的增加有所增加。

通过对比分析有无裂缝时模量与厚度对路面结构层各个力学指标的影响，得出以下结论：

①应力吸收层的存在会使得结构层层顶的弯沉增大。应力吸收层模量很低时，弯沉增长幅度较大，随着应力吸收层模量的增大，路表弯沉增长幅度逐渐减小。应力吸收层越厚，弯沉增大越多。

②由于模量较低，应力吸收层层底最大拉应力和结构层最大剪应力较低，结构层层底最大拉应变较大。

③裂缝会使得无应力吸收层路面结构裂缝处的沥青层层底最大拉应力及沥青层最大剪应力急剧增大，沥青层层底拉应变也相应增大。

④有裂缝存在时，设置了应力吸收层的路面结构其应力吸收层的应力应变增长较多。同时由于应力吸收层的低模量及高黏弹性，很好地起到了应力消散的作用，大大降低了裂缝处应力集中造成的沥青层相应应力应变的增长幅度。

6.3　橡胶沥青应力吸收层材料组成设计

6.3.1　原材料

(1)橡胶沥青

橡胶沥青应力吸收层中所用胶结料应采用喷洒性胶粉改性沥青。橡胶沥青的黏度高低，不仅要考虑是否具有足够的黏结性能，而且要考虑实际的可操作性，也就是说关键要能够保证喷洒。

由于各个地区自然条件、交通状况都有差别，作为应力吸收层所用的橡胶沥青，其质量标准应能结合所在地区和气候具体确定橡胶沥青的技术指标。因此，针对河南省的气候和交通环境，路用喷洒型胶粉改性沥青的技术指标应符合表6-18的规定。

橡胶沥青应力吸收层胶结料技术指标要求　　表6-18

项　目	指　标	试验方法
针入度(25℃,100g,5s)(0.01mm)	30～70	T 0604
软化点(℃)	≥70	T 0606
175℃旋转黏度(Pa·s)	1.0～3.0	T 0625
弹性恢复(25℃)(%)	≥80	T 0662
延度(5℃,1cm/min)(cm)	≥20	T 0605
48h软化点差(℃)	≤5	T 0661

(2)集料

用作应力吸收层的粗集料，其技术要求原则上同高速公路上面层所用集料的要求。由于作为应力吸收层，碎石颗粒处于"顶天立地"的状态，撒布后用钢轮压路机碾压。因此要求碎石质地比较坚硬，以防压碎，为此还需限制软质风化碎石的含量，同时碎石的颗粒形状应成立方形，对针片状颗粒应以严格限制，作为橡胶沥青应力吸收层的碎石材料应满足表6-19所示的关键技术指标与要求。

应力吸收层用集料关键技术指标 表 6-19

压碎值(%)	视密度	针片状颗粒含量(%)	软石含量(%)	水洗法小于0.075mm颗粒含量(%)
≤24	≥2.6	≤10	≤3	≤0.6

6.3.2 基于抗剪强度和抗拉强度的双指标设计方法

铺设应力吸收层要求采用单一粒径的碎石，一般可选择4.75～9.5mm、9.5～13.2mm、13.2～16mm等几种。在备料时，取其两个筛孔之间的材料，混杂在其中其他粒径的颗粒应不大于5%。

根据力学分析结果，选择抗剪强度及抗拉强度作为橡胶沥青应力吸收层材料组成设计的控制指标，橡胶沥青应力吸收层材料组成设计流程如图6-19所示。

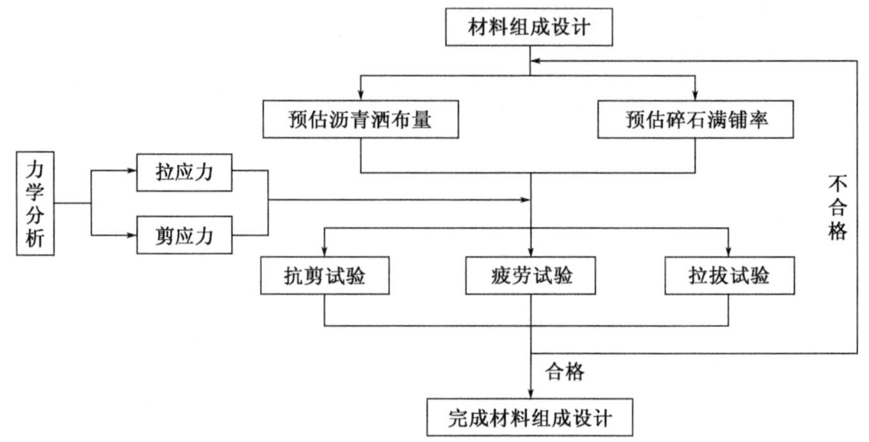

图6-19 橡胶沥青应力吸收层材料组成设计流程

1)抗剪试验

试件共分为三层：水稳基层、应力吸收层以及沥青面层。水稳基层试件尺寸为300mm×300mm×50mm，可以通过室内成型，或者通过现场切割完成。水稳试件完成(室内试件进过养护并达到预期强度)后，放置于10cm的加厚车辙试模中，于试件表面均匀洒布既定用量的橡胶沥青，洒布温度为185～195℃，紧接着将水洗后的预热碎石均匀撒布在橡胶沥青上，之后采用车辙成型仪碾压两遍，碾压方式同普通车辙试件。碾压完成后，在应力吸收层上面加铺5cm厚AC-25C粗粒式沥青混凝土，并碾压密实，待沥青面层冷却24h后拆模。使用钻心机钻芯取样，芯样大小$\phi \times H = 10\text{cm} \times 10\text{cm}$。之后采用层间剪切仪测试抗剪强度。抗剪强度层间剪切仪示意如图6-20、图6-21所示。

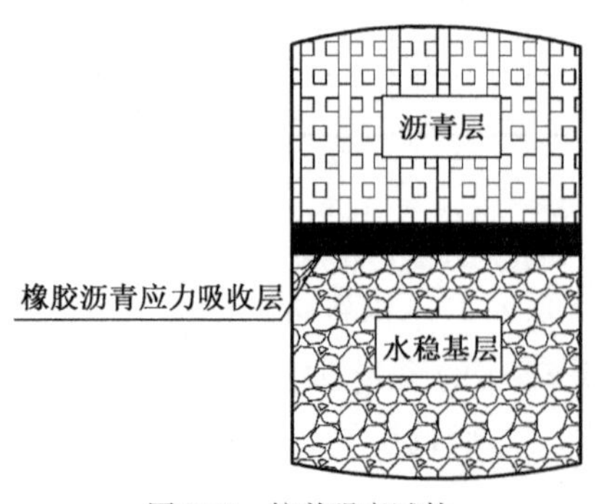

图6-20 抗剪强度试件

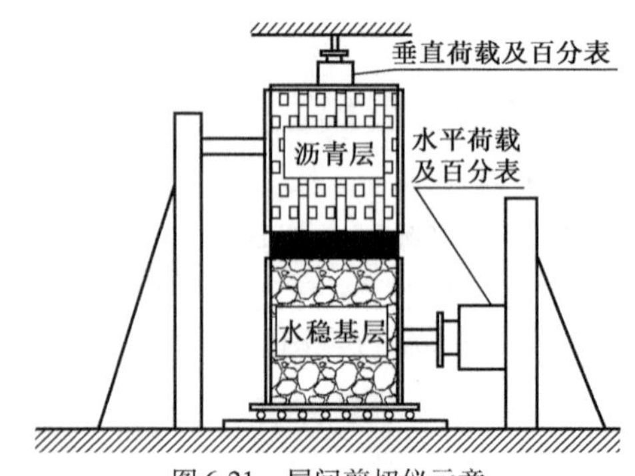

图6-21 层间剪切仪示意

(1)沥青洒布量的影响

相关研究结果表明,结构层间抗剪强度随温度增加而降低,因此主要考虑高温抗剪能力。试验温度为60℃,采用固定变量法,固定碎石满铺率为60%,沥青洒布量为1.6~2.6kg/m²,浮动单元为0.2kg/m²,试验结果见表6-20、图6-22。

不同沥青洒布量时结构层间抗剪强度　　表6-20

序　　号	沥青洒布量(kg/m²)	抗剪强度(MPa)	剪断位置
1	1.6	0.173	黏结面
2	1.8	0.209	黏结面
3	2.0	0.265	黏结面
4	2.2	0.322	黏结面
5	2.4	0.334	黏结面
6	2.6	0.321	黏结面

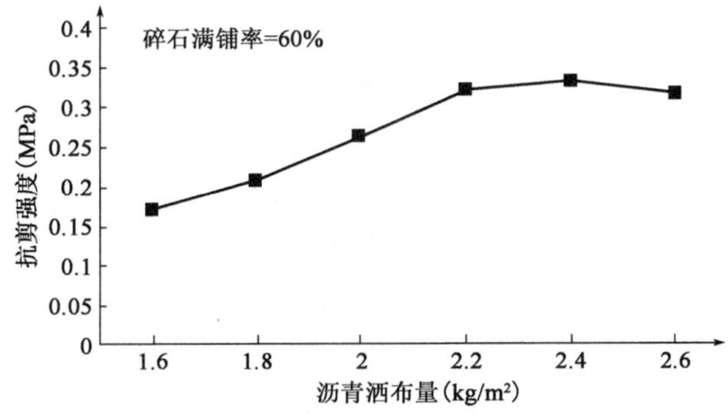

图6-22　沥青洒布量与抗剪强度的关系

由试验结果可以得出以下主要结论:

①在碎石满铺率确定的情况下,抗剪强度随沥青洒布量出现先增大后减小的情况。

②当碎石满铺率为60%时,基于抗剪强度的橡胶沥青最佳洒布量为2.4kg/m²,沥青洒布量在1.6~2.4kg/m²时,抗剪强度越来越大,沥青洒布量在2.4~2.6kg/m²时,抗剪强度越来越小。

究其原因,在于层间抗剪强度主要由橡胶沥青与碎石的黏结作用、橡胶沥青与水稳碎石及下面层的黏结作用以及碎石之间嵌挤摩擦作用共同组成。沥青洒布量主要影响橡胶沥青与碎石的黏结作用以及橡胶沥青与水稳碎石及下面层的黏结作用。沥青洒布量过高时,超过了其黏附碎石以及层间黏结所需的沥青用量。由于试验温度较高,沥青多余部分高温软化造成的强度损失已经超过了黏结力的增加值,使得抗剪强度开始下降。

由力学分析结果可知,应力吸收层的抗剪强度应不低于0.26MPa,考虑其经济性,当沥青洒布量大于2.4kg/m²时,抗剪强度已经开始呈现下降趋势,因此选择橡胶沥青适宜洒布量为2.0~2.4 kg/m²。

(2)碎石满铺率的影响

固定沥青洒布量为2.0%,碎石满铺率为40%~90%,浮动单元为10%,其他试验条件不变，试验结果见表6-21、图6-23。

不同碎石满布率时结构层间抗剪强度　　表6-21

序　　号	碎石满铺率(%)	抗剪强度(MPa)	剪断位置
1	40	0.183	黏结面
2	50	0.229	黏结面
3	60	0.265	黏结面
4	70	0.313	黏结面
5	80	0.286	黏结面
6	90	0.242	黏结面

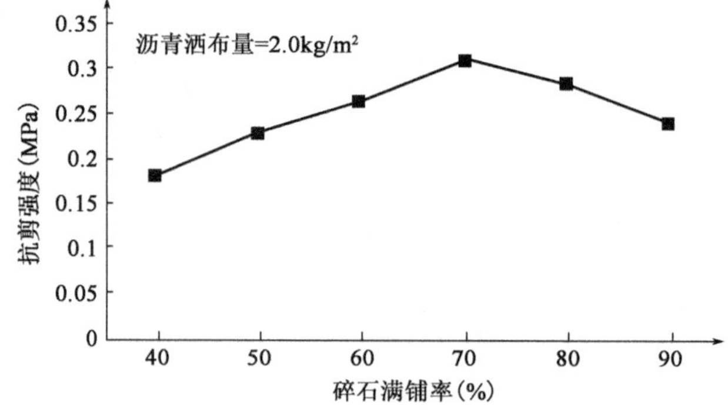

图6-23　碎石满铺率与抗剪强度的关系

由试验结果可以得出以下结论：

①在沥青洒布量确定的情况下，抗剪强度随碎石满铺率的增加出现先增大后减小的情况。

②当沥青洒布量为2.0kg/m^{2}时，基于抗剪强度的橡胶碎石最佳满铺率为70%，碎石满铺率在40%～70%时，抗剪强度越来越大，碎石满铺率在70%～90%时，抗剪强度呈减小趋势变化。

在抗剪强度组成成分中，碎石满铺率主要影响沥青与碎石的黏结作用以及碎石之间的嵌挤摩擦作用。在碎石满铺率较低时，碎石含量的增加会使这两种作用越来越强，但是碎石含量过多时，多余的碎石会游离于整个应力吸收层结构体系之外，成为不稳定因素，降低体系的稳定性。

由力学分析结果可知，应力吸收层的抗剪强度应不低于0.26MPa，因此碎石满铺率宜为60%～80%。

2)疲劳试验

疲劳试件共分为三层：水稳基层、应力吸收层以及沥青面层。先成型车辙板试件，成型方式同抗剪试验，成型后采用高精度金刚石双面锯对板状试件进行切割，取碾压成型方向为试件长度制作梁试件。小梁试件切割完成后，再次采用双面锯从底部对水稳基层进行切缝，切缝深度应尽量深至应力吸收层，宽度约1cm。疲劳试验小梁示意如图6-24所示。

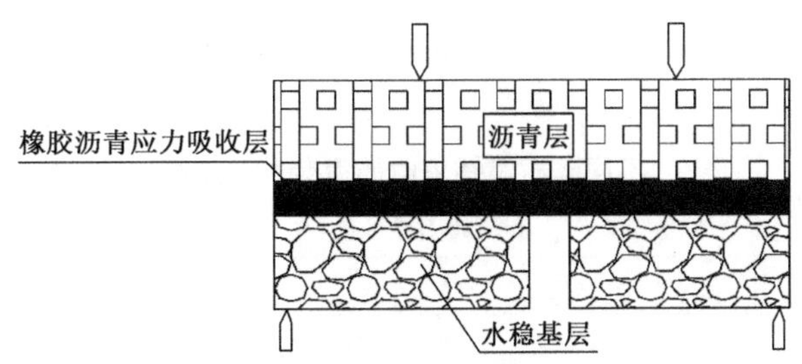

图 6-24　疲劳试件示意

试验方式参考《公路工程沥青及沥青混合料试验规程》(JTG E20—2011),试验仪器采用 UTM,加载采用应变控制(400με),加载频率为(10 ±0.1)Hz,试验温度为 15℃。采用四分点加载,试验终止条件为弯曲劲度模量降低到初始弯曲劲度模量的 50% 对应的加载循环次数。

(1)沥青洒布量的影响

采用固定变量法,固定碎石满铺率为 60%,沥青洒布量为 1.6 ~2.6kg/m²,浮动单元为 0.2kg/m²,试验结果见表 6-22、图 6-25。

不同沥青洒布量时的疲劳试验结果　　表 6-22

序　　号	沥青洒布量(kg/m²)	疲劳寿命(με)
1	1.6	8563
2	1.8	9134
3	2.0	10352
4	2.2	11893
5	2.4	12568
6	2.6	13613

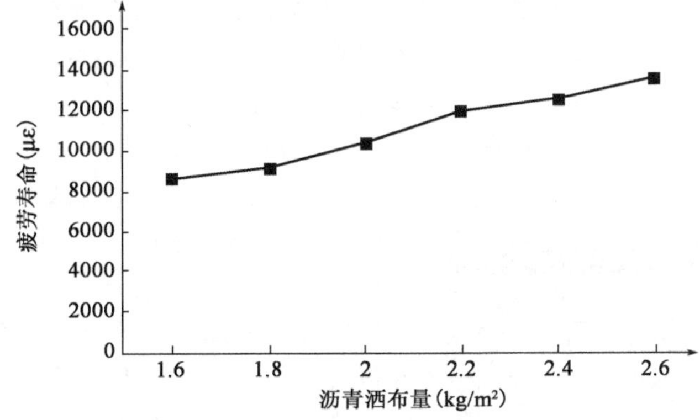

图 6-25　沥青洒布量与疲劳寿命的关系

由试验结果可知,复合小梁试件的疲劳寿命与沥青洒布量有很大关系,随着沥青洒布量的增加,疲劳寿命呈现近似线性增加。因此,从疲劳寿命的角度考虑,较高的沥青洒布量有利于提高路面的疲劳寿命。

(2)碎石满铺率的影响

固定沥青洒布量为2.0%,固定碎石满铺率为40% ~90%,浮动单元为10%,试验结果见表6-23、图6-26。

不同碎石满铺率时的疲劳试验结果 表6-23

序　　号	碎石满铺率(%)	疲劳寿命(με)
1	40	9935
2	50	10136
3	60	10352
4	70	10473
5	80	10489
6	90	10432

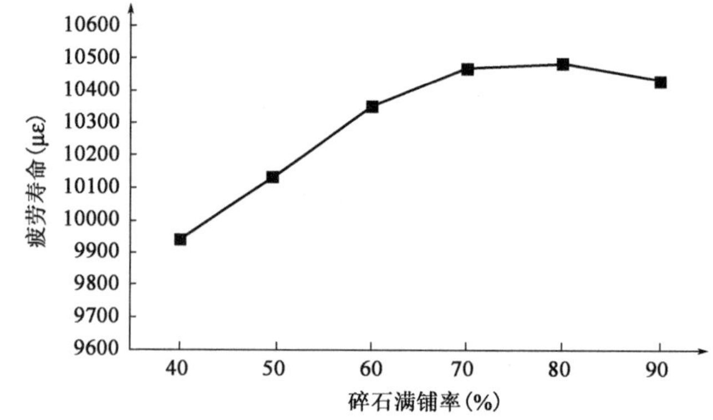

图6-26　碎石满铺率与疲劳寿命的关系

由试验结果可知,在碎石满铺率较低时,复合小梁试件的疲劳寿命随着碎石满铺率的增加而增加,当碎石满铺率超过70%以后,疲劳寿命增加缓慢,并且开始出现下降。

综合分析沥青洒布量与碎石满铺率对疲劳寿命的影响,沥青洒布量对疲劳寿命的影响更加明显,碎石满铺率过大对疲劳寿命会造成负面影响。

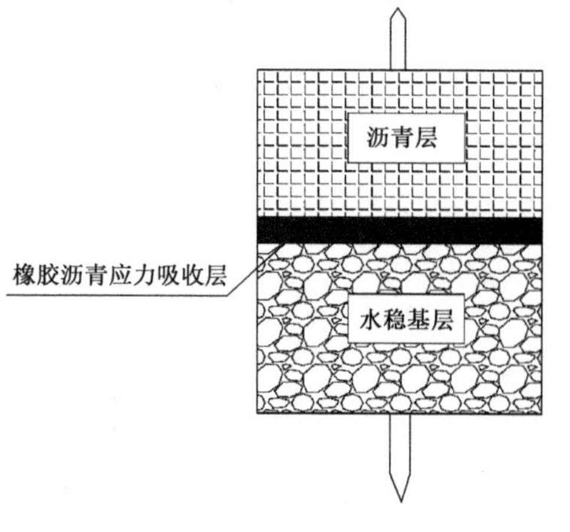

图6-27　拉拔试验示意

3)拉拔试验

拉拔试验试件尺寸及成型方法同抗剪试验,正式试验前,应至少提前一天采用环氧树脂胶将拉拔头与试件上下表面粘牢。当试验过程中出现拉拔头与试件提前断裂的情况,应废弃试验,分析原因,重新将试件与拉拔头黏结牢固后,再进行试验。拉拔试验示意如图6-27所示。

(1)沥青洒布量的影响

试验温度及试验条件同抗剪试验,试验结果见表6-24、图6-28。

不同沥青洒布量时应力吸收层抗拉强度 表6-24

序号	沥青洒布量(kg/m^2)	抗拉强度(MPa)	拉断位置
1	1.6	0.117	黏结面
2	1.8	0.134	黏结面
3	2.0	0.158	黏结面
4	2.2	0.179	黏结面
5	2.4	0.182	黏结面
6	2.6	0.183	黏结面

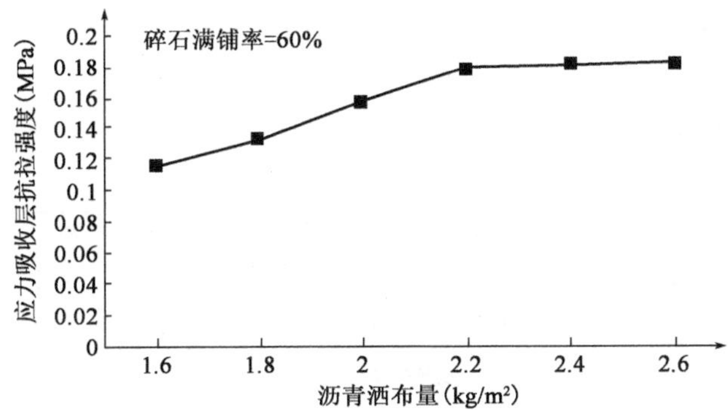

图6-28 沥青洒布量与应力吸收层抗拉强度的关系

由试验结果可以得出以下主要结论:

①在碎石满铺率确定的情况下,试件抗拉强度随沥青洒布量出现先增大。

②当碎石满铺率为60%时,基于抗拉强度的橡胶沥青最佳洒布量为2.2kg/m^2,沥青洒布量在1.6~2.2kg/m^2时,抗剪强度越来越大,且增幅较大,沥青洒布量在2.2~2.6kg/m^2时,抗剪强度增幅非常缓慢,几乎不变。

这主要是由于层间抗拉强度主要由橡胶沥青与碎石的黏结作用、橡胶沥青与水稳碎石及下面层的黏结作用共同组成,其中又以橡胶沥青与上下层之间的黏结作用为主。沥青洒布量增加会使得层间黏结更加充分,但是当沥青与上下层之间黏结接触状态接近并达到饱和后,抗拉强度增长速度也会慢慢下降,逐渐趋于饱和。

由力学分析结果可知,试验中应力吸收层的抗拉强度均能满足使用要求,但是考虑其经济性,当沥青洒布量过大时,对抗拉强度贡献并不大,相反会大大增加其成本,因此橡胶沥青洒布量不宜过大。

(2)碎石满铺率的影响

试验结果见表6-25、图6-29。

不同碎石满铺率时应力吸收层抗拉强度 表6-25

序号	沥青洒布量(kg/m^2)	抗拉强度(MPa)	拉断位置
1	40	0.149	黏结面
2	50	0.155	黏结面
3	60	0.158	黏结面

续上表

序　　号	沥青洒布量（kg/m^2）	抗拉强度（MPa）	拉 断 位 置
4	70	0.160	黏结面
5	80	0.153	黏结面
6	90	0.125	黏结面

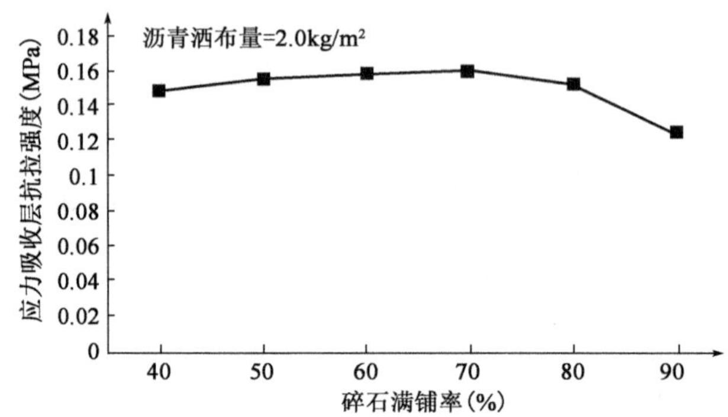

图 6-29　碎石满铺率与应力吸收层抗拉强度的关系

由表 6-25、图 6-29 可以得出以下主要结论：

①在沥青洒布量确定的情况下，抗拉强度强度随碎石满铺率出现先增大后减小的情况。

②当沥青洒布量为 2.0kg/m^2时，基于抗剪强度的橡胶碎石最佳满铺率为 70%，碎石满铺率在 40～70kg/m^2时，抗剪强度越来越大，碎石满铺率在 70%～90% 时，抗剪强度越来越小，并且当满铺率超过 80% 时，抗剪强度急剧减小。

在抗拉强度组成成分中，碎石满铺率主要影响沥青与碎石的黏结作用，但是碎石主要作为支撑点存在，碎石量的变化对抗拉强度的影响并不大。但是当碎石达到饱和后，多余的碎石会在应力吸收层与上下层之间形成薄弱层，影响沥青与上下层的黏结作用，大大降低结构层的抗拉强度。

由力学分析结果可知，试验中应力吸收层的抗拉强度均能满足使用要求，但是当碎石满铺率超过 80% 时，抗拉强度会有大幅度的下降，因此，碎石满铺率不宜超过 80%。

综合以上剪切试验、疲劳试验和拉拔试验结果，推荐橡胶沥青应力吸收层最佳沥青洒布量和碎石满铺率见表 6-26。

推荐沥青最佳洒布量和碎石最佳满铺率　　表 6-26

沥青最佳洒布量（kg/m^2）	碎石最佳满铺率（%）
2.0～2.4	60～70

第 7 章　湿法工艺废旧轮胎胶粉复合改性沥青技术应用案例

7.1　A 高速公路路面工程项目

7.1.1　项目概况

1）项目基本情况

A 高速公路路面工程项目是河南省高速公路“十二五”建设的重点工程，项目全长为 36.93km，采用双向四车道设计，路基宽度 26m，桥梁全宽 26m，设计速度 100km/h，全线设互通立交 4 座，分离式立交桥 25 座，特大桥 1 座，大桥 2 座，中桥 2 座，天桥 4 座，涵洞通道 114 道（含互通区），收费站 2 处、服务区 1 处，批复总概算为 25.2 亿元。

A 高速公路路面工程项目原设计路面面层结构为：4cm SBS 改性沥青混凝土（AC-13C）上面层，6cm 中粒式（改性）沥青混凝土（AC-20C）中面层（纵坡大于 3% 时采用改性沥青），8cm 粗粒式沥青混凝土（AC-25C）下面层。后基于节约资源与加强废旧轮胎循环利用保护环境的考虑，项目投资方拟定在项目中使用废旧轮胎胶粉复合改性沥青混合料 WRAC-13 作为路面结构上面层材料，原路面结构如图 7-1 所示，对比路段的新路面结构如图 7-2 所示。

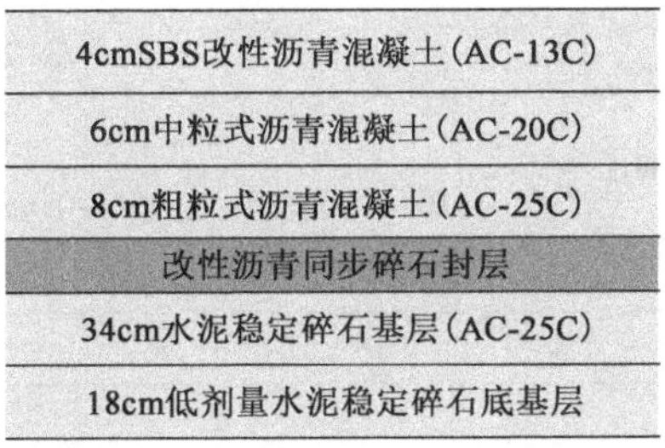

4cmSBS改性沥青混凝土（AC-13C）
6cm中粒式沥青混凝土（AC-20C）
8cm粗粒式沥青混凝土（AC-25C）
改性沥青同步碎石封层
34cm水泥稳定碎石基层（AC-25C）
18cm低剂量水泥稳定碎石底基层

图 7-1　A 高速公路沥青路面原结构图

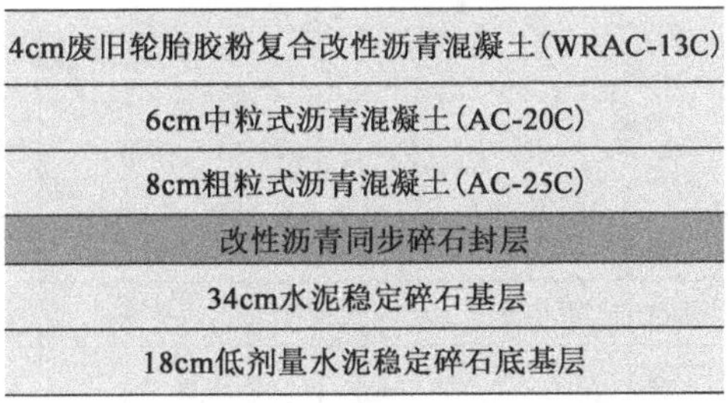

4cm废旧轮胎胶粉复合改性沥青混凝土（WRAC-13C）
6cm中粒式沥青混凝土（AC-20C）
8cm粗粒式沥青混凝土（AC-25C）
改性沥青同步碎石封层
34cm水泥稳定碎石基层
18cm低剂量水泥稳定碎石底基层

图 7-2　A 高速公路橡胶粉复合改性沥青路面结构图

2）应用情况

A 高速公路路面工程项目采用废旧轮胎胶粉复合改性沥青混合料 WRAC-13，共铺筑了长度为 9km 的双向试验段，预计可循环利用废旧轮胎约 9.09 万条。

7.1.2　WRAC-13 沥青混合料组成设计

1）原材料

（1）废旧轮胎胶粉复合改性沥青

①基质沥青。

基质沥青为山东东明石化有限公司提供的 A 级 70 号重交沥青，其各项性能指标均满足相关规范要求。

②橡胶粉复合改性沥青。

项目采用的废胎胶粉复合改性沥青由30～40目橡胶粉、SBS和基质沥青掺配而成。胶粉、SBS的掺配比例分别为20%（内掺）和2%（内掺），橡胶粉复合改性沥青技术要求及检测结果见表7-1。

橡胶粉复合改性沥青技术要求及检测结果汇总表 表7-1

检验项目		检测结果	技术要求
180℃运动黏度（Pa·s）		1.286	1.0～3.0
针入度（25℃，100g，5s）（0.1mm）		50	40～60
延度（5cm/min，5℃）		12	≥10
软化点（环球法，℃）		65.5	≥60
闪点（℃）		234	≥230
TOFT后残留物	质量损失（%）	-0.378	≤1
	25℃针入度比（%）	78.0	≥60
	延度（5℃）	8	≥5
离析，软化点差（℃）		1.8	≤5
25℃弹性恢复（%）		81.0	≥75

（2）矿料

①粗集料。

选用10～15mm和5～10mm两档石灰岩碎石粗集料，其各项技术性能试验结果见表7-2，各项性能指标均满足相关规范要求。

粗集料技术性能 表7-2

检测项目		单位	上面层质量要求	粗集料试验结果	
				10～15mm	5～10mm
石料压碎值，不大于		%	26	17.8	—
磨光值，不小于		—	40	40	—
洛杉矶磨耗损失，不大于		%	28	17.5	—
表观相对密度，不小于		—	2.6	2.999	2.848
毛体积相对密度		—	实测值	2.947	2.805
吸水率，不大于		%	2.0	0.59	0.54
对沥青的黏附性，不小于		级	5	5	—
坚固性，不大于		%	12	5	—
针片状颗粒含量	混合料，不大于	%	15	5.9	
	粒径大于9.5mm，不大于	%	12	6.2	
	粒径小于9.5mm，不大于	%	18		5.8

②细集料。

细集料采用石灰岩机制砂，相关技术性能试验结果见表7-3。测试结果表明，细集料各项性能指标均满足《公路沥青路面施工技术规范》（JTG F40—2004）及《河南省交通运输厅关于进一步加强全省在建高速公路面工程施工质量的通知》（豫交文〔2015〕163号）的相关要求（砂当量不小于70%，亚甲蓝值不大于10g/kg）。

机制砂技术性能 表7-3

试验项目	单位	质量要求	试验结果
表观相对密度，不小于	—	2.60	2.704
毛体积相对密度	—	实测值	2.522
坚固性（>0.3mm部分），不大于	%	12	4
砂当量，不小于	%	70	71
亚甲蓝值，不大于	g/kg	10	1.6
棱角性（流动时间），不小于	s	30	30.5

③矿粉。

矿粉为石灰岩矿粉，产地为河南辉县。矿粉干燥、清洁，各项技术性能试验结果见表7-4。

矿粉技术性能 表7-4

项目		单位	规范要求	试验结果
表观密度，不小于		t/m^3	2.50	2.719
含水率，不大于		%	1	0.5
粒度范围	<0.6mm	%	100	100
	<0.15mm	%	90～100	99.6
	<0.075mm	%	75～100	86.7
外观		无团粒结块		无
亲水系数		—	<1	0.47
塑性指数		%	<4	2.6
加热安定性		—	实测记录	无变质

2）目标配合比设计

按照《公路沥青路面施工技术规范》（JTG F40—2004）、《橡胶沥青及混合料设计施工技术指南》及《废胎胶粉复合改性沥青路面施工技术规范》（DB 41/T 1286—2016）的要求，采用马歇尔配合比设计方法进行混合料目标配合比设计。

（1）矿料级配设计及最佳油石比的确定

在进行矿料级配设计时，本项目选用间断级配和连续级配两种级配类型进行对比，连续级配参考AK-13A级配范围中值，间断级配参考WRAC-13级配范围。为进一步优化级配，间断级配WRAC-13选择WRAC-13中级配和WRAC-13细级配两组设计级配，3组设计级配见表7-5，级配曲线如图7-3所示。

3 组设计级配结果 表 7-5

级配类型	通过下列筛孔(mm)(方孔筛)的质量百分率(%)									
	16.0	13.2	9.5	4.75	2.36	1.18	0.6	0.3	0.15	0.075
WRAC-13 中级配	100	96.9	65.8	29.8	24.1	17.3	12.7	10.0	8.2	6.9
WRAC-13 细级配	100	97.2	69.1	34.2	27.2	18.9	13.3	9.9	7.8	6.4
AK-13A 中值	100	97.3	70.1	49.2	31.1	20.9	14.1	9.9	7.4	5.0
WRAC-13 级配上限	100	100	75	39	30	22	18	14	11	8
WRAC-13 级配下限	100	80	62	25	18	14	8	6	5	5

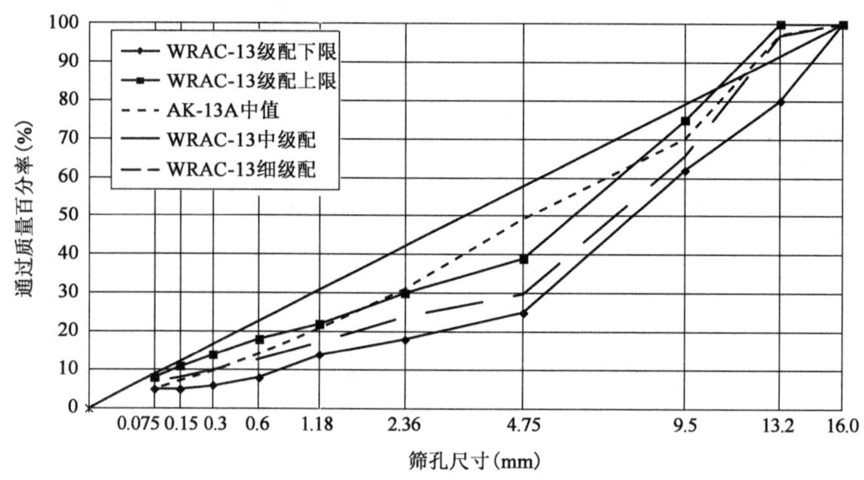

图 7-3　3 组设计的级配曲线

混合料理论最大相对密度按计算法测定，马歇尔试件的毛体积相对密度用表干法测定，以目标空隙率 4% 来确定废旧轮胎胶粉复合改性沥青混合料的最佳油石比，同时其他体积指标及马歇尔稳定度、流值也应符合相关技术要求。3 组级配最佳油石比的马歇尔试验结果见表 7-6。

3 组级配最佳油石比的马歇尔试验结果 表 7-6

级配类型	油石比(%)	理论最大相对密度	毛体积相对密度	空隙率(%)	VMA(%)	VFA(%)	稳定度(流值为 3mm 时)(kN)
WRAC-13 中级配	6.2	2.591	2.487	4.0	15.6	74.3	11.14
WRAC-13 细级配	6.0	2.582	2.480	4.0	15.0	73.3	9.33
AK-13A 中级配	6.1	2.565	2.462	4.0	15.1	73.3	11.37
要求	—	—	—	4.0 ± 1	≥14	70 ~ 85	≥7.0

(2)最佳油石比的检验

3 组设计级配最佳油石比确定之后，借鉴 SMA 沥青混合料配合比设计方法，分别通过谢伦堡析漏试验和肯塔堡飞散试验来进一步检验油石比，检验结果见表 7-7，结果表明 3 组混合料配合比均能满足要求。

谢伦堡析漏试验和肯塔堡飞散试验结果　　表 7-7

项　　目	WRAC-13 中级配	WRAC-13 细级配	AK-13A 中级配	SMA 标准
谢伦堡析漏(%)	0.04	0.05	0.07	≤0.1
肯塔堡飞散(%)	8.5	7.9	7.5	≤15

3)路用性能检验

按照《公路沥青路面施工技术规范》(JTG F40—2004)的相关规定,分别对 3 组配合比废旧轮胎胶粉复合改性沥青混合料的高温稳定性、低温抗裂性、水稳定性等相关路用性能进行检验,检验结果见表 7-8。

路 用 性 能 检 验　　表 7-8

试 验 项 目	WRAC-13 中级配	WRAC-13 细级配	AK-13A 中级配	技 术 标 准
马歇尔试件线性膨胀率(%)	0.5	0.48	0.55	≤1
浸水马歇尔残留稳定度(%)	88.4	91.3	89.8	≥85
冻融残留强度比(%)	90.8	85.5	85.7	≥80
车辙试验动稳定度(次/mm)	5568	5950	5465	≥4000
低温弯曲试验破坏应变(με)	2794	2883	2768	≥2500
渗水系数(mL/min)	43	40	37	≤100
构造深度(mm)	0.77	0.73	0.68	≥0.65

将 3 组配合比的最佳油石比、马歇尔试件的线性膨胀率、动稳定度、低温弯曲试验破坏应变、残留稳定度和劈裂抗拉残留强度比等指标列于图 7-4 中。

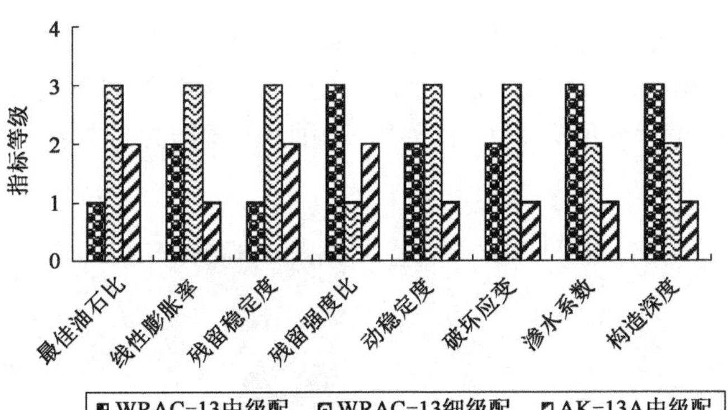

图 7-4　3 组级配的性能指标

图 7-4 中用“3”表示该项性能最好,“1”表示该项性能最差。

从以上配合比设计及其路用性能测试结果可以得出,采用 WRAC-13 细级配的混合料油石比及马歇尔试件的线性膨胀率最小,高温车辙试验的动稳定度及低温弯曲抗变形能力最优,水稳定性、抗滑性能及不透水性也表现良好,综合性能表现最优。考虑到该级配的 2.36mm、4.75mm 筛孔的通过率大小适中,同时施工和易性也较好,经技术经济综合比选,最终选择 WRAC-13 细级配作为本项目上面层材料的设计级配,采用 3 组配合比成型车辙试件的切割对比情况见图 7-5。

图 7-5　3 组配合比成型车辙试件切割对比图

注:从上到下依次为 WRAC-13 中级配、WRAC-13 细级配、AK-13A。

综上所述,优先选择 WRAC-13 细级配作为本项目上面层材料的目标级配,目标配合比设计结果见表 7-9。

目标配合比设计结果　　表 7-9

混合料类型	各种矿料所占比例(%)				最佳油石比(%)	马歇尔试件毛体积相对密度
	10～15	5～10mm	机制砂	矿粉		
WRAC-13 细级配	36	30	32	2	6.0	2.480

注:5～10mm 碎石为原送材料中筛除小于 4.75mm 碎石后剩下的部分。

7.1.3　WRAC-13 沥青混合料生产配合比设计

1)初始生产配合比设计

混合料的理论最大相对密度采用计算法和真空法(负压设为 0kPa,见图 7-6)互相校核,参照目标配合比确定初始生产级配,初始生产级配在 6.0% 的油石比时理论最大相对密度的实测值为 2.546,略低于计算值 2.551(表 7-10),用计算值作为日常检测的理论最大相对密度的依据。

图 7-6　真空法测混合料理论最大相对密度

初始生产级配的马歇尔试验结果　　表7-10

级配类别	试件毛体积相对密度	理论最大相对密度	空隙率(%)	矿料间隙率VMA(%)	沥青饱和度VFA(%)	稳定度(kN)	流值(mm)
初始生产级配	2.480	2.551	2.8	14.8	81.2	9.54	3.0
技术要求	—	—	3～5	VV=4,VMA≥14	70～85	≥7	流值为3mm时,稳定度≥7kN

2)生产配合比调整

根据热料仓筛分结果,参照目标配合比调试出初始生产配合比,但试验结果表明,采用该初始生产配合比成型的试件较为密实,在6.0%油石比时空隙率仅有2.8%(目标配合比在6.0%油石比时空隙率为4.0%),表面构造深度太小(图7-7)。

为此,项目组分析了冷料和热料的密度和吸水率的测试结果(图7-8),发现目标配合比与初始生产配合比合成集料的吸水率相差较大,目标配合比合成集料的吸水率为1.201%,而初始生产配合比仅为0.494%;各档料中吸水率相差较大的主要集中于细集料,目标配合比机制砂为2.67%,而初始生产配合比0～3mm细集料吸水率仅为0.77%。

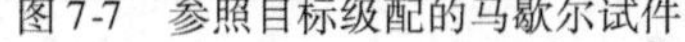
图7-7　参照目标级配的马歇尔试件

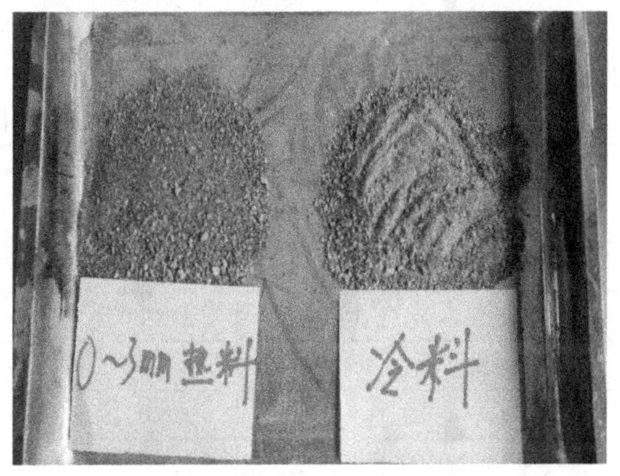

图7-8　1号仓0～3mm的热料和冷料对比

同时,经计算目标配合比被集料吸收的沥青为0.85%,而初始生产配合比仅为0.45%,即目标配合比较初始生产配合比多吸收0.4%的沥青,因此在同样的级配和油石比时,初始生产配合比空隙率较目标配合比更低。

为了保证废旧轮胎胶粉复合改性沥青混合料的路用性能,项目组建议保持6.0%的油石比不变,通过调整级配(减少矿粉、细集料掺配比例,适当增加3～6mm、6～11mm档粗集料掺配比例)来增大矿料间隙率,进而容纳更多的沥青,目标级配及生产级配情况见表7-11。

目标级配及生产级配情况　　表7-11

级配类型(热料仓和矿粉的比例,从粗到细)	通过下列筛孔(mm)的质量百分率(%)									
	16	13.2	9.5	4.75	2.36	1.18	0.6	0.3	0.15	0.075
目标配合比级配	100	97.2	69.2	34.2	27.4	19.4	14.0	10.7	8.6	6.4
初始生产配合比级配(26:37:10:21:6.0)	100	96.5	69.1	34.9	26.8	20.8	15.7	10.1	8.3	6.5

续上表

级配类型(热料仓和矿粉的比例,从粗到细)	通过下列筛孔(mm)的质量百分率(%)									
	16	13.2	9.5	4.75	2.36	1.18	0.6	0.3	0.15	0.075
调整级配1 (26:37:10:21.5:5.5)	100	96.5	69	34.8	26.7	21.1	15.7	9.3	7.4	6.1
调整级配2 (26:37:13:19.5:4.5)	100	96.5	69	34.7	24.6	18.8	13.9	8.1	6.3	5.2
调整级配3 (26:39:12:17.5:5.5)	100	96.5	68.7	34.1	23.6	18.6	14.1	8.6	7	6.0
调整级配4 (26:38:14:16.5:5.5)	100	96.5	68.9	34.9	23.2	17.3	13	8.5	7	6.0
最终采用级配5 (26:39:14:15.5:5.5)	100	96.5	68.8	33.9	22.3	16.6	12.5	8.3	6.9	6.0
WRAC-13 橡胶粉复合改性沥青混合料级配范围	100	95 ~ 100	62 ~ 71	25 ~ 35	20 ~ 28	15 ~ 23	12 ~ 19	10 ~ 15	8 ~ 12	6 ~ 10

各调整级配在6.0%油石比时的马歇尔试验结果见表7-12,级配调整过程如图7-9所示。

各调整级配在6.0%油石比时的马歇尔试验结果汇总 表7-12

级配类别及要求	试件毛体积相对密度	理论最大相对密度	空隙率(%)	矿料间隙率VMA(%)	沥青饱和度VFA(%)	稳定度(kN)	流值(mm)
调整级配1	2.477	2.552	2.9	14.8	80.2	9.19	3.0
调整级配2	2.465	2.552	3.4	15.3	77.7	8.81	3.0
调整级配3	2.460	2.553	3.6	15.5	76.7	8.78	3.0
调整级配4	2.462	2.551	3.5	15.4	77.1	8.65	3.0
最终采用的级配	2.452	2.553	4.0	15.8	74.9	9.09	3.0
技术要求	—	—	3 ~ 5	VV = 4, VMA≥14	70 ~ 85	≥7	流值为3mm时, 稳定度≥7kN

图7-9 级配调整过程

经过5次调整，最终实现了混合料的空隙率为4.0%，并且其他指标也较好满足了《橡胶沥青及混合料设计施工技术指南》的相关要求。

3）冷料仓的标定

冷料仓由于平皮带和斜皮带呈平行关系（图7-10），铲车无法接料，为此采用计算法进行初步计算。

计算公式见式（7-1），项目组对皮带辊直径 D、冷料斗料门开（高）度 h_i、冷料斗出料口宽度 b、冷料斗矿料堆积密度进行了实测。

$$n_i = \frac{q_i}{60\pi D A_i r_i} \tag{7-1}$$

式中：q_i——按配比计算第 i 个冷料斗出料量（t/h）；

D——皮带辊直径（m），皮带辊直径为0.24m；

n_i——第 i 个冷料斗皮带辊转速（r/min）；

A_i——第 i 个冷料斗出料横断面面积（m^2），$A_i = b \cdot h_i$；

r_i——第 i 个冷料斗矿料堆积密度（t/m^3）。

10～15mm碎石、5～10mm碎石、机制砂的堆积密度按《公路工程集料试验规程》（JTG E42—2005）的相关测试方法进行测定（图7-11），其测试结果分别为1.62 t/m^3、1.56 t/m^3、1.71 t/m^3。

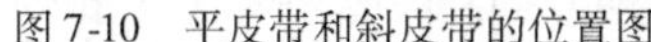

图7-10 平皮带和斜皮带的位置图

图7-11 堆积密度的测试

根据现场冷料仓的筛分结果和最终采用的生产配合比的级配情况，计算出10～15mm碎石:5～10mm碎石:机制砂:矿粉=43%:31%:23%:3%。按每小时240t的产量，10～15mm碎石和机制砂各自安排两个料仓进行下料，5～10mm碎石安排一个料仓进行下料，由此可以计算出10～15mm碎石每个料仓的皮带转速为6 r/min，5～10mm碎石的料仓的皮带转速为8.9r/min，机制砂每个料仓的皮带转速为2.8r/min。

由于最终采用的生产级配9.5mm筛孔通过率和原SBS上面层生产级配9.5mm筛孔通过率一样，项目组将计算法计算的结果与SBS上面层10～15mm档冷料的皮带转速进行了对比，发现两者相差不大。为此，建议在废旧轮胎胶粉复合改性沥青生产过程中各皮带转速参考以上计算值，并根据冷料实际级配进行微调。

7.1.4 施工质量控制与检测

1）施工质量控制

（1）施工机械配置计划

沥青混凝土上面层施工机械配置计划见表7-13。

沥青混凝土上面层施工机械配置一览表　　表7-13

序　号	设备名称	机械型号	数量(台套)	技术状况	备　注
1	沥青混凝土拌和站	西筑4000型	1	良好	
2	沥青改性设备	西安达刚120型	1	良好	
3	沥青乳化设备	西安达刚60型	1	良好	
4	摊铺机	中大DT1600	1	良好	
5	双钢轮压路机	戴纳派克CC6200	3	良好	
6	胶轮压路机	徐工XP-301	3	良好	
7	沥青撒布车	西安达刚	1	良好	
8	洒水车	8t	2	良好	
9	自卸汽车	25t	15	良好	
10	装载机	50型	5	良好	
11	发电机	200kW	1	良好	备用

（2）拌和楼控制

项目所用拌和楼为4000型BEANINGHOV间歇式拌和楼。

图7-12　橡胶沥青输送泵

由于废旧轮胎胶粉复合改性沥青黏度高，泵送难度大，为此主线试验路施工时橡胶沥青输送泵（图7-12）的电机功率为15kW，沥青喷洒泵电机的功率为22kW。

每盘混合料拌和时间不小于50s（其中，干拌时间为5～10s，湿拌时间40s），配置杆式温度计，沥青加热温度控制在180～190℃，集料加热温度控制在190～210℃，沥青混合料出料温度应大于180℃。

由于开始拌和时沥青泵送缓慢，导致混合料产量较低，每盘产量为2t，2～3车料后产量逐步增加，直至达到4t/盘。

（3）摊铺

本项目主线上面层选用陕西中大DT1600型摊铺机进行全断面一次性摊铺成型，避免了双机联铺接缝处因混合料离析影响平整度及密实度，节省人工成本，提高工效。夯锤设定为4.5级，使摊铺后的沥青混合料具有80%以上初始密度。最初试验段摊铺速度为1m/min，随着拌和楼产量增加，摊铺速度增加至2m/min。试验路摊铺如图7-13所示。

(4)碾压

图7-13 试验路摊铺

废旧轮胎胶粉复合改性沥青黏度大，可碾压时间短，试验路段采用国内先进的碾压工艺——模糊碾压。模糊碾压采用钢轮与胶轮组合同步碾压工艺，具有节省碾压时间、提高压实效率、减少温度损失、提高平整度、减少温度离析、提高碾压质量的优点。

现场施工时不划分碾压段落，5台压路机联合作业，1台双钢轮压路机终压，2组4台压路机初压和复压，每组压路机由一台戴纳派克CC6200双钢轮压路机和1台徐工XP-301胶轮压路机相组合，相距2m左右，同步前进、同步后退。

4台压路机随摊铺机前进，每一个压实遍数完成后约整体前进5m，倒退时回到起点位置，沿摊铺机前进方向每5m压实遍数递减一遍，即第1段完成3遍时，第2段完成2遍，第3段完成1遍；第1段完成3遍后，第2段再碾压1遍即完成碾压作业。依次前进，相当于每碾压1遍完成5m左右的压实段。

模糊碾压即为小段落碾压，约5m一个压实段，与分段碾压相比，该方案节省1台初压压路机，压实间隔时间更短、效率更高，非常适合于对橡胶沥青混合料的碾压，能在短时间内完成压实作业，保证复压在高温下完成。但是模糊碾压需要压路机作业人员素质高、施工单位管理能力强。

2)施工质量检测

(1)混合料检测

①混合料油石比及级配检测。

通常橡胶沥青混合料的抽提筛分试验中，由于只能测得基质沥青的用量，橡胶沥青的用量则需要通过计算法得到。例如对于本工程，废旧轮胎胶粉掺量为20%，采用式(7-2)计算橡胶沥青的质量。

$$废旧轮胎胶粉复合改性沥青质量=\frac{基质沥青质量}{1-0.20} \tag{7-2}$$

采用计算法求橡胶沥青用量会存在一定的误差，一方面由于离析等原因，橡胶粉含量可能不等于设计的用量；另一方面，橡胶粉并非完全不溶于沥青，根据前文研究结果，橡胶粉在沥青中经过一定时间的高温溶胀作用后会产生降解脱硫反应，有一部分已经溶于沥青，所以按照上式计算的沥青用量往往偏高。为了避免以上原因造成误差，采用燃烧法确定橡胶沥青用量，试验结果见表7-14。

试验路段混合料试验结果 表7-14

项目	油石比(%)	下列筛孔(mm)的通过百分率(%)								
		13.2	9.5	4.75	2.36	1.18	0.6	0.3	0.15	0.075
试验段	6.05	96.0	69.7	34.5	21.9	16.0	11.4	7.9	6.7	5.1
生产配合比	6.0	96.5	68.8	33.9	22.3	16.6	12.5	8.3	6.9	6.0

由试验结果可知，试验段混合料油石比和矿料级配均与生产配合比基本相同，由此表明试验路段具有较高质量控制标准。

②马歇尔试验。

试验段废旧轮胎胶粉复合改性沥青混合料马歇尔试验结果见表7-15。

沥青混合料马歇尔试验结果 表7-15

指标	马歇尔相对密度	VV（%）	稳定度（kN）	流值（mm）	VMA（%）	VFA（%）	理论最大相对密度
试验段	2.450	4.0	9.29	3.1	15.8	74.7	2.553
技术要求	—	3～5	≥7.0	≤3	≥14	70～85	—

由马歇尔试验结果可知，试验段混合料各项马歇尔指标均满足要求。

（2）现场检测

①厚度、压实度。

试验路厚度、压实度检测结果见表7-16。

试验路厚度、压实度检测结果 表7-16

位置	检测桩号	厚度（cm）	芯样压实度与空隙率（%）		
			马歇尔	理论	空隙率
段落1	K32+820右行车道	3.8	99.0	95.0	4.0
	K32+720右超车道	4.1	98.7	94.7	5.3
	K32+590右硬路肩	4.0	99.3	95.3	4.7
	K32+800右行车道	3.9	99.6	95.6	4.4
	K32+670右超车道	4.2	99.2	95.2	4.8
	K32+590右硬路肩	4.0	99.4	95.4	4.6
	平均值	4.0	99.3	95.3	4.7

由表7-16可知，路面厚度、压实度控制较好，芯样密度的平均值达到马歇尔标准密度的99.3%，芯样空隙率的平均值为4.7%。试验路段芯样照片如图7-14所示。

图7-14 试验路段芯样照片

②平整度。

采用八轮仪对试验路的平整度进行检测，如图 7-15 所示，试验路平整度标准差的平均值为 0.47mm，能够满足相关规范要求。

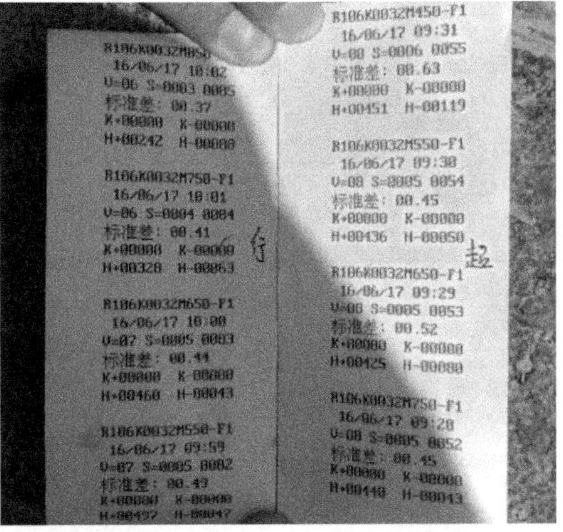

图 7-15　试验路平整度检测照片

③渗水。

试验路渗水系数检测结果见表 7-17，渗水试验现场检测如图 7-16 所示。检测结果表明，试验段各测点渗水系数均显示为“基本不透水”，说明试验路密水性能良好。

试验路渗水系数检测结果　　表 7-17

段　落	测点桩号、位置	渗水系数(mL/min)
段落 1	K32 +800 右行车道	0
	K32 +670 右超车道	0
	K32 +590 右硬路肩	0(侧渗)

图 7-16　试验路渗水试验现场检测

④构造深度与摆值。

试验路构造深度检测结果见表 7-18，由检测结果可知构造深度在 0.73mm 左右，满足 ≥0.65mm技术要求。

试验路构造深度检测结果 表 7-18

段　落	检 测 桩 号	构造深度(mm)			
		点 1	点 2	点 3	平均值
试验段	K32 +800 右行车道	0.74	0.72	0.70	0.72
	K32 +670 右超车道	0.73	0.76	0.70	0.73
	K32 +590 右硬路肩	0.68	0.78	0.73	0.73

试验路的摆值测试结果见表 7-19。

试验路的摆值测试结果 表 7-19

路面类型	测　点	摆　值					
		1	2	3	4	5	平均值
试验段	点 1	72	73	74	75	76	74
	点 2	70	71	73	75	77	73
	点 3	71	72	74	73	75	73
	平均值	—	—	—	—	—	73.3

综合构造深度和摆值测试结果表明，WRAC-13 混合料具有良好的表面功能特性。构造深度及摆值试验现场检测如图 7-17 所示。

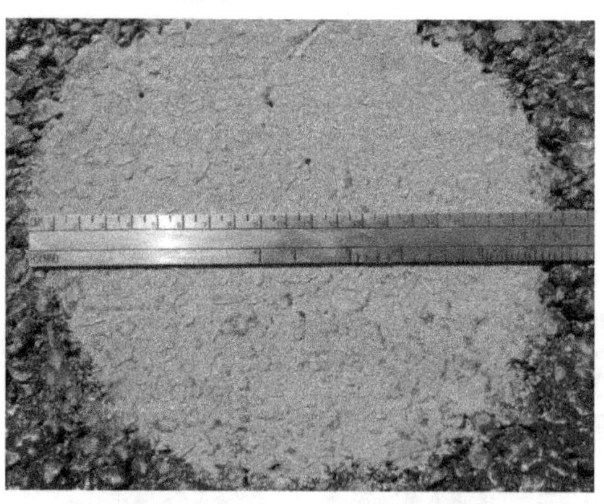

图 7-17　构造深度和摆值试验现场检测

⑤噪声测试。

为评价废旧轮胎胶粉复合改性沥青路面的降噪性能，采用解放卡车（10t）和全顺客车对试验路段和普通路段进行了噪声测试，测试设备为 Fulfilf Type2236 型噪声分级仪。测试车辆以 100km/h 的速度沿固定车道通过，试验人员在固定位置测试音量，检测结果见表 7-20。

试验路噪声检测结果(单位:dB)　　表 7-20

路面类型	测试编号	解放卡车	全顺客车
WRAC-13	1	95.5	91.8
	2	96.3	88.2
	3	97.7	88.2
	平均值	96.5	89.4
AC-13	1	99.7	93.3
	2	99.0	92.8
	3	99.1	91.3
	平均值	99.3	92.5

根据检测结果,对于相同的车辆,试验路段的噪声值低于采用 SBS 改性沥青的普通 AC-13C 面层约 3dB,由此表明废旧轮胎胶粉复合改性沥青混凝土具有较为显著的降噪作用。

7.2　E^{2017}高速公路路面工程项目

7.2.1　项目概况

1)项目基本情况

E^{2017}高速公路项目于 2004 年 12 月建成通车,路线全长 163.354km。项目自建成通车以来,除正常维修养护以外,已连续运营 13 年,处于路面设计使用寿命的末期。近年来,随着交通量(尤其重载车辆)日益增大,道路使用者对行驶舒适性的要求越来越高,现有路面结构已无法满足要求,急需对该路段路面进行全范围的更新改造,以改善路面状况、提高道路服务水平、延长道路使用寿命、有效减少后期养护维修成本,进而满足沿线地区经济与社会发展需要。通过对原路段各结构层进行技术检测,最终确定采用加铺罩面(厚度 4cm)的更新改造方案。

2)更新改造范围

E^{2017}高速公路路面工程项目全断面加铺罩面工程,全长为 118.245km,设计速度 120km/h。计划推广使用 3 种不同的橡胶沥青混合料(现场湿法工艺橡胶改性沥青混合料、工厂化 SBS 橡胶粉复合改性沥青混合料以及干法工艺橡胶沥青混合料),共 28.7 万 t,分三年实施。其中,2017 年推广应用废旧轮胎胶粉复合改性沥青路面 35km,混合料 8.5 万 t。

3)原道路技术状况

项目路面更新勘察设计维持原有道路设计标准,主要技术指标见表 7-21。

主要技术指标　　表 7-21

技术指标	单　位	技术标准
公路等级	—	高速公路
设计速度	km/h	120

续上表

技术指标	单位	技术标准
路基宽度	m	23.5
行车道宽度	m	4×3.75
硬路肩宽度	m	2×3.50
土路肩宽度	m	2×0.75
中央分隔带宽度	m	3.0
桥梁荷载等级	—	公路—Ⅰ级
涵洞荷载等级	—	公路—Ⅰ级
小桥涵设计洪水频率	—	1/100

(1)路基

合同段路基按平原微丘区高速公路标准设计并施工。路基宽度28m,路面宽度15m,行车道2×7.5m,硬路肩宽2×3.5m,土路肩2×0.75m。路面横坡坡度为2%,土路肩横坡坡度为4%。

路基以填方路基为主,路基填方边坡坡度为1:1.5,平均填土高度约2.5m,路基整体状况良好。

(2)路面

现有路面结构状况见表7-22。

现有路面结构状况 表7-22

结构层名称	厚度(cm)	结构层名称	厚度(cm)
AC-13细粒式沥青混凝土	4	水泥稳定碎石	35
AC-20中粒式沥青混凝土	6	水泥石灰稳定土(3:8:89)	18
ATB-30沥青稳定碎石	11	总厚度	74

4)交通量现状

根据K173+600断面2017年2月2日24h(0:00~24:00)交通量统计数据,断面上行交通量为21414辆/d(其中货车交通量为5778辆/d),下行交通量为18694辆/d(其中,货车交通量为6856辆/d)。

在调查设计过程中,根据《公路工程技术标准》(JTG B01—2014)中各汽车代表车型分类对断面交通量及交通组成情况进行了系统的调查分析,K173+600断面交通量调查结果见表7-23。

2017年2月2日K173+600断面交通量调查结果 表7-23

断面名称	分车型交通量(辆/d)				自然数总计(辆/d)	当量数总计(辆/d)
	1型	2型	3型	4型		
	小客车	中型车	大型车	汽车列车		
上行	15063	1748	637	3966	21414	35142
下行	11342	1209	1193	4950	18694	35938

从交通量调查结果可见,该路段上下行交通量均较大,当量交通量均达到了35000辆/d以上,其中上行小客车交通量占比70.34%,货车占比26.98%,下行小客车交通量占比60.67%,货车占比36.67%。对比上下行交通量数据可知:上下行货车交通量占比均比较大,且以20t以上的特大型货车和集装箱车为主,存在一定超载情况,对沥青路面产生较为严重的破坏作用,在一定程度上诱发沥青路面破损及桥头跳车等病害的发生。

7.2.2 WRAC-13 沥青混合料组成设计

1)原材料

(1)橡胶粉复合改性沥青

①基质沥青。

基质沥青为山东齐鲁石化有限公司提供的A级70号重交沥青,其性能指标均满足有关规范要求。

②橡胶粉复合改性沥青。

本工程采用的橡胶粉复合改性沥青由30~40目橡胶粉、SBS与70号道路石油沥青掺配而成。橡胶粉、SBS的掺配比例分别为18%(内掺)和2%(内掺),其技术要求及试验结果见表7-24。

橡胶粉复合改性沥青技术要求及试验结果汇总表 表7-24

检验项目		检测结果	技术要求
180℃运动黏度(Pa·s)		1.4	1.0~3.0
针入度(25℃,100g,5s)(0.1mm)		49	40~60
延度(5cm/min,5℃)		14	≥10
软化点(环球法)(℃)		65.5	≥60
闪点(℃)		238	≥230
TOFT后残留物	质量损失(%)	-0.361	≤1
	25℃针入度比(%)	76.0	≥60
	延度(5℃)	9	≥5
离析,软化点差(℃)		2.0	≤5
25℃弹性恢复(%)		84	≥75

(2)矿料

项目所用粗、细集料均为驻马店遂平采石场生产的玄武岩石料,集料共分为5档:10~15mm、5~10mm、3~5mm、机制砂和矿粉,各档集料筛分通过率见表7-25。

各档集料筛分通过率 表7-25

筛孔尺寸(mm)	各档集料累计通过率(%)				
	10~15	5~10	3~5	机制砂	矿粉
16	100.0	100.0	100.0	100.0	100.0
13.2	77.5	100.0	100.0	100.0	100.0
9.5	5.0	96.8	100.0	100.0	100.0
4.75	0.3	9.5	58.3	99.5	100.0

续上表

筛孔尺寸(mm)	各档集料累计通过率(%)				
	10~15	5~10	3~5	机制砂	矿粉
2.36	0.3	0.5	1.0	84.8	100.0
1.18	0.3	0.5	0.7	65.1	100.0
0.6	0.3	0.5	0.7	45.4	100.0
0.3	0.3	0.5	0.7	29.0	99.1
0.15	0.3	0.5	0.7	19.0	92.9
0.075	0.3	0.5	0.7	14.8	84.8

10~15mm 和 5~10mm 两档石灰岩碎石粗集料各项技术性能测试结果见表 7-26，各项性能指标均满足相关规范要求。

粗集料技术各项技术性能测试结果 表 7-26

检测项目		单位	上面层质量要求	粗集料试验结果	
				10~15mm	5~10mm
石料压碎值，不大于		%	26	6.4	—
磨光值，不小于		—	40	45	—
洛杉矶磨耗损失，不大于		%	28	5.7	—
表观相对密度，不小于		—	2.6	2.959	2.970
毛体积相对密度		—	实测值	2.920	2.911
吸水率，不大于		%	2.0	0.46	0.68
对沥青的黏附性，不小于		级	5	5	—
坚固性，不大于		%	12	0.01	—
针片状颗粒含量	混合料，不大于	%	4.0	5.9	—
	粒径大于 9.5mm，不大于	%	3.7	6.2	—
	粒径小于 9.5mm，不大于	%	—	—	4.4

细集料采用石灰岩机制砂，相关技术性能测试结果见表 7-27。试验结果表明，细集料各项性能指标均满足《公路沥青路面施工技术规范》(JTG F40—2004)及《河南省交通运输厅关于进一步加强全省在建高速公路路面工程施工质量的通知》(豫交文〔2015〕163 号)的相关要求(砂当量不小于 70%，亚甲蓝值不大于 10g/kg)。

机制砂技术性能 表 7-27

试验项目	单位	质量要求	试验结果
表观相对密度，不小于	—	2.60	2.859
毛体积相对密度	—	实测值	2.741
坚固性(>0.3mm 部分)，不大于	%	12	0.01
砂当量，不小于	%	70	60
亚甲蓝值，不大于	g/kg	10	1.8
棱角性(流动时间)，不小于	s	30	47.3

矿粉为石灰岩矿粉，产地为河南辉县。矿粉干燥、清洁，各项技术性能试验结果见表 7-28。

矿粉技术性能　　　　表 7-28

项　目		单　位	规范要求	试验结果
表观密度，不小于		t/m^3	2.50	2.730
含水率，不大于		%	1	0.2
粒度范围	<0.6mm	%	100	100
	<0.15mm	%	90 ~ 100	99.6
	<0.075mm	%	75 ~ 100	86.7
外观		无团粒结块		无
亲水系数		—	<1	0.84
塑性指数		%	<4	3.0
加热安定性		—	实测记录	无变质

2）目标配合比设计

采用马歇尔设计方法进行混合料配合比设计，根据《废胎胶粉复合改性沥青路面施工技术规范》（DB 41/T 1286—2016）给出的 WRAC-13 混合料级配范围，分别按照级配上限、级配下限和级配中值设计 3 组粗细不同的设计级配，3 组混合料设计级配组成见表 7-29，3 组混合料级配曲线如图 7-18 所示。

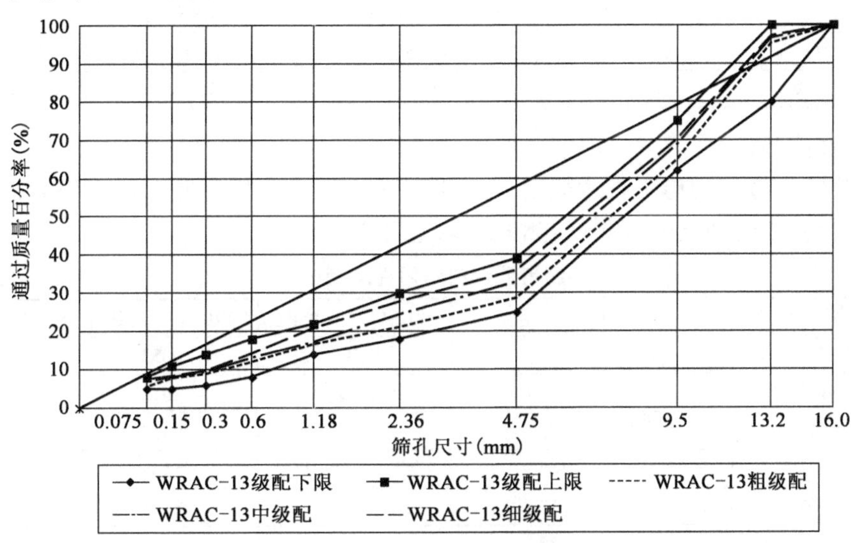

图 7-18　3 组混合料级配曲线

3 组混合料设计级配组成结果　　　　表 7-29

级配类型	通过下列筛孔（方孔筛，mm）的质量百分率（%）									
	16	13.2	9.5	4.75	2.36	1.18	0.6	0.3	0.15	0.075
WRAC-13 粗级配	100	95.1	64.8	28.6	21.3	16.8	11.9	8.9	7.8	5.5
WRAC-13 中级配	100	96.5	68.7	32.9	24.4	17.4	13.2	9.4	8	7
WRAC-13 细级配	100	97.3	70.1	36.0	28.0	20.9	14.1	9.9	8.4	7.5

续上表

级配类型	通过下列筛孔(方孔筛,mm)的质量百分率(%)									
	16	13.2	9.5	4.75	2.36	1.18	0.6	0.3	0.15	0.075
WRAC-13 级配上限	100	100	75	39	30	22	18	14	11	8
WRAC-13 级配下限	100	80	62	25	18	14	8	6	5	5

混合料理论最大相对密度按计算法测定,以目标空隙率4%来确定废旧轮胎胶粉复合改性沥青混合料的最佳油石比,3 组级配混合料最佳油石比的马歇尔试验结果见表7-30。

3 组级配混合料最佳油石比的马歇尔试验结果 表7-30

级配类型及要求	油石比(%)	理论最大相对密度	毛体积相对密度	空隙率(%)	VMA(%)	VFA(%)	稳定度(kN)(流值为3mm时)
WRAC-13 粗级配	6.3	2.571	2.462	3.8	17.2	77.9	9.16
WRAC-13 中级配	6.4	2.582	2.482	4.0	15.3	72.2	10.02
WRAC-13 细级配	6.6	2.589	2.486	4.0	15.2	74.3	9.89
要求	—	—	—	4.0±1	≥15	70~85	≥8.0

在初步确定3 组级配的最佳油石比之后,进一步通过谢伦堡析漏试验和肯塔堡飞散试验对混合料的油石比进行试验,试验结果见表7-31,经试验3 组配合比在最佳油石比下均能满足要求。

谢伦堡析漏和肯塔堡飞散试验结果 表7-31

项目	WRAC-13 粗级配	WRAC-13 中级配	WRAC-13 细级配	SMA 标准(%)
谢伦堡析漏试验(%)	0.06	0.05	0.08	≤0.1
肯塔堡飞散试验(%)	6.8	7.6	7.2	≤15

3)路用性能验证

按照《公路沥青路面施工技术规范》(JTG F40—2004)的相关要求对废旧轮胎胶粉复合改性沥青混合料路用性能进行测试,测试结果见表7-32。

沥青混合料路用性能测试 表7-32

试验项目	WRAC-13 粗级配	WRAC-13 中级配	WRAC-13 细级配	技术标准
马歇尔试件线性膨胀率(%)	0.49	0.47	0.53	≤1
浸水马歇尔残留稳定度(%)	96.0	87.2	86.6	≥85
冻融残留强度比(%)	80.2	85.5	85.2	≥80
车辙试验动稳定度(次/mm)	5663	5582	5465	≥4000
低温弯曲试验破坏应变(με)	3126	2879	2768	≥2500
渗水系数(mL/min)	33	40	37	≤100
构造深度(mm)	0.75	0.73	0.68	≥0.65

从以上配合比设计及其路用性能测试结果可知,WRAC-13 粗级配沥青混合料高温车辙试验的动稳定度及低温弯曲抗变形能力最好,马歇尔试件线性膨胀率、水稳定性、抗滑性能及不透水性也表现良好,油石比最小,综合性能表现最优。

同时,进一步采用贝雷法以3 个参数(CA、FAc 、FA_f)评价3 组混合料的施工和易性,对于公称最大粒径13.2mm 的沥青混合料,$D/2$ =6.6mm,PCS =2.36mm,SCS =0.6mm,TCS =

0.15mm,其中6.6mm筛孔的通过率是由9.5mm和4.75mm通过内插法计算得出的,3组级配混合料贝雷法三参数的计算结果见表7-33。

3组级配混合料贝雷法三参数的计算结果 表7-33

项　　目	WRAC-13 粗级配	WRAC-13 中级配	WRAC-13 细级配	贝雷法标准(%)
CA	0.56	0.53	0.51	0.4~0.8
FAc	0.57	0.53	0.48	0.35~0.50
FA_f	0.62	0.59	0.53	0.35~0.50

根据贝雷法的要求,当CA比在0.4~0.8范围内时,能确保粗集料结构的平衡,CA < 0.4,混合料容易离析,CA > 0.8,混合料容易推移,难以压实。

综上所述,考虑到该级配的2.36mm、4.75mm筛孔的通过率大小适中,同时施工时离析也较小,经技术经济综合比选最终选择WRAC-13粗级配作为本项目加铺层混合料的目标级配,目标配合比的设计结果见表7-34。

目标配合比的设计结果 表7-34

混合料类型	各种矿料所占比例(%)				最佳油石比(%)	马歇尔试件毛体积相对密度
	10~15mm	5~10mm	机制砂	矿粉		
WRAC-13 粗级配	36	30	30	4	6.3	2.462

3组配合比马歇尔试件切割对比如图7-19所示。

图7-19 3组配合比马歇尔试件切割对比图

注:从左到右依次为WRAC-13粗级配、WRAC-13中级配、WRAC-13细级配。

7.2.3 WRAC-13 沥青混合料生产配合比设计

1)生产级配设计与马歇尔试验结果

混合料生产级配及马歇尔试验结果分别见表7-35和表7-36,设计级配曲线见图7-20。

矿料比例与合成级配 表 7-35

WRAC-13	下列筛孔(mm)的通过百分率(%)									
	16	13.2	9.5	4.75	2.36	1.18	0.6	0.3	0.15	0.075
合成级配	100	87.8	65.7	27.6	21	18.2	12.1	7.9	6.8	5.5
目标级配	100	95.1	64.8	28.6	21.3	16.8	11.9	8.9	7.8	5.5
矿料比例	1 号:2 号:3 号:4 号 =36:30:44:2									

沥青混合料马歇尔试验结果 表 7-36

级配类型及要求	油石比(%)	理论密度(g/cm^3)	毛体积密度(g/cm^3)	空隙率(%)	VMA(%)	VFA(%)
WRAC-13	6.3	2.587	2.468	4.0	15.9	74.2
要求	—	—	—	3 ~ 5	≥15.0	70 ~ 85

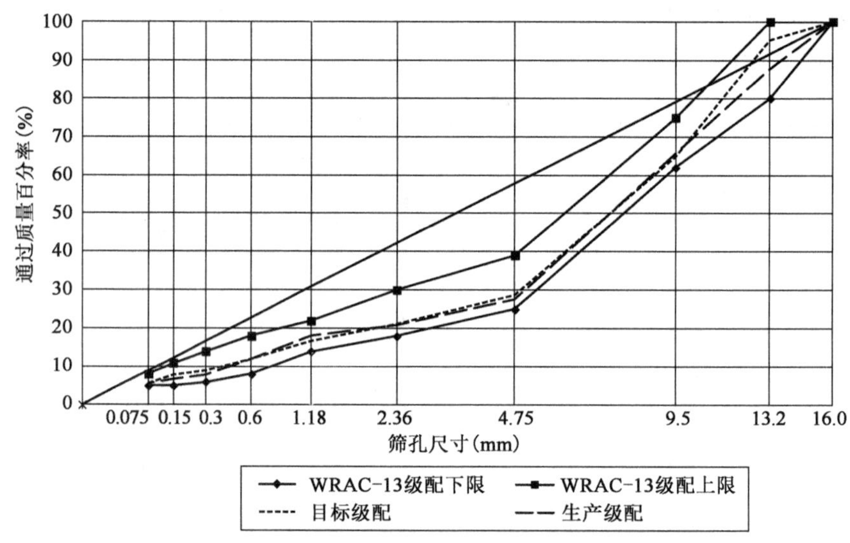

图 7-20 设计级配曲线

由马歇尔试验结果可知,各项技术性能指标均能满足要求。

2)路用性能验证

进一步对 WRAC-13 沥青混合料路用性能进行检验,生产配合比检验结果见表 7-37。

WRAC-13 沥青混合料生产配合比检验结果 表 7-37

试 验 项 目	WRAC-13 生产配合比	技 术 标 准
马歇尔试件线性膨胀率(%)	0.43	≤1
浸水马歇尔残留稳定度(%)	87.7	≥85
冻融残留强度比(%)	89.3	≥80
车辙试验动稳定度(次/mm)	5864	≥4000
低温弯曲试验破坏应变(με)	2689	≥2500
渗水系数(mL/min)	41	≤100
构造深度(mm)	0.73	≥0.65

根据路用性能试验结果，WRAC-13 间断级配废旧轮胎胶粉复合改性沥青混合料各项路用性能均可满足现行规范对改性沥青上面层混合料的技术要求。

7.2.4　施工质量控制与检测

1)施工质量控制

(1)施工机械配置计划

沥青混凝土上面层施工机械配置见表7-38。

沥青混凝土上面层施工机械配置一览表　　表7-38

序　号	设备名称	机械型号	数量(台套)	技术状况	备　注
1	沥青混凝土拌和站	万里4000型	1	良好	
2	沥青改性设备	西安达刚120型	1	良好	
3	沥青乳化设备	西安达刚60型	1	良好	
4	摊铺机	中大DT1600	1	良好	
5	双钢轮压路机	戴纳派克CC6200	4	良好	
6	胶轮压路机	徐工XP-301	2	良好	
7	沥青撒布车	西安达刚	1	良好	
8	洒水车	8t	2	良好	
9	自卸汽车	25t	15	良好	
10	装载机	50型	5	良好	
11	发电机	200kW	1	良好	备用

(2)拌和楼控制

拌和楼为5000型德基间歇式拌和楼。由于废旧轮胎胶粉复合改性沥青黏度高，泵送难度大，主线试验路施工时沥青输送泵的电机功率为15kW，沥青喷洒泵的电机功率为22kW。

每盘混合料拌和时间不小于50s(其中干拌时间为5～10s，湿拌时间40s)，配置杆式温度计，沥青加热温度控制在180～190℃，集料加热温度控制在190～210℃，沥青混合料出料温度大于180℃。

(3)摊铺(图7-21)

本项目主线上面层选用陕西中大DT1900型摊铺机全断面一次性摊铺成型，避免了双机联铺接缝处因混合料离析影响平整度及密实度，节省人工，提高工效。夯锤设定为4.5级，使摊铺后的沥青混合料具有80%以上的初始密度。最初段落摊铺速度为1m/min，随着拌和楼产量增加，摊铺速度增加至2m/min。

(4)碾压(图7-22)

橡胶沥青黏度大，可碾压时间段小，试验路同样采用模糊碾压法进行施工。模糊碾压采用钢轮压路机与胶轮压路机组合同步碾压工艺，具有节省碾压时间、提高压实效率、减少温度损失、提高平整度、减少温度离析、提高碾压质量的优点。

图 7-21　试验路现场摊铺

图 7-22　试验路现场碾压

2)施工质量检验

(1)铺面外观检测

试验路正常铺面路面情况及路面取芯分别如图 7-23 与图 7-24 所示。

图 7-23　试验路正常铺面路面情况

图 7-24　试验路路面取芯

(2)混合料检测

①混合料油石比及级配检测。

采用燃烧法确定橡胶沥青用量,试验结果见表 7-39。

试验路混合料试验结果　　表 7-39

项　目	油石比(%)	下列筛孔(mm)的通过百分率(%)								
		13.2	9.5	4.75	2.36	1.18	0.6	0.3	0.15	0.075
试验路	6.4	88.5	68.7	31.5	21.9	19.5	11.4	7.9	6.7	5.4
生产配合比	6.3	87.8	65.7	27.6	21	18.2	12.1	7.9	6.8	5.5

由试验结果可知,试验路混合料油石比和矿料级配合均与生产配合比基本相同,由此表明试验路具有较高质量控制标准。

②马歇尔试验。

试验路沥青混合料马歇尔试验结果见表 7-40。

沥青混合料马歇尔试验结果　　表7-40

指　　标	马歇尔相对密度	VV(%)	稳定度(kN)	流值(mm)	VMA(%)	VFA(%)	理论最大相对密度
试验路	2.453	4.0	10.26	3.1	15.8	75.1	2.553
技术要求	—	3~5	≥7.0	固定3	≥14	70~85	—

由马歇尔试验结果可知,混合料各项指标均满足要求。

(3)现场检测

①厚度、压实度。

试验路厚度、压实度检测结果见表7-41。

试验路厚度、压实度检测结果　　表7-41

检 测 数 量	厚度(cm)	芯样压实度与空隙率(%)	
		理论值	空隙率
1	3.8	95.0	5.0
2	4.1	96.3	3.7
3	4.0	95.3	4.7
4	3.9	95.2	4.8
5	4.2	95.2	4.8
6	4.0	96.3	3.7
平均值	4.0	95.5	4.5

由表7-41可知,路面厚度、压实度控制较好,芯样密度的平均值达到理论最大密度的95.5%,芯样空隙率的平均值为4.5%。

②平整度。

采用八轮仪对试验路的平整度进行检测,如图7-25所示,试验路平整度标准差的平均值为0.47mm,能够满足相关规范的要求。

③渗水。

试验路各测点渗水系数均显示为“基本不透水”,说明试验路密水性能良好,现场检测如图7-26所示。

图7-25　平整度检测

图7-26　渗水检测

④构造深度与摆值。

试验路构造深度检测结果见表7-42，由检测结果可知构造深度在0.74mm左右，满足≥0.65mm技术要求。

试验路构造深度检测结果 表7-42

检测数量	构造深度(mm)			
	点1	点2	点3	平均值
1	0.71	0.76	0.74	0.74
2	0.70	0.76	0.76	0.74
3	0.73	0.78	0.73	0.74

试验路摆值检测结果见表7-43。

试验路摆值测试结果 表7-43

路面类型	测点	摆值					
		1	2	3	4	5	平均
试验路	点1	74	73	74	77	76	75
	点2	75	76	73	75	77	74
	点3	71	72	74	73	75	73
	平均值	—	—	—	—	—	74

综合构造深度和摆值测试结果表明，WRAC-13混合料具有良好的抗滑性能。

⑤噪声测试。

为评价废旧轮胎胶粉复合改性沥青路面的降噪性能，采用解放卡车(10t)和全顺客车对试验路段和普通路段进行了噪声测试，测试设备为Fulfilf Type2236型噪声分级仪。测试车辆以100km/h的速度沿固定车道通过，试验人员在固定位置测试音量，检测结果见表7-44。

试验路段噪声检测结果(单位:dB) 表7-44

路面类型	测试编号	解放卡车	全顺客车
WRAC-13	1	95.6	90.2
	2	96.2	89.9
	3	97.1	90.4
	平均值	96.3	90.2
AC-13	1	99.7	93.3
	2	99.0	92.8
	3	99.1	91.3
	平均值	99.3	92.5

检测结果表明，对于相同的车辆，试验路段的噪声值低于采用SBS改性沥青的普通AC-13C面层约3dB，而噪声每降低3dB相当于“车辆距离增加1倍，交通量减少50%，车速降低25%”。

7.3　F 高速公路路面工程项目

7.3.1　项目概况

1）项目基本情况

F 高速公路路面工程项目路线全长约 45.1km。全线采用设计速度 120km/h 的双向六车道高速公路标准设计，主线路基宽度 34.5m，实行全部控制出入和收费管理。全线设互通式立交 5 处，分离式立交 29 处，通道 52 处，天桥 2 处；大桥 5 座，中桥 3 座，涵洞 10 座。

项目原设计路面结构如图 7-27 所示，从资源消耗角度来看，SBS 是以石油为原料人工合成的热塑性丁苯橡胶，1t SBS 需要消耗约 3t 石油。基于节约沥青资源与加强废旧轮胎循环利用保护环境的原则，项目建设单位拟定大规模使用废旧轮胎胶粉与 SBS 复合改性沥青混合料，最终确定的路面结构如图 7-28 所示。

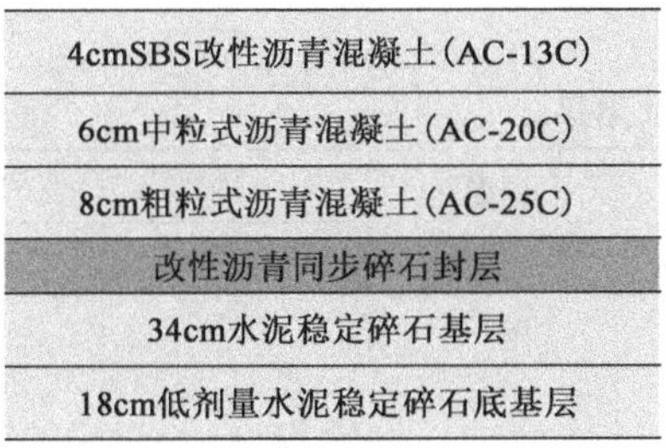

4cmSBS改性沥青混凝土（AC-13C）
6cm中粒式沥青混凝土（AC-20C）
8cm粗粒式沥青混凝土（AC-25C）
改性沥青同步碎石封层
34cm水泥稳定碎石基层
18cm低剂量水泥稳定碎石底基层

图 7-27　原 F 高速公路沥青路面结构图

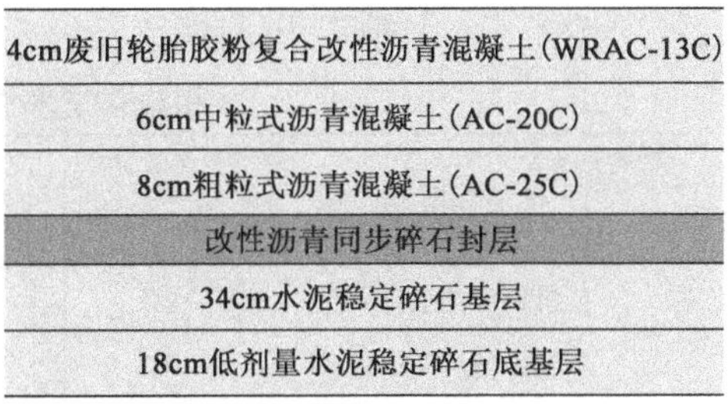

4cm废旧轮胎胶粉复合改性沥青混凝土（WRAC-13C）
6cm中粒式沥青混凝土（AC-20C）
8cm粗粒式沥青混凝土（AC-25C）
改性沥青同步碎石封层
34cm水泥稳定碎石基层
18cm低剂量水泥稳定碎石底基层

图 7-28　F 高速公路废旧轮胎胶粉复合改性沥青路面结构图

2）应用情况

废旧轮胎胶粉复合改性沥青混合料 WRAC-13 在 F 高速公路路面工程项目上共铺筑 29.2km，面积约 94.80 万 m^2，使用沥青混合料约 8.7 万 t。

7.3.2　WRAC-13 沥青混合料组成设计

1）原材料

（1）废旧轮胎胶粉复合改性沥青

①基质沥青。

基质沥青为山东齐鲁石化有限公司提供的 A 级 70 号重交沥青，其性能指标均满足现有相关规范的要求。

②废旧轮胎胶粉复合改性沥青。

本工程采用的废旧轮胎胶粉复合改性沥青由 30～40 目橡胶粉、SBS 与 70 号道路石油沥青掺配而成，橡胶粉复合改性沥青技术要求见表 7-45。

橡胶粉复合改性沥青技术要求及检测结果汇总表　　表 7-45

检验项目	检测结果	技术要求
180℃运动黏度（Pa·s）	2.829	1.0～3.0
针入度（25℃，100g，5s）（0.1mm）	47	40～60
延度（5cm/min，5℃）	14	≥10
软化点（环球法）（℃）	66.5	≥60

续上表

检验项目		检测结果	技术要求
闪点(℃)		234	≥230
TOFT后残留物	质量损失(%)	-0.357	≤1
	25℃针入度比(%)	79.2	≥60
	延度(5℃)	6	≥5
离析,软化点差(℃)		2.4	≤5
25℃弹性恢复(%)		86.3	≥75

(2)矿料

①粗集料。

选用10~15mm和5~10mm两档石灰岩碎石粗集料,其各项技术性能测试结果见表7-46,各项性能指标均满足相关规范要求。

粗集料技术性能测试结果 表7-46

检测项目		单位	上面层质量要求	粗集料试验结果	
				10~15mm	5~10mm
石料压碎值,不大于		%	26	15.8	—
磨光值,不小于		—	40	41	—
洛杉矶磨耗损失,不大于		%	28	18.5	—
表观相对密度,不小于		—	2.6	2.768	2.748
毛体积相对密度		—	实测值	2.747	2.705
吸水率,不大于		%	2.0	0.42	0.35
对沥青的黏附性,不小于		级	5	5	—
坚固性,不大于		%	12	4.5	—
针片状颗粒含量	混合料,不大于	%	15	5.2	
	粒径大于9.5mm,不大于	%	12	6.2	
	粒径小于9.5mm,不大于	%	18		4.2

②细集料。

细集料采用石灰岩机制砂,相关技术性能测试结果见表7-47。

石灰岩机制砂技术性能测试结果 表7-47

试验项目	单位	质量要求	试验结果
表观相对密度,不小于	—	2.60	2.730
毛体积相对密度	—	实测值	2.622
坚固性(>0.3mm部分),不大于	%	12	6
砂当量,不小于	%	70	75
亚甲蓝值,不大于	g/kg	10	1.1
棱角性(流动时间),不小于	s	30	33.8

测试结果表明细集料各项性能指标均满足《公路沥青路面施工技术规范》(JTG F40—2004)及《河南省交通运输厅关于进一步加强全省在建高速公路路面工程施工质量的通知》(豫交文〔2015〕163号)的相关要求(砂当量不小于70%,亚甲蓝值不大于10g/kg)。

③矿粉。

矿粉采用石灰岩,各项技术性能测试结果见表7-48。

石灰岩技术性能测试结果　　表7-48

项目		单位	规范要求	试验结果
表观密度,不小于		t/m³	2.50	2.703
含水率,不大于		%	1	0.6
粒度范围	<0.6mm	%	100	100
	<0.15mm	%	90~100	98.1
	<0.075mm	%	75~100	95.2
外观		无团粒结块		无
亲水系数		—	<1	0.59
塑性指数		%	<4	2.9
加热安定性		—	实测记录	无变质

2)目标配合比设计

采用马歇尔设计方法进行混合料配合比设计,根据《废胎胶粉复合改性沥青路面施工技术规范》(DB 41/T 1286—2016)给出的WRAC-13混合料级配范围,分别按照级配上限、级配下限和级配中值设计3组粗细不同的设计级配,混合料3组级配的设计组成结果见表7-49,级配曲线如图7-29所示。

混合料3组级配的设计组成结果　　表7-49

级配类型	通过下列筛孔(mm)(方孔筛)的质量百分率(%)									
	16	13.2	9.5	4.75	2.36	1.18	0.6	0.3	0.15	0.075
WRAC-13粗级配	100	96	64.8	28	20.2	16.1	12.6	9.4	8.2	7.3
WRAC-13中级配	100	96.5	68.7	32.9	24.4	17.4	13.2	9.4	8	7
WRAC-13细级配	100	97.3	70.1	36.0	28.0	20.9	14.1	9.9	8.4	7.5
WRAC-13级配上限	100	100	75	39	30	22	18	14	11	8
WRAC-13级配下限	100	80	62	25	18	14	8	6	5	5

混合料理论最大相对密度按计算法测定,以目标空隙率4%来确定废旧轮胎胶粉复合改性沥青混合料的最佳油石比,混合料3组级配最佳油石比的马歇尔试验结果见表7-50。

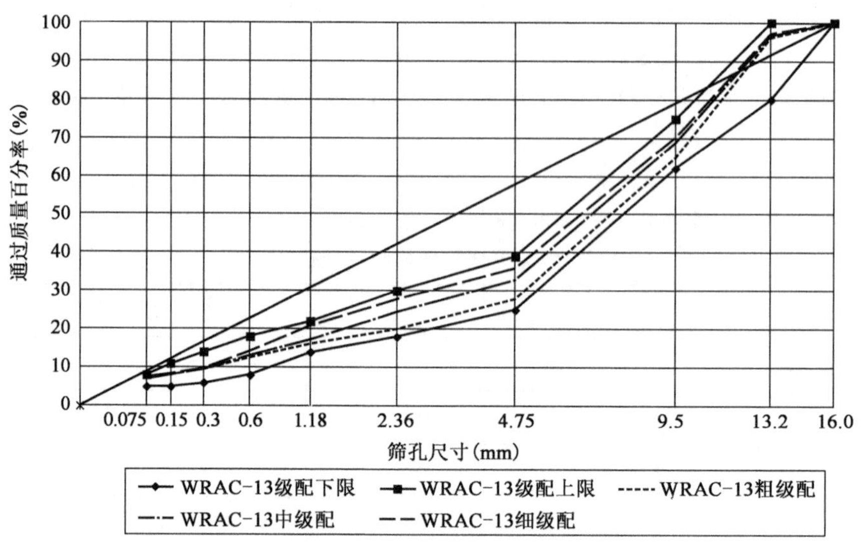

图 7-29 混合料级配曲线

混合料 3 组级配最佳油石比的马歇尔试验结果 表 7-50

级配类型及要求	油石比(%)	理论最大相对密度	毛体积相对密度	空隙率(%)	VMA(%)	VFA(%)	稳定度(kN)	流值(mm)
WRAC-13 粗级配	5.8	2.591	2.487	4.0	15.2	73.7	11.56	3.15
WRAC-13 中级配	5.6	2.582	2.480	3.8	15.1	74.8	12.29	3.32
WRAC-13 细级配	5.4	2.565	2.462	3.7	14.9	75.2	13.37	3.56
要求	—	—	—	4.0±1	≥15	70-85	≥8.0	2~5

在初步确定混合料 3 组级配的最佳油石比之后，进一步通过谢伦堡析漏试验和肯塔堡飞散试验对混合料的油石比进行试验，试验结果见表 7-51，经试验混合料 3 组配合比在最佳油石比下均能满足要求。

谢伦堡析漏和肯塔堡飞散试验结果 表 7-51

项　　目	WRAC-13 粗级配	WRAC-13 中级配	WRAC-13 细级配	SMA 标准(%)
谢伦堡析漏试验(%)	0.06	0.04	0.03	≤0.1
肯塔堡飞散试验(%)	7.6	8.5	9.8	≤15

3）路用性能验证

按照《公路沥青路面施工技术规范》(JTG F40—2004)的相关要求，对废旧轮胎胶粉复合改性沥青混合料路用性能进行测试，测试结果见表 7-52。

路用性能测试结果 表 7-52

试验项目	WRAC-13 粗级配	WRAC-13 中级配	WRAC-13 细级配	技术标准
马歇尔试件线性膨胀率(%)	0.51	0.49	0.54	≤1
冻融残留强度比(%)	86.8	83.5	83.2	≥80

续上表

试验项目	WRAC-13 粗级配	WRAC-13 中级配	WRAC-13 细级配	技术标准
车辙试验动稳定度(次/mm)	5723	6152	5409	≥4000
低温弯曲试验破坏应变(με)	2830	2902	3110	≥2500
渗水系数(mL/min)	38	31	29	≤100
构造深度(mm)	0.72	0.73	0.67	≥0.65

在混合料3组级配油石比相差不大的情况下,用贝雷法三参数CA、FAc、FA_f评价3组混合料的施工和易性。对于公称最大粒径13.2mm的沥青混合料,$D/2=6.6$mm,PCS = 2.36mm,SCS = 0.6mm,TCS = 0.15mm,其中6.6mm筛孔的通过率是由9.5mm和4.75mm通过内插计算得出的,贝雷法三参数的计算结果见表7-53。

混合料三组级配贝雷法三参数的计算结果 表7-53

项目	WRAC-13 粗级配	WRAC-13 中级配	WRAC-13 细级配	贝雷法标准(%)
CA	0.42	0.45	0.58	0.4~0.8
FAc	0.54	0.53	0.51	0.35~0.50
FA_f	0.58	0.55	0.51	0.35~0.50

根据贝雷法的要求,当CA比在0.4~0.8范围内时,能确保粗集料结构的平衡;CA < 0.4,混合料容易离析;CA > 0.8,混合料容易推移,难以压实。

将混合料3组配合比的最佳油石比、马歇尔试件的线性膨胀率、动稳定度和劈裂抗拉残留强度比等指标列于图7-30。

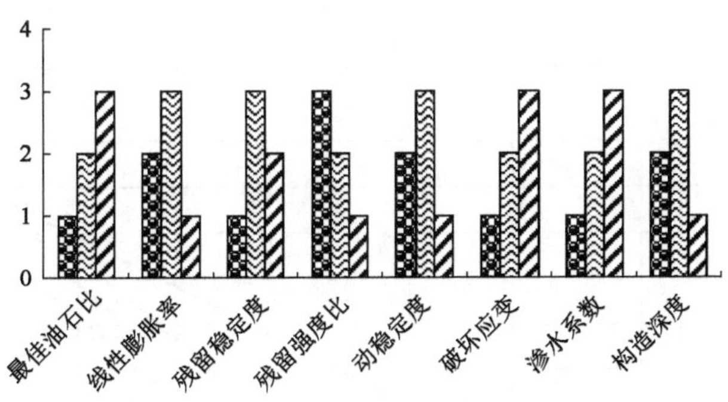

图7-30 混合料3组级配的性能指标

从以上配合比设计及其检验结果可以得出,WRAC-13中级配级配混合料马歇尔试件的线性膨胀率最小,线膨胀率和高温稳定性最好,水稳定性、抗滑性能及不透水性也表现良好,油石比大小适中。同时考虑到该级配的2.36mm、4.75mm筛孔的通过率大小适中,同时施工时离析也较小,经技术经济综合比选最终选择WRAC-13中级配作为生产级配。

综上所述,优先选择WRAC-13中级配作为目标级配,混合料目标配合比设计结果见表7-54。

混合料目标配合比设计结果　　表 7-54

混合料类型	各种矿料所占比例(%)				最佳油石比(%)	马歇尔试件毛体积相对密度
	10~15	5~10mm	机制砂	矿粉		
WRAC-13 中级配	36	30	30	4	5.6	2.480

7.3.3 WRAC-13 沥青混合料生产配合比设计

1)混合料生产级配设计与马歇尔试验结果

WRAC-13 沥青混合料生产级配及马歇尔试验结果分别见表 7-55 和表 7-56,设计级配曲线见图 7-31。

矿料比例与合成级配　　表 7-55

WRAC-13	下列筛孔(mm)的通过百分率(%)									
	16	13.2	9.5	4.75	2.36	1.18	0.6	0.3	0.15	0.075
合成级配	100	97.2	69.1	32.2	24.2	18.9	13.3	9.9	7.8	7.0
目标级配	100	96.5	68.7	32.9	24.4	17.4	13.2	9.4	8	7
矿料比例	4 号:3 号:2 号:1 号:矿粉 =35:33:4:23.5:4.5									

沥青混合料马歇尔试验结果　　表 7-56

级配类型及要求	油石比(%)	理论密度(g/cm^3)	毛体积密度(g/cm^3)	空隙率(%)	VMA(%)	VFA(%)
WRAC-13	5.6	2.572	2.470	4.0	15.1	73.3
要求	—	—	—	3~5	≥15.0	70~85

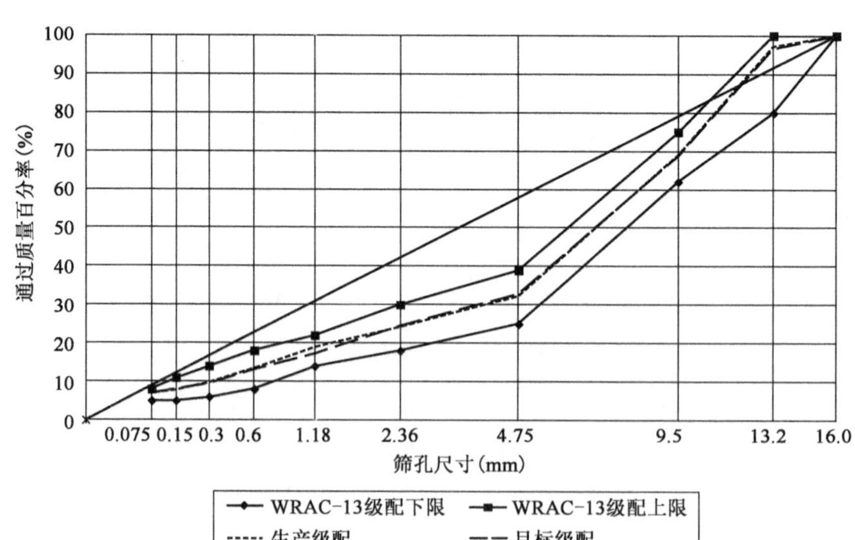

图 7-31　WRAC-13 沥青混合料设计级配曲线

由马歇尔试验结果可知，沥青混合料各项技术性能指标均能满足要求。

2）路用性能验证

进一步对WRAC-13沥青混合料生产配合比混合料路用性能进行测试，测试结果见表7-57。

WRAC-13沥青混合料生产配合比测试结果 表7-57

试验项目	WRAC-13生产配合比	技术标准
浸水马歇尔残留稳定度（%）	88.2	≥85
冻融残留强度比（%）	83.7	≥80
车辙试验动稳定度（次/mm）	6032	≥4000
低温弯曲试验破坏应变（με）	2945	≥2500
渗水系数（mL/min）	35	≤100
构造深度（mm）	0.72	≥0.65

根据路用性能试验结果，WRAC-13间断级配废旧轮胎胶粉复合改性沥青混合料各项路用性能均可满足现行规范对改性沥青上面层混合料的技术要求。

7.3.4 施工质量控制与检测

1）施工质量控制

（1）施工机械配置计划

沥青混土上面层施工机械配置见表7-58。

沥青混凝土上面层施工机械配置一览表 表7-58

序号	设备名称	机械型号	数量（台套）	技术状况	备注
1	沥青混凝土拌和站	德基5000型	1	良好	
2	沥青改性设备	西安达刚120型	1	良好	
3	沥青乳化设备	西安达刚60型	1	良好	
4	摊铺机	中大1900	1	良好	
5	双钢轮压路机	戴纳派克CC6200	4	良好	
6	胶轮压路机	徐工XP-301	2	良好	
7	沥青撒布车	西安达刚	1	良好	
8	洒水车	8t	2	良好	
9	自卸汽车	25t	15	良好	
10	装载机	50型	5	良好	
11	发电机	200kW	1	良好	备用

（2）拌和楼控制

拌和楼为5000型德基间歇式拌和楼。由于废旧轮胎胶粉复合改性沥青黏度高，泵送难度大，主线试验路施工时沥青输送泵的电机功率为15kW，沥青喷洒泵电机的功率为22kW，如图7-32所示。

每盘拌和时间不小于50s（其中干拌时间为5～10s，湿拌时间40s），配置杆式温度计

(250℃),沥青加热温度控制在 180~190℃,集料加热温度控制在 190~210℃,沥青混合料出料温度大于 180℃。

开始拌和时由于沥青泵送缓慢,产量较低,每盘产量为 2t,拌和 2~3 车料后产量逐步增加,直至达到 4.5t/每盘。

(3)摊铺

本项目主线上面层选用陕西中大 DT1900 型摊铺机全断面一次性摊铺成型,避免了双机联铺接缝处因混合料离析影响平整度及密实度,节省人工,提高工效。夯锤设定为 4.5 级,使摊铺后的沥青混合料具有 80% 以上的初始密度。最初段落摊铺速度为 1m/min,随着拌和楼产量的增加,摊铺速度增加至 2m/min。

橡胶沥青试验路施工如图 7-33 所示。

图 7-32　橡胶沥青输送泵

图 7-33　橡胶沥青试验路施工

(4)碾压

由于橡胶沥青黏度大,可碾压时间段小,试验路同样采用模糊碾压法进行施工。模糊碾压采用钢轮压路机与胶轮压路机组合同步碾压工艺,具有节省碾压时间、提高压实效率、减少温度损失、提高平整度、减少温度离析、提高碾压质量的优点。

2)施工质量检测

(1)铺面外观检测

试验路铺面及取芯如图 7-34 所示。

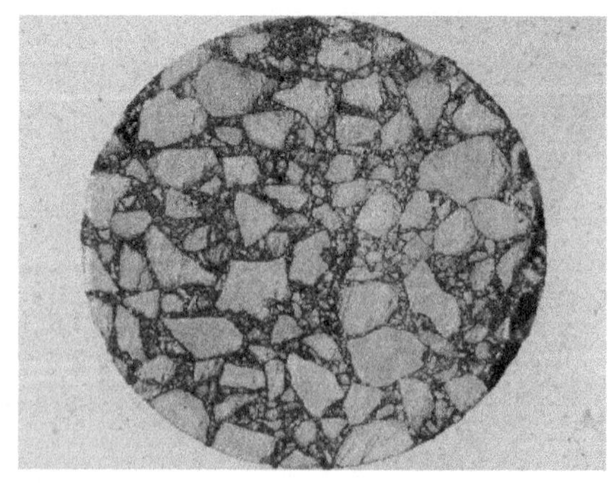

图 7-34　试验路铺面及取芯图

(2)混合料检测

①混合料油石比及级配检测。

试验路混合料试验结果见表7-59。

试验路混合料试验结果　　表7-59

项目	油石比(%)	下列筛孔(mm)的通过百分率(%)								
		13.2	9.5	4.75	2.36	1.18	0.6	0.3	0.15	0.075
试验路	5.55	97.5	66.7	32.5	24.9	15.5	11.4	7.9	6.7	7.1
生产配合比	5.5	98.5	66.8	32.9	25.3	16.6	12.5	8.3	6.9	6.5

由试验结果可知,试验路混合料油石比和矿料级配均与生产配合比基本相同,由此表明试验路具有较高质量控制标准。

②马歇尔试验。

试验路沥青混合料马歇尔试验结果见表7-60。

试验路沥青混合料马歇尔试验结果　　表7-60

指标	马歇尔相对密度	VV(%)	稳定度(kN)	流值(mm)	VMA(%)	VFA(%)	理论最大相对密度
试验路	2.470	4.0	11.29	3.15	15.6	74.3	2.583
技术要求	—	3~5	≥7.0	1.5~4.0	≥14	70~85	—

由马歇尔试验结果可知,沥青混合料各项指标均满足要求。

(3)现场检测

①厚度、压实度。

试验路厚度、压实度检测结果见表7-61,试验路压实度较好,芯样密度的平均值达到马歇尔标准密度的99.4%,芯样空隙率的平均值为4.6%。

试验路厚度、压实度检测结果　　表7-61

位置	检测桩号	厚度(cm)	芯样压实度与空隙率(%)		
			马歇尔标准密度	理论值	空隙率
段落1	K44+820右行车道	4.0	99.4	95.4	4.6
	K44+720右超车道	4.2	98.9	94.9	5.1
	K44+590右硬路肩	4.1	99.1	95.1	4.9
	K44+800右行车道	4.0	99.9	95.9	4.1
	K44+670右超车道	4.3	99.5	95.5	4.5
	K44+590右硬路肩	4.2	99.8	95.8	4.2
	平均值	4.1	99.4	95.4	4.6

②平整度。

采用八轮仪对试验路段的平整度进行了检测,平整度标准差的平均值为0.44mm。

③渗水。

试验路渗水系数检测结果见表7-62。各测点渗水系数均显示为"基本不透水",说明试验路密水性能良好。

试验路渗水系数检测结果　　表 7-62

段　落	测点桩号、位置	渗水系数(mL/min)
段落 1	K44 +800 右行车道	0.0
	K44 +670 右超车道	0.0
	K44 +590 右硬路肩	0.0

④构造深度与摆值。

试验路构造深度检测结果见表 7-63，由检测结果可知构造深度在 0.72mm 左右，满足≥0.65mm技术要求。

试验路构造深度检测结果　　表 7-63

段　落	检 测 桩 号	构造深度(mm)			
		点 1	点 2	点 3	平均值
试验段	K44 +800 右行车道	0.70	0.75	0.68	0.71
	K44 +670 右超车道	0.71	0.74	0.74	0.73
	K44 +590 右硬路肩	0.67	0.74	0.72	0.71

试验路摆值检测结果见表 7-64。

试验路摆值检测结果　　表 7-64

路 面 类 型	测　点	摆　值					
		1	2	3	4	5	平均值
试验段	点 1	75	72	71	70	77	73
	点 2	69	72	71	71	72	71
	点 3	68	73	71	72	73	71
	平均值	—	—	—	—	—	71.7

综合构造深度和摆值测试结果表明，WRAC-13 混合料具有良好的表面功能特性。构造深度及摆值现场检测如图 7-35 所示。

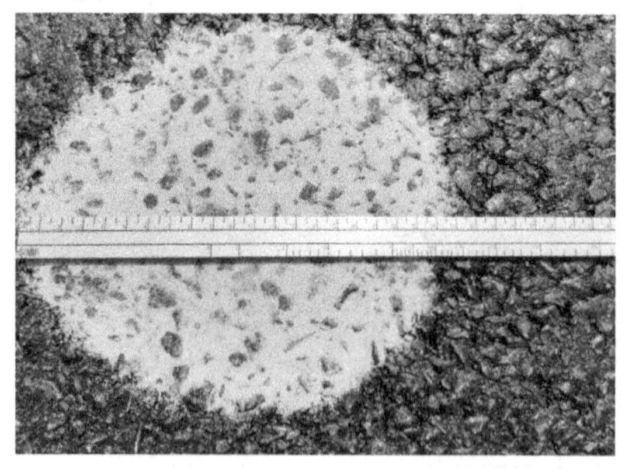

图 7-35　构造深度和摆值现场检测

⑤噪声测试。

为评价废旧轮胎胶粉复合改性沥青路面的降噪性能，采用解放卡车(10t)和全顺客车对试验路段和普通路段段进行了噪声测试,测试设备为 Fulfilf Type2236 型噪声分级仪。测试车辆以 100km/h 的速度沿固定车道通过,试验人员在固定位置测试音量,检测结果见表 7-65。

试验路噪声检测结果(单位:dB)　　表 7-65

路面类型	测试编号	解放卡车	全顺客车
WRAC-13	1	96.8	92.1
	2	96.6	88.8
	3	97.5	89.2
	平均值	97.0	90.0
AC-13	1	99.7	93.3
	2	99.0	92.8
	3	99.1	91.3
	平均值	99.3	92.5

检测结果表明,对于相同的车辆,试验路噪声值低于采用 SBS 改性沥青的普通 AC-13C 面层约 3dB,由此表明废旧轮胎胶粉复合改性沥青混凝土具有较为显著的降噪作用。

7.4　废旧轮胎胶粉复合改性沥青功能层应用案例

在 F 高速公路项目中,为了防止反射裂缝,在路面结构中采用了废旧轮胎胶粉复合改性沥青应力吸收层,根据本书第 6 章介绍的组成设计方法,得出改性沥青洒布量宜控制在 2.0 ~ 2.4kg/m^2,碎石满铺率宜控制在 60% ~70%。下面着重对该项目废旧轮胎胶粉复合改性沥青应力吸收层的施工关键技术进行介绍。

7.4.1　原材料

生产废旧轮胎胶粉复合改性沥青时需用专用加工设备,加工前需把基质沥青需加热到 185 ~ 200℃,再准确计量胶粉、SBS 和基质沥青用量,保证各组分按比例混合并充分均匀拌和后送入混合装置中。可以在添加胶粉时加入添加剂,也可以在基质沥青中预先加入。成品废旧轮胎胶粉复合改性沥青的技术性能指标应符合喷洒型废旧轮胎胶粉复合改性沥青技术指标要求。

改性沥青生产完成后,应将其进行保温储存,废旧轮胎胶粉复合改性沥青的储存罐必须带有加热保温装置,以使储存罐能够保持在规定的温度(规定的温度范围为 180 ~ 195℃)。此外罐内的改性沥青应保持在搅动状态,以使胶粉颗粒能够保持良好的分散状态。

应力吸收层中所用胶结料应采用喷洒性胶粉改性沥青。改性沥青的黏度高低,不仅要考虑其具有足够的黏结性能,而且要考虑实际的可操作性,也就是说关键要能够保证喷洒性。

由于各个地区自然条件、交通状况都有差别,作为应力吸收层所用的废旧轮胎胶粉复合改性沥青的质量标准应结合所在地区交通环境和气候条件具体确定。因此,针对河南省的气候条件和交通环境,路用喷洒型胶粉复合改性沥青应力吸收层胶结料技术指标应符合表 7-66的规定。

路用喷洒型胶粉复合改性沥青应力吸收层胶结料技术指标要求 表 7-66

项　　目	指　　标	试验方法
针入度(25℃,100g,5s)(0.01mm)	30～70	T 0604
软化点(℃)	≥70	T 0606
175℃旋转黏度(Pa·s)	1.0～3.0	T 0625
弹性恢复(25℃)(%)	≥80	T 0662
延度(5℃,1cm/min)(cm)	≥20	T 0605
48h 软化点差(℃)	≤5	T 0661

随着反应时间变化的废旧轮胎胶粉复合改性沥青黏度控制是质量控制的关键,该技术指标需采用手持式旋转黏度计进行监控。改性沥青在使用前应达到规定的黏度,现场试验合格才可允许进场,只有对产品进行多次取样并试验,且每次试验的结果始终保持在规定范围内,才说明该产品的黏度合格,方可使用。

废旧轮胎胶粉复合改性沥青应力吸收层集料级配见表 7-67,一般情况下应选用 A 级配,应力吸收层上铺筑粗粒式沥青混凝土时可选用 B 配级。

废旧轮胎胶粉复合改性沥青应力吸收层集料级配 表 7-67

筛孔尺寸(mm)	A 级 配	B 级 配
13.2	100	100
9.5	100	0～15
4.75	0～15	
2.36	0～5	0～5
0.075	0～0.5	0～0.5

用作应力吸收层的粗集料,其技术要求原则上同高速公路上面层用集料的要求。由于作为应力吸收层,碎石颗粒处于"顶天立地"的状态,撒布后用钢轮压路机碾压。因此要求碎石质地比较坚硬,以防压碎,为此还需限制软质风化碎石的含量,同时碎石的颗粒形状应呈立方形,对针片状颗粒应加以严格限制,作为废旧轮胎胶粉复合改性沥青应力吸收层的集料应满足表 7-68 中的关键技术指标。

应力吸收层用集料关键技术指标 表 7-68

压碎值(%)	视密度	针片状颗粒含量(%)	软石含量(%)	水洗法小于 0.075mm 颗粒含量(%)
≤24	≥2.6	≤10	≤3	≤0.6

7.4.2 下卧层表面处理

下卧层表面的灰尘和水分会对应力吸收层的铺设效果产生不良影响,因此在铺设前需用扫帚、鼓风机等对下卧层顶面进行清扫,保证下卧层顶面的清洁、干燥、平整。这不仅为应力吸收层的铺设提供了一个良好的工作面,而且也保证了废旧轮胎胶粉复合改性沥青与下卧层之间的黏结性能。

对于旧水泥路面,施工前需对原有路面的病害进行调查,重点注意裂缝、坑洞和错台。裂缝及接缝处是后期形成反射裂缝的隐患,必须予以灌缝处理,灌缝时需选用高黏度沥青材料,用量不可过多,以防止铺设应力吸收层后发生高温泛油现象;坑槽需用沥青混合料予以填补,如不处理,该处面层混合料可能会出现压实度不足的情况,同时废旧轮胎胶粉复合改性沥青和碎石在坑洞处无法实现均匀撒布,难以达到分散应力的作用;错台处会形成剪应力的集中,破坏应力吸收层的作用,对于较为严重的错台应在施工前先行铣刨。

7.4.3 胶粉复合改性沥青的喷洒

1)喷洒要求

废旧轮胎胶粉复合改性沥青的喷洒需使用专门的改性沥青智能洒布车。智能洒布车需要设强力搅拌装置,使罐内沥青快速对流,以解决胶粉颗粒沉淀离析的问题;车内要有导热油加热装置,以保证改性沥青的施工温度满足要求;喷洒系统可以自动控制洒布量,确保洒布均匀,施工稳定,性能可靠。

废旧轮胎胶粉复合改性沥青的洒布要求均匀、适量。一般认为碎石层撒布压实之后,改性沥青被挤压到石料高度的4/5左右比较合适。如沥青洒布量过大,易导致面层油量过大、出现泛油情况,同时也可会提高面层的层底弯拉应变;如洒布量过小,碎石不能被裹覆,从而可以自由移动,这样就在面层和下卧层之间形成了一个不稳定的夹层,不仅不能起到应力吸收作用,还有可能加快对面层的破坏。

2)注意事项

(1)在保证洒布车计量准确的情况下,应事先计算车速,使洒布量控制在合理范围内。

(2)为确保施工工艺准确,获得满意的施工效果,应在正式施工前进行300m的试铺段施工,充分总结施工经验,为后续施工提供服务。

(3)在起步和停止位置应铺设沥青毡,以便准确进行横向衔接,当洒布车经过后应及时取走沥青毡。

(4)应力吸收层的铺设应在沥青喷洒—石料撒布—胶轮压路机碾压完成后,再进行另一幅的沥青洒布,不可跨幅施工。另一幅喷洒的沥青应与前期铺设完成部分重叠10cm左右。

(5)废旧轮胎胶粉复合改性沥青喷洒时,应封锁交通,防止局部沥青被黏走,破坏应力吸收层整体效果。

7.4.4 碎石的撒布

1)撒布要求

废旧轮胎胶粉复合改性沥青洒布完成后,由于温度下降黏度会急剧上升,因此碎石的撒布必须紧跟沥青的洒布连续施工。碎石撒布需用专门的碎石封层撒布车,建议采用同步一体机,沥青的喷洒与碎石的撒布一次性完成。要求撒布均匀适量,形成相互嵌挤的紧凑结构。碎石撒布不能过多,过多的话可能会形成油量不足、碎石重叠松散的情况;碎石撒布也不能过少,过少的话会直接将改性沥青暴露出来,导致上下结构层之间的不连续接触。

2)注意事项

(1)喷洒废旧轮胎胶粉复合改性沥青后应立即撒铺碎石,撒铺前要保证碎石的洁净度,并且应采用0.4%~0.6%的基质沥青预裹覆碎石。以满铺、不散失为标准,并根据试铺情况来确定碎石撒铺量。当局部地方碎石撒铺量不足时应立即采取人工补足。

(2)碎石撒布后应采用胶轮压路机进行碾压,碾压应持续2~4遍,待碎石黏附在沥青层中后,方可用人工或机械去除多余的碎石。

7.4.5 碾压

该工序采用压路机进行压实。碾压的具体流程:当碎石撒铺后应立即进行碾压作业,应采用两台胶轮压路机同时进行碾压,紧跟在碎石撒铺车后,应持续碾压3遍。从废旧轮胎胶粉复合改性沥青洒布到碾压应在表7-69规定时间内完成。

施工时间要求　　表7-69

下承层温度(℃)	完成碾压时间(min)
>40	20
18~40	10

7.4.6 检测

1)废旧轮胎胶粉复合改性沥青喷洒量检测

将要喷洒沥青时,将标准尺寸矩形容器内置沥青油毡,称其重量并置于喷洒车前5~10m,待喷洒车经过容器后立即取出再称其质量,以此计算实际喷洒量,再结合沥青喷洒车电脑调节到设计喷洒量为止。

2)碎石撒布量检测

将要撒布碎石时,取一标准尺寸矩形容器称其质量,并置于撒布车前已洒布沥青路面的路段最尾处,待撒布车经过容器后立即取出,再称其质量,以此计算实际撒布量;然后调整调节装置,直至调到设计撒布量为止。

第 8 章　干拌直投复合改性胶粉技术应用案例

8.1　M 高速公路路面工程项目

8.1.1　项目概况

M 项目为河南省新建高速公路项目,路线全长约 45.1km。全线采用设计速度 120km/h 的双向六车道高速公路标准设计,主线路基宽度 34.5m,实行全部控制出入和收费管理。全线设互通式立交 5 处,分离式立交 29 处,通道 52 处,天桥 2 处;大桥 5 座,中桥 3 座,涵洞 10 座。

依托 M 项目,推广干拌直投复合改性胶粉沥青混合料 2km,面积 6 万 m^2,质量约 0.59 万 t。试验段采用 DRAC-13 沥青混合料作为上面层材料,中、下面层材料与其他路段保持一致。

8.1.2　DRAC-13C 沥青混合料组成设计

1)原材料

(1)基质沥青

基质沥青采用中石油昆仑 A 级 AH-70 号沥青,相关技术性能指标检测结果见表 8-1,各项检测结果均满足相关规范的要求。

基质沥青技术性能指标检测结果　　表 8-1

序　号	检 验 项 目	检 测 结 果	技 术 要 求
1	针入度(25℃ 100g,5s)(0.1mm)	63	60 ~ 80
2	15℃延度(cm)	>100	≥100
3	软化点(环球法,℃)	48	≥46
4	闪点(COC)(℃)	265	≥260
5	含蜡量(蒸馏法)(%)	1.52	≤2.2
6	相对密度(15℃)	1.023	实测记录
7	溶解度(%)	99.85	≥99.5

(2)胶粉

本项目所用胶粉规格为 60 ~ 80 目,该胶粉是由原状废胎胶粉、软化剂、活性剂等,在高温下经过特殊加工工艺制成的具有一定粒径规格,可直接与集料一起投入搅拌缸中进行拌和,并在运输、摊铺、碾压过程中继续发育的复合改性胶粉。其各项技术性能指标见表 8-2,胶粉掺量为沥青用量的 20%。

废旧轮胎胶粉技术性能指标 表 8-2

检测项目	单位	3号胶粉	技术要求
含水率	%	0.495	<1
金属含量	%	0.01	<0.03
纤维含量	%	0.7	<1
灰分含量	%	6	≤8
丙酮抽出物含量	%	7	≤16
橡胶烃含量	%	56	≥48
炭黑含量	%	30	≥28

注:满足《路用废胎硫化橡胶粉》(JT/T 979—2011)对路用废胎胶粉的技术要求。

(3)集料与填料

按照《公路沥青路面施工技术规范》(JTG F40—2004)中关于沥青路面面层粗、细集料及填料的技术要求,对所用粗集料、细集料及矿粉进行了优选。

最终确定粗、细集料采用河南偃师生产的碎石,其中碎石有 10~15mm、5~10mm 两种规格,细集料为 0~5mm 机制砂。粗集料相关技术性能要求及检测结果见表 8-3。

粗集料技术性能要求及检测结果 表 8-3

检测项目			单位	技术性能要求	检测结果	
					10~15mm	5~10mm
石料压碎值		≤	%	26	15.8	1
磨光值		≥	—	40	41	—
洛杉矶磨耗损失		≤	%	28	18.5	—
表观相对密度		≥	—	2.6	2.768	2.748
毛体积相对密度			—	实测值	2.747	2.705
吸水率		≤	%	2.0	0.42	0.35
对沥青的黏附性		≥	级	5	5	5
针片状颗粒含量	混合料	≤	%	15	5.2	—
	粒径大于9.5mm	≤	%	12	6.2	—
	粒径小于9.5mm	≤	%	18	—	4.2

细集料和矿粉相关技术指标要求及试验结果分别见表 8-4 和表 8-5。

细集料技术指标要求及试验结果 表 8-4

序号	试验项目	单位	技术指标要求	试验结果
1	表观相对密度	—	≥2.50	2.716
2	毛体积相对密度	—	实测值	2.622
3	砂当量	%	≥60	75
4	含泥量	g/kg	≤3	2.7

矿粉技术指标要求及试验结果 表8-5

项目		单位	规范要求	试验结果
表观密度，不小于		t/m^3	2.50	2.808
含水率，不大于		%	1	0.6
粒度范围	<0.6mm	%	100	100
	<0.15mm	%	90 ~ 100	97.9
	<0.075mm	%	75 ~ 100	96.1
外观		无团粒结块		无
亲水系数		—	<1	0.48
塑性指数		%	<4	2.9
加热安定性		—	实测记录	无变质

所用粗、细集料水洗筛分结果见表8-6。

粗、细料集水洗筛分结果 表8-6

规格(mm)	各筛孔通过率(%)												
	31.5	26.5	19	16	13.2	9.5	4.75	2.36	1.18	0.6	0.3	0.15	0.075
10 ~ 15	100.0	100.0	95.3	60.9	23.8	0.3	0.3	0.3	0.3	0.3	0.3	0.3	0.3
5 ~ 10	100.0	100.0	100.0	100.0	69.2	1.6	0.2	0.2	0.2	0.2	0.2	0.2	0.2
0 ~ 5	100.0	100.0	100.0	100.0	100.0	100.0	100.0	80.0	51.9	28.2	14.7	9.6	8.0

2)目标配合比设计

(1)矿料级配及最佳油石比的确定

在进行矿料级配设计时，选择3种级配，使其各级筛孔累计质量通过百分率分别位于推荐级配范围的下方、中值及上方附近(粗、中和细)。其主要控制筛孔2.36mm通过率分别为20.2%、24.2%、28.2%，3种矿料级配设计组成见表8-7，矿料合成级配曲线见图8-1。

3种矿料级配设计组成 表8-7

配合比	通过下列筛孔(mm)的质量百分率(%)									
	16	13.2	9.5	4.75	2.36	1.18	0.6	0.3	0.15	0.075
级配上限	100.0	100.0	74.0	40.0	30.0	25.0	18.0	15.0	12.0	7.0
级配下限	100.0	90.0	60.0	25.0	18.0	15.0	8.0	6.0	5.0	4.0
级配中值	100.0	95.0	67.0	32.5	24.0	20.0	13.0	11.5	8.5	5.5
DRAC-13 粗级配	100	92.3	63.8	27.8	20.2	15.7	11.9	8.4	7.2	5.3
DRAC-13 中级配	100	94.8	65.7	32.4	24.2	17.1	11.2	7.8	6.4	5.5
DRAC-13 细级配	100	97.2	72.2	38.1	28.2	18.9	13.3	9.9	7.8	6.0

混合料理论最大相对密度按真空法测定，马歇尔试件的毛体积相对密度用表干法测定。以目标空隙率4%来确定干拌直投复合改性胶粉沥青混合料的最佳油石比，同时其他体积指标、马歇尔稳定度及流值也必须符合技术要求，试验结果见表8-8。

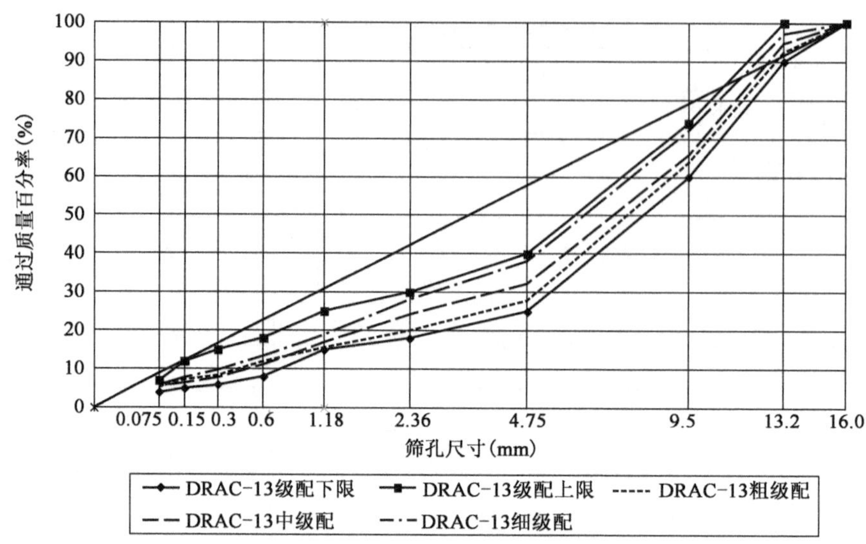

图 8-1 DRAC-13 沥青混合料目标配合比 3 种矿料合成级配曲线图

3 种混合料级配最佳油石比的马歇尔试验结果 表 8-8

级配类型及要求	油石比（%）	理论最大相对密度	毛体积相对密度	空隙率（%）	VMA（%）	VFA（%）	稳定度（kN）	流值（mm）
DRAC-13 粗级配	5.2	2.551	2.416	5.3	15.8	74.7	9.14	2.96
DRAC-13 中级配	5.0	2.533	2.433	4.0	15.9	75.0	9.47	3.20
DRAC-13 细级配	4.8	2.521	2.446	3.0	15.6	73.3	10.26	3.42
技术要求	—	—	—	3～5	≥15.0	70～85	≥8.0	1.5～5

(2)最佳油石比的检验

3 组混合料设计级配最佳油石比确定之后，借鉴 SMA 沥青混合料配合比设计方法，分别通过谢伦堡析漏试验和肯塔堡飞散试验来进一步检验混合料油石比，试验结果见表 8-9，结果表明 3 组混合料配合比均能满足要求。

谢伦堡析漏试验和肯塔堡飞散试验结果 表 8-9

项　目	DRAC-13 粗级配	DRAC-13 中级配	DRAC-13 细级配	SMA 标准(%)
谢伦堡析漏试验(%)	0.05	0.03	0.02	≤0.1
肯塔堡飞散试验(%)	4.5	4.1	6.4	≤15

3)路用性能检验

按照《公路沥青路面施工技术规范》(JTG F40—2004)的相关规定，分别对 3 组配合比废旧轮胎胶粉复合改性沥青混合料的高温稳定性、低温抗裂性、水稳定性等相关路用性能进行测试，测试结果见表 8-10。

路用性能测试结果 表 8-10

试验项目	DRAC-13 粗级配	DRAC-13 中级配	DRAC-13 细级配	技术标准
马歇尔试件线性膨胀率(%)	0.5	0.48	0.55	≤1

续上表

试验项目	DRAC-13 粗级配	DRAC-13 中级配	DRAC-13 细级配	技术标准
浸水马歇尔残留稳定度(%)	86.4	88.9	89.6	≥85
冻融残留强度比(%)	82.8	83.2	84.7	≥80
车辙试验动稳定度(次/mm)	5365	5275	4856	≥4000
低温弯曲试验破坏应变(με)	2668	2753	2798	≥2500
渗水系数(mL/min)	44	35	31	≤100
构造深度(mm)	0.78	0.74	0.68	≥0.65

从以上配合比设计及其路用性能测试结果可以得出，采用 DRAC-13 中级配的混合料油石比及马歇尔试件的线性膨胀率最小，高温车辙试验的动稳定度、低温弯曲抗变形能力最优，水稳定性、抗滑性能及不透水性均表现良好。

考虑到该级配的 2.36mm、4.75mm 筛孔的通过率大小适中，同时施工和易性也较好，经技术经济综合比选，最终选择 DRAC-13 中级配作为本项目上面层材料的设计级配（目标级配）。

目标配合比设计结果见表 8-11。

目标配合比设计结果　　表 8-11

混合料类型	各种矿料所占比例(%)				最佳油石比(%)	马歇尔试件毛体积相对密度
	10～15mm	5～10mm	机制砂	矿粉		
WRAC-13 细级配	39	33	24	4	5.0	2.433

8.1.3　DRAC-13C 沥青混合料生产配合比设计

1）生产级配设计与马歇尔试验结果

热料仓各档料级配组成及混合料合成级配见表 8-12，矿料合成级配曲线如图 8-2 所示。

热料仓各档料级配组成及混合料合成级配　　表 8-12

矿料组成(mm)	用量(%)	通过下列筛孔(方孔筛，mm)的质量百分率(%)									
		16	13.2	9.5	4.75	2.36	1.18	0.6	0.3	0.15	0.075
11～18	34.0	100.0	70.8	5.5	0.2	0.2	0.2	0.2	0.2	0.2	0.2
8～11	36.0	100.0	99.8	92.3	2.2	4.0	0.4	0.4	0.4	0.4	0.4
3～7	5.0	100.0	100.0	100.0	74.7	9.6	3.9	1.1	0.6	0.5	0.3
0～3	21.0	100.0	100.0	100.0	74.7	9.6	3.9	1.1	0.6	0.5	0.3
矿粉	4.0	100.0	100.0	100.0	100.0	80.0	62.7	32.3	12.4	9.9	7.5
合成级配		100.0	90.0	65.1	29.6	22.8	17.6	11.1	6.9	6.2	5.5
目标级配		100	94.8	65.7	32.4	24.2	17.1	11.2	7.8	6.4	5.5
级配中值		100.0	95.0	67.0	32.5	24.0	20.0	13.0	10.5	8.5	5.5

续上表

矿料组成(mm)	用量(%)	通过下列筛孔(方孔筛,mm)的质量百分率(%)									
		16	13.2	9.5	4.75	2.36	1.18	0.6	0.3	0.15	0.075
级配上限		100.0	100.0	74.0	40.0	30.0	25.0	18.0	15.0	12.0	7.0
级配下限		100.0	90.0	60.0	25.0	18.0	15.0	8.0	6.0	5.0	4.0

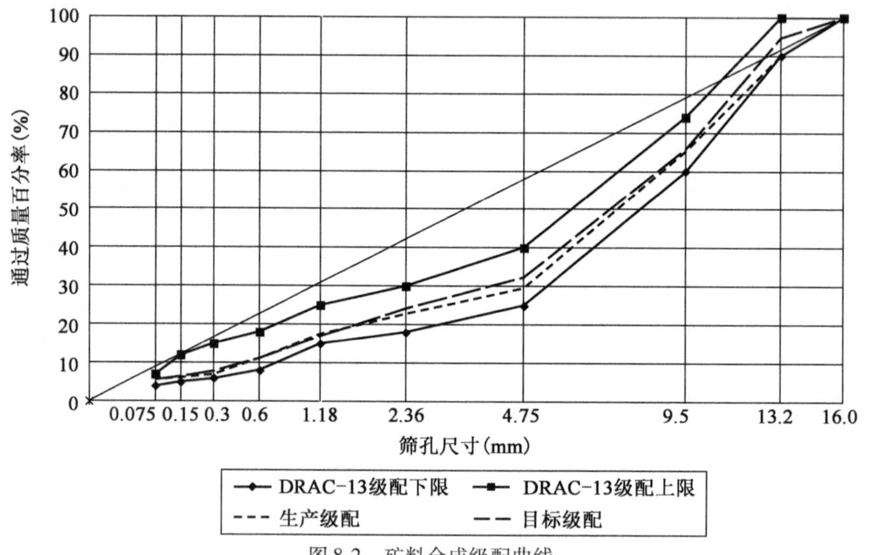

图 8-2 矿料合成级配曲线

混合料生产级配在 5.0% 的最佳油石比时的马歇尔试验结果见表 8-13。

沥青混合料马歇尔试验结果 表 8-13

油石比(%)	试件毛体积相对密度	理论最大相对密度	空隙率(%)	矿料间隙率VMA(%)	沥青饱和度VFA(%)	稳定度(kN)	流值(mm)
5.0	2.435	2.539	4.1	15.8	75.3	10.9	3.6
设计要求	—	—	3~5	VV=4%,VMA≥15	70~85	≥8.0	1.5~4

由马歇尔试验结果可知,各项指标均满足要求。

2)路用性能验证

进一步对不同生产配合比沥青混合料路用性能进行测试,测试结果见表 8-14。

DRAC-13 生产配合比沥青混合料路用性能测试结果 表 8-14

试 验 项 目	DRAC-13 生产配合比	技 术 标 准
马歇尔试件线性膨胀率(%)	0.43	≤1
浸水马歇尔残留稳定度(%)	87.7	≥85
冻融残留强度比(%)	84.3	≥80
车辙试验动稳定度(次/mm)	5364	≥4000
低温弯曲试验破坏应变(με)	2689	≥2500
渗水系数(mL/min)	36	≤100
构造深度(mm)	0.73	≥0.65

根据路用性能试验结果,DRAC-13 沥青混合料各项路用性能均可满足现行规范对改性沥青上面层混合料的技术要求。

8.1.4　施工质量控制与检测

1)施工质量控制

(1)施工机械配置计划

沥青混凝土上面层施工机械配置见表 8-15。

沥青混凝土上面层施工机械配置一览表　　表 8-15

序　号	设备名称	机械型号	数量(台套)	技术状况	备　注
1	沥青混凝土拌和站	德基 5000 型	1	良好	
2	沥青改性设备	西安达刚 120 型	1	良好	
3	沥青乳化设备	西安达刚 60 型	1	良好	
4	摊铺机	中大 1900	1	良好	
5	双钢轮压路机	戴纳派克 CC6200	4	良好	
6	胶轮压路机	徐工 XP-301	2	良好	
7	沥青洒布车	西安达刚	1	良好	
8	洒水车	8t	2	良好	
9	自卸汽车	25t	15	良好	
10	装载机	50 型	5	良好	
11	发电机	200kW	1	良好	备用

(2)胶粉改性剂的投放

干拌直投胶粉复合改性剂可采用人工投放或螺旋加料器、片式给料机、鼓风加料等设备进行投放。本项目依托工程施工单位联合日照路祥工程设备股份有限公司研发了 FX-5000 型添加剂投料机,设备如图 8-3 所示。

图 8-3　FX-5000 型添加剂投料机

该投料机通过真空泵将胶粉泵入拌和楼，可以在5～60℃温度条件下以1～2.6kg/s的速度连续投料，投料机最大可配合7000型进口、国产间歇式沥青拌和楼或2000t/h进口、国产连续式拌和楼工作。

(3)混合料的拌制

在进行混合料拌制时，各冷料仓应按已标定的皮带转速进行供料；当原材料级配发生较大变化时，应重新进行目标配合比设计和各冷料仓的标定，并按重新标定后的皮带转速进行供料。

混合料宜采用间歇式拌和设备拌和，胶粉的投放与粗集料放料同时进行，先干拌10～15s，再加入沥青、矿粉湿拌不少于45s，总拌和时间不少于55s。

干拌废旧轮胎复合改性胶粉沥青混合料施工温度应符合表8-16的要求。

干拌废旧轮胎复合改性胶粉沥青混合料施工温度(单位：℃) 表8-16

工　序	控制温度	工　序	控制温度
基质沥青加热	155～165	摊铺	≥160
集料加热	180～190	初压开始	≥150
混合料出厂	160～170	碾压终了	≥90
混合料废弃	≥200	开放交通	≤50
混合料储存	出料后降低不超过10		

胶粉投放设备计量精度允许正误差2%，不允许出现负误差。

(4)闷料与运输

适当的闷料时间可以加强胶粉改性剂对沥青结合料的改性作用，为此，在完成混合料的拌制之后，需要对其进行闷料，本项目在试验段铺筑时选择在运料车中进行闷料的方式，闷料时间控制在1.5～2h，在闷料以及混合料运输过程中应进行覆盖保温。

混合料的运输应考虑运距、拌和效率等因素配置足够的运料车；运料车到达施工场地后，应逐车检测温度，不符合施工温度要求的混合料不得使用。

(5)摊铺与碾压

铺筑沥青面层前，应检查基层或下卧层的质量，不符合要求的不应铺筑；下卧层被污染时，应清洗或铣刨后方可铺筑沥青混合料；摊铺过程中，运料车应在摊铺机前方1～3 m空当处等候，避免撞击摊铺机。

国内外湿法橡胶沥青混合料的橡胶沥青用量大(油石比可达7.0%以上)，采用胶轮压路机碾压时易造成沥青混合料胶浆上浮，使沥青面层构造深度降低或出现泛油情况。而对于本项目中的干拌直投胶粉复合改性沥青混合料，由于油石比相对较低，与SBS改性沥青混合料基本相当，为保证沥青面层的压实度，需要配备重型胶轮压路机。

混合料摊铺宜采用大功率、抗离析摊铺机单机全幅摊铺或多台摊铺机梯队同步摊铺；混合料各阶段压实应遵循“紧跟、有序、慢压、高频”的原则，碾压温度应符合表8-16的规定；碾压速度和碾压温度应根据试验路段确定，初压长度为10～20m、复压及终压长度为20～50 m；钢轮压路机、胶轮压路机组合方式及碾压遍数应根据试验路段确定，压路机数量宜不少于5台。

2)施工质量检验

施工完成后,对DRAC-13干拌直投复合改性胶粉沥青混合料上面层的压实度、渗水系数和构造深度进行了检测,结果分别见表8-17~表8-19,检验照片见图8-4。

DRAC-13干拌直投复合改性胶粉沥青混合料上面层压实度检测结果　　表8-17

项　目		压实度均值(%)	CV(%)	点　数
试验段检测	马歇尔压实度	98.5	0.7	10
	理论压实度	94.6	0.6	10

DRAC-13干拌直投复合改性胶粉沥青混合料上面层渗水系数检测结果　　表8-18

项　目	渗水系数均值(mL/min)	合格率(%)	点数(个)
试验段检测	21	100	10

DRAC-13干拌直投复合改性胶粉沥青混合料上面层构造深度检测结果　　表8-19

检 测 项 目	均值(mm)	CV(%)	点数(个)
构造深度	0.71	4.6	10

图8-4　DRAC-13干拌直投复合改性胶粉沥青混合料试验路段检验照片

由上述检测结果可以看出,试验路段各项检测指标均满足要求,试验路段的成功铺筑对干拌直投复合改性胶粉沥青混合料的研究和应用具有巨大的推动作用。

8.2　N高速公路路面工程项目

8.2.1　项目概况

N高速公路路面工程项目于2004年12月建成通车,路线全长163.354km。项目自建成通车以来,除正常维修养护以外,已连续运营13年,处于路面设计使用寿命的末期。通过对原路段各结构层进行技术检测,最终采用加铺罩面4cm的更新改造方案。

N高速公路路面工程为全断面加铺罩面工程，全长为118.245km，设计速度120km/h。计划推广使用3种不同的橡胶沥青混合料(现场湿法工艺橡胶改性沥青混合料、工厂化SBS橡胶粉复合改性沥青混合料以及干法工艺橡胶沥青混合料)，共28.7万t，分3年实施，其中2017年推广应用干法工艺橡胶沥青路面3220m，采用DRAC-16沥青混合料作为试验路段上面层材料。

8.2.2 DRAC-16C沥青混合料组成设计

1)原材料

(1)沥青

通过对多种基质沥青的性能指标对比，最终确定采用韩国进口的A级AH-70号道路石油沥青，相关技术指标检测结果见表8-20，各项检测结果均满足相关规范的要求。

基质沥青技术指标检测结果及技术要求　　表8-20

序号	检验项目	检测结果	技术要求
1	针入度(25℃ 100g 5s)(0.1mm)	72	60~80
2	15℃延度(cm)	>100	不小于100
3	软化点(环球法)(℃)	47.0	不小于46
4	闪点(COC)(℃)	266	不小于260
5	含蜡量(蒸馏法)(%)	1.60	不大于2.2
6	相对密度(15℃)	1.031	实测记录
7	溶解度(%)	99.8	不小于99.5

(2)胶粉

本项目所用胶粉规格为60~80目，该胶粉是由原状废胎胶粉、软化剂、活性剂等，在高温下经过特殊加工工艺制成的具有一定粒径规格，可直接与集料一起投入搅拌缸中进行拌和，并在运输、摊铺、碾压过程中继续发育的复合改性胶粉，胶粉掺量为沥青用量的20%。

(3)集料与填料

粗、细集料采用河南禹州生产的碎石和石屑，其中碎石有10~20mm、5~10mm、3~5mm三种规格，细集料为0~5mm石屑，各档矿料主要技术指标见表8-21~表8-23。

粗集料技术指标　　表8-21

检测项目	单位	技术指标要求	检测结果		
			10~20mm	5~10mm	3~5mm
石料压碎值	%	不大于28	19.7	—	—
洛杉矶磨耗损失	%	不大于30	21	—	—
表观相对密度	—	不小于2.5	2.814	2.807	2.701
毛体积相对密度	—	实测值	2.777	2.761	2.701
对沥青的黏附性	级	不小于四级	四级	—	—
吸水率	%	不大于3.0	0.9	0.78	—
针片状颗粒含量	%	粒径大于9.5mm，≤12 粒径小于9.5mm，≤18	7	—	—

细集料技术指标 表8-22

序号	试验项目	单位	技术要求	试验结果
1	表观相对密度	—	≥2.50	2.722
2	毛体积相对密度	—	实测值	2.683
3	砂当量	%	≥60	62
4	含泥量	g/kg	≤3	2.7

矿粉技术指标 表8-23

项目		单位	规范要求	试验结果
表观密度,不小于		t/m^3	2.50	2.795
含水率,不大于		%	1	0.6
粒度范围	<0.6mm	%	100	100
	<0.15mm	%	90~100	99.1
	<0.075mm	%	75~100	86.7
外观		无团粒结块		无
亲水系数		—	<1	0.8
塑性指数		%	<4	3.7
加热安定性		—	实测记录	无变质

同时粗、细集料进行了筛分试验,确定了各碎石和石屑的粒径组成,筛分结果见表8-24。

粗、细集料筛分结果 表8-24

规格	各筛孔通过率(%)										
	19	16	13.2	9.5	4.75	2.36	1.18	0.6	0.3	0.15	0.075
10~20mm	100.0	88.2	47.0	3.4	0.1	0.1	0.1	0.1	0.1	0.1	0.1
5~10mm	100.0	100.0	100.0	96.0	4.9	0.2	0.2	0.2	0.2	0.2	0.2
3~5mm	100.0	100.0	100.0	100.0	79.9	4.1	1.2	1.2	1.2	1.2	1.2
0~5mm	100.0	100.0	100.0	100.0	96.1	73.6	49.8	30.6	19.3	13.0	8.7

2)目标配合比设计

(1)矿料级配设计及最佳油石比的确定

进行矿料级配设计时,本项目沥青混合料级配类型选用粗粒式DRAC-16C型密级配,根据DRAC-16C混合料的级配范围,设计了粗、中、细3组不同的设计级配,3种矿料级配的设计组成见表8-25,矿料级配曲线见图8-5。

3种矿料级配的设计组成结果 表8-25

AC-16C	通过下列筛孔(mm)(方孔筛)的质量百分率(%)										
	19.0	16.0	13.2	9.5	4.75	2.36	1.18	0.6	0.3	0.15	0.075
级配上限	100	100.0	92	80.0	62.0	38.0	36.0	26.0	18.0	14.0	8.0
级配下限	100	90.0	76.0	60.0	34.0	20.0	13.0	9.0	7.0	5.0	4.0
级配中值	100	95.0	84.0	70.0	48.0	29.0	24.5	17.5	12.5	9.5	6.0

续上表

AC-16C	通过下列筛孔(mm)(方孔筛)的质量百分率(%)										
	19.0	16.0	13.2	9.5	4.75	2.36	1.18	0.6	0.3	0.15	0.075
DRAC-16 粗级配	100	95.5	79.9	62.4	37.7	25.0	17.4	11.3	7.7	5.7	4.4
DRAC-16 中级配	100	95.8	80.9	64.4	41.5	27.9	19.3	12.5	8.5	6.2	4.7
DRAC-16 细级配	100	96	82	66.4	45.2	30.9	21.3	13.7	9.3	6.7	5.1

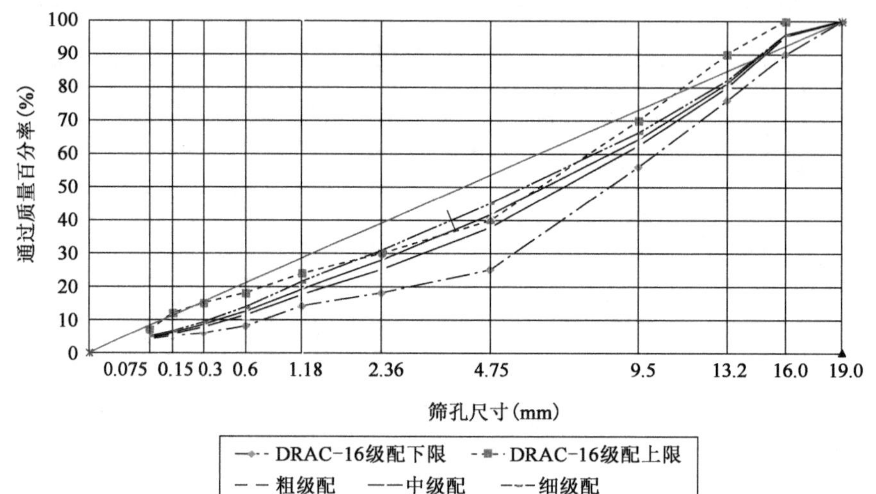

图 8-5　矿料级配曲线

混合料理论最大相对密度按真空法测定,马歇尔试件的毛体积相对密度用表干法测定。以目标空隙率4%来确定干拌直投橡胶沥青混合料的最佳油石比,同时其他体积指标、马歇尔稳定度及流值也必须符合相关技术要求,试验结果见表8-26。

3 种级配最佳油石比的马歇尔试验结果　　表 8-26

级配类型	油石比(%)	理论最大相对密度	毛体积相对密度	空隙率(%)	VMA(%)	VFA(%)	稳定度(kN)
DRAC-16C 粗级配	5.2	2.570	2.467	4.0	15.2	73.7	9.6
DRAC-16C 中级配	4.9	2.565	2.462	4.0	15.0	73.3	10.4
DRAC-16C 细级配	4.6	2.561	2.458	4.0	14.7	72.9	11.3
技术要求	—	—	—	3~5	≥13.5	65~75	≥8.0

(2)最佳油石比的检验

3 组设计级配最佳油石比确定之后,借鉴 SMA 沥青混合料配合比设计方法,分别通过谢伦堡析漏试验和肯塔堡飞散试验来进一步检验混合料油石比,试验结果见表8-27,结果表明3组混合料配合比均能满足要求。

谢伦堡析漏和肯塔堡飞散试验结果　　表 8-27

项目	DRAC-16C 粗级配	DRAC-16C 中级配	DRAC-16C 细级配	SMA 标准
谢伦堡析漏试验(%)	0.03	0.04	0.06	≤0.1
肯塔堡飞散试验(%)	8.3	7.6	7.4	≤15

3）路用性能验证

按《公路沥青路面施工技术规范》（JTG F40—2004）规定的技术指标，对干拌直投复合改性胶粉沥青混合料配合比的路用性能进行检验，测试结果见表8-28。

路用性能测试结果　表8-28

试验项目	DRAC-16C粗级配	DRAC-16C中级配	DRAC-16C细级配	技术标准
马歇尔试件线性膨胀率（%）	0.48	0.41	0.50	≤1
浸水马歇尔残留稳定度（%）	86.7	89.1	85.4	≥85
冻融残留强度比（%）	87.1	85.2	84.4	≥80
车辙试验动稳定度（次/mm）	5462	5509	5415	≥2800
低温弯曲试验破坏应变（με）	2768	2850	2694	≥2500
渗水系数（mL/min）	27	22	19	≤100
构造深度（mm）	0.76	0.71	0.68	≥0.5

将3种配合比的最佳油石比、马歇尔试件的线性膨胀率、路用性能的动稳定度、低温弯曲试验破坏应变、残留稳定度和劈裂抗拉残留强度比等列于图8-6，图中用“3”表示该项性能最好，“1”表示改项性能最差，可以看到DRAC-16C中级配有四个“3”、五个“2”，综合性能最优。

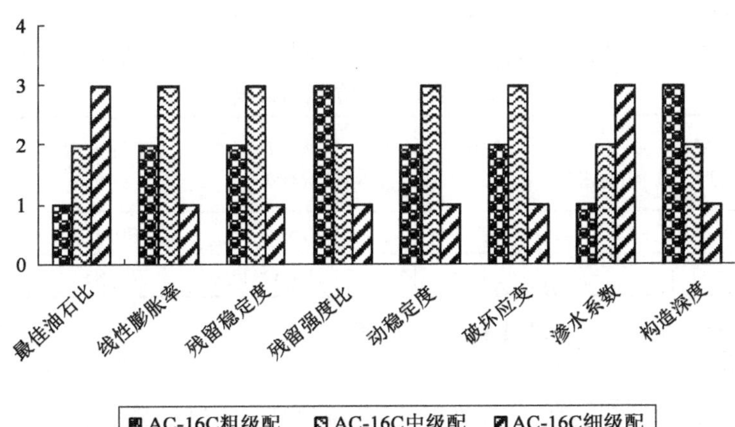

图8-6　3组级配的性能指标

从以上配合比设计及其检测结果可以得出，DRAC-16C中级配的油石比适中，马歇尔试件线性膨胀率最小，高温车辙试验的动稳定度、水稳定性及低温弯曲抗变形能力最好，抗滑性能和不透水性也表现良好。考虑到该级配的2.36mm、4.75mm筛孔的通过率大小适中，同时施工时离析也较小，经技术经济综合比选最终选择AC-16C中级配作为设计级配，目标配合比设计结果见表8-29。

目标配合比设计结果　　表 8-29

混合料类型	各种矿料所占比例(%)					最佳油石比(%)	马歇尔试件毛体积相对密度
	10～20mm	5～10mm	3～5mm	0～5mm	矿粉		
AC-16C 中级配	36	21	6	35.5	1.5	4.9	2.462

8.2.3　DRAC-16C 沥青混合料生产配合比设计

1)目标配合比设计

热料仓各档料级配组成及混合料合成级配见表 8-30。

热料仓各档料级配组成及混合料合成级配　　表 8-30

矿料组成(mm)	用量(%)	通过下列筛孔(mm)的质量百分率(%)										
		19	16	13.2	9.5	4.75	2.36	1.18	0.6	0.3	0.15	0.075
11～19	35.0	100	60.9	23.8	0.3	0.3	0.3	0.3	0.3	0.3	0.3	0.3
6～11	35.0	100	100	69.2	1.6	0.2	0.2	0.2	0.2	0.2	0.2	0.2
3～6	5.0	100	100	100	100	79.3	1.6	0.3	0.3	0.3	0.3	0.3
0～3	20.0	100	100	100	100	100	95.8	70	43.9	24	14.6	12
矿粉	5.0	100.0	100.0	100.0	100.0	80.0	62.7	32.3	12.4	9.9	7.5	100.0
合成级配		100	95.1	83.6	64.5	40.3	28.2	21.2	14.3	9.0	6.5	5.8
目标级配		100	95.8	80.9	64.4	41.5	27.9	19.3	12.5	8.5	6.2	4.7
级配中值		100	95	84	70	48	29	24.5	17.5	12.5	9.5	6
级配上限		100	100	92	80	62	38	36	26	18	14	8
级配下限		100	90	76	60	34	20	13	9	7	5	4

生产级配在 4.9% 的最佳油石比时的沥青混合料马歇尔试验结果见表 8-31。

沥青混合料马歇尔试验结果　　表 8-31

油石比(%)	试件毛体积相对密度	理论最大相对密度	空隙率(%)	矿料间隙率VMA(%)	沥青饱和度VFA(%)	稳定度(kN)	流值(mm)
4.9	2.446	2.555	4.3	14.5	70.3	10.4	3.1
设计要求	—	—	3～5	VV=4%,VMA≥13.5	70～85	≥8.0	1.5～4

由马歇尔试验结果可知,各项指标均满足要求。

2)路用性能验证

进一步对生产配合比沥青混合料路用性能进行测试,测试结果见表 8-32。

沥青混合料路用性能测试结果　　表 8-32

试 验 项 目	DRAC-16C 生产配合比	技 术 标 准
马歇尔试件线性膨胀率(%)	0.43	≤1
浸水马歇尔残留稳定度(%)	88.7	≥85
冻融残留强度比(%)	83.8	≥80
车辙试验动稳定度(次/mm)	5495	≥2800
低温弯曲试验破坏应变(με)	2931	≥2500

续上表

试验项目	DRAC-16C生产配合比	技术标准
渗水系数(mL/min)	28	≤100
构造深度(mm)	0.74	≥0.5

根据路用性能试验结果,DRAC-16沥青混合料各项路用性能均可满足现行规范对改性沥青上面层混合料的技术要求。

8.2.4 施工质量检测与评定

1)施工质量控制

(1)施工机械配置计划

沥青混凝土上面层施工机械配置见表8-33。

沥青混凝土上面层施工机械配置一览表 表8-33

序号	设备名称	机械型号	数量(台套)	技术状况	备注
1	沥青混凝土拌和站	万里4000型	1	良好	
2	沥青改性设备	西安达刚120型	1	良好	
3	沥青乳化设备	西安达刚60型	1	良好	
4	摊铺机	中大DT1600	1	良好	
5	双钢轮压路机	戴纳派克CC6200	4	良好	
6	胶轮压路机	徐工XP-301	2	良好	
7	沥青洒布车	西安达刚	1	良好	
8	洒水车	8t	2	良好	
9	自卸汽车	25t	15	良好	
10	装载机	50型	5	良好	
11	发电机	200kW	1	良好	备用

(2)胶粉改性剂的投放

干拌直投胶粉复合改性剂采用人工投放的方式进行,胶粉投放设备计量精度允许正误差2%,不允许出现负误差。

(3)混合料的拌制

拌和楼为5000型德基间歇式拌和楼,在进行混合料拌制时,各冷料仓应按已标定的皮带转速进行供料;当原材料级配发生较大变化时,应重新进行目标配合比设计和各冷料仓的标定,并按重新标定后的皮带转速进行供料。

混合料宜采用间歇式拌和设备拌和,胶粉的投放与粗集料放料同时进行,先干拌10~15s,再加入沥青、矿粉湿拌不少于45s,总拌和时间不少于55s,施工温度的控制与M项目相同。

(4)闷料与运输

适当的闷料时间可以加强胶粉改性剂对沥青结合料的改性作用,为此,在完成沥青混合料的拌制之后,需要对其进行闷料,本项目在试验路段铺筑时选择在运料车中进行闷料的方式,闷料时间控制在1.5~2h,在闷料及混合料运输过程中应进行覆盖保温。

混合料的运输:应考虑运距、拌和效率等因素配置足够的运料车;运料车到达施工场地后,应逐车检测温度,不符合施工温度要求的混合料不得使用。

(5)摊铺与碾压

铺筑沥青面层前,应检查基层或下卧层的质量,不符合要求的不应铺筑;下卧层被污染时,应清洗或铣刨后方可铺筑沥青混合料;摊铺过程中,运料车应在摊铺机前方1~3m空挡处等候,避免撞击摊铺机。

混合料摊铺宜采用大功率、抗离析摊铺机单机全幅摊铺或多台摊铺机梯队同步摊铺;混合料压实工艺与SBS改性沥青混合料的基本相当,各阶段压实应遵循"紧跟、有序、慢压、高频"的原则;碾压速度和碾压温度应根据试验路段确定,初压长度为10~20m,复压及终压长度为20~50m;钢轮压路机、胶轮压路机组合方式及碾压遍数应根据试验路段确定,压路机数量宜不少于5台。

2)施工质量检测

在施工完成12h后,对DRAC-16C干拌直投复合改性胶粉沥青混合料上面层的压实度、渗水系数和构造深度进行了检测,检测结果分别见表8-34~表8-36,检验照片如图8-7所示。

压实度检测结果 表8-34

项　目		压实度均值(%)	CV(%)	点　数
试验段检测	马歇尔压实度	98.6	0.6	10
	理论压实度	94.7	0.6	10

渗水系数检测结果 表8-35

项　目	渗水系数均值(mL/min)	合格率(%)	点数(个)
试验段检测	20	100	10

注:渗水系数的标准值为60mL/min。

构造深度检测结果 表8-36

检 测 项 目	均值(mm)	CV(%)	点数(个)
构造深度	0.77	5.1	6

图8-7　试验路段检验照片

由上述检测结果可知,试验路段沥青混合料马歇尔压实度都在 98% 以上,理论压实度都在 94% 以上,现场空隙率控制在 3.0% ~5%,表明试验路段具有良好的压实控制标准;渗水系数检测结果表明,按照 60mL/min 的控制标准,试验路段各测点渗水系数均合格,表明 DRAC-16C 干拌直投复合改性胶粉沥青混合料路面上面层具有较好的密水性能,可有效避免早期水损坏;另外,DRAC-16C 沥青混合料上面层构造深度可达 0.77mm,表明其具有良好的抗滑性能。

在 N 高速公路路面工程项目专项养护工程中,试验路段的成功铺筑对干拌直投复合改性胶粉技术的研究和应用具有巨大的推动作用,在一定程度上反映了河南省多年沥青路面建设过程中取得的技术成果和应用经验。

第9章　橡胶沥青混合料设计与施工质量智能控制系统

沥青混合料的配合比设计在沥青路面设计中的作用至关重要,沥青路面出现的很多病害问题都与沥青混合料的配合比设计不合理有关。沥青混合料马歇尔配合比设计包括目标配合比设计、生产配合比设计和生产配合比验证三个阶段。目前,因沥青混合料配合比设计三阶段衔接不佳,冷料仓与热料仓关系割裂,沥青混合料生产过程中单纯强调热料仓各档料的比例,拌和楼存在溢料、等料现象,造成级配不稳定等问题。

针对以上问题,开发了橡胶沥青混合料设计与施工质量智能控制系统。该系统将目标配合比、冷料标定、热料调试整合成一体,在目标配合比基础上,进行冷料仓标定,调整生产配合比,搭建沥青混合料生产的闭环控制体系。

9.1　运行环境

9.1.1　软件环境

运行系统:Win7/ Win8/ Win10;

运行环境:Microsoft .NET Framework 4.5 及以上版本;

编程语言:.NET + Html + Sqlite。

9.1.2　安全保密

橡胶沥青混合料设计与施工质量智能控制系统具有良好的安全保密机制,用户在使用软件时,必须插入加密锁,登录输入正确的用户名和密码方可使用本软件。

9.2　软件功能

9.2.1　系统简介

该系统主要用于沥青混合料的目标配合比设计、生产配合比设计及验证和指导沥青混合料路面施工。

该系统主要组成模块(图9-1):

(1)工程项目基础资料管理;

(2)目标配合比设计;

(3)生产配合比设计及验证;

(4)施工技术交底;

(5)本软件解决的问题。

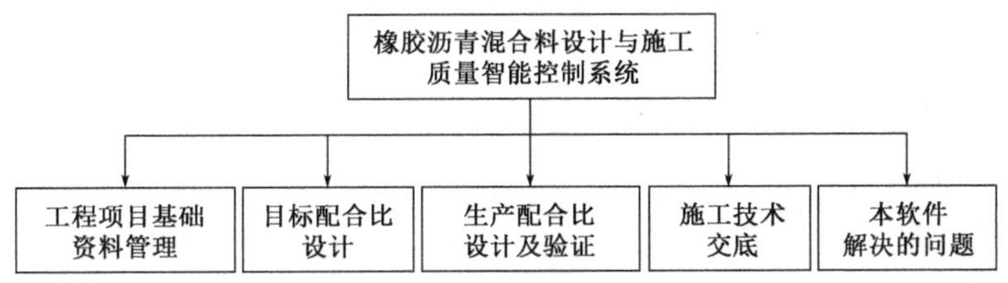

图 9-1　系统模块组成

9.2.2　解决的主要问题

(1)实现沥青混合料三阶段全过程自动化辅助设计,满足不同需求。

①存在问题:沥青混合料配合比设计三阶段衔接不佳。

②系统功能:

a. 涵盖了目标配合比设计、生产配合比设计、生产配合比验证三个阶段。

b. 实现了数据的快捷输入、配合比自动计算、级配曲线自动绘制、相关参数的自动计算、配合比报告的输出等功能。

c. 满足了工地实验室、试验检测专业机构、现场技术服务的不同需求。

配合比设计流程如图 9-2 所示。

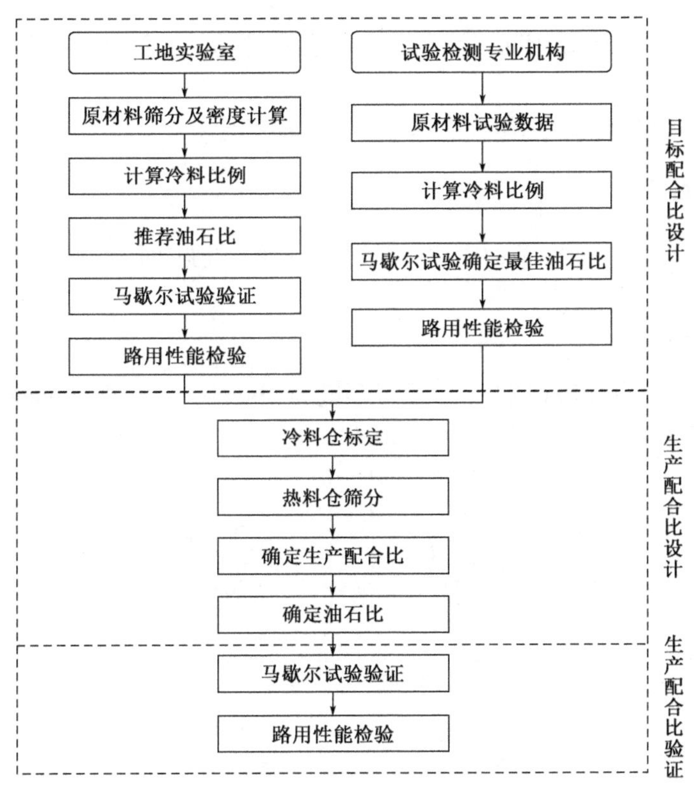

图 9-2　配合比设计流程图

(2)优化沥青混合料配合比设计,有效解决热料仓溢料、等料问题,节约施工成本。

①存在问题:拌和楼存在溢料、等料问题,增加施工成本。

②本系统功能:

a. 通过对冷料仓标定,建立了流量与转速的关系。

b. 充分考虑原材料筛分结果,合理确定冷料比例。

c. 结合工程经验,优化生产配合比设计,确保热料仓各档料供料均匀,减少热料仓溢料、等料现象,降低成本。

(3)搭建沥青混合料生产的闭环控制体系,避免事后控制,保证质量稳定。

①存在问题:冷料仓与热料仓关系割裂,频繁调整冷料,级配不稳定等问题。沥青混合料生产过程中,单纯强调热料仓各档料的比例。

②系统功能:

a. 该系统从目标配合比设计、冷料仓标定、热料仓二次筛分及配比到生产配合比验证,形成沥青混合料生产的闭环控制体系。

b. 避免事后控制,保证质量稳定。

(4)提供丰富的沥青混合料设计经验参数,提升工作效率。

①存在问题:目前,规范级配范围较宽,缺乏工程经验时,不能很好进行级配设计和预估油石比。

②系统功能:

a. 建立了相关数据库,级配除了满足规范要求外,根据工程经验,提供了推荐级配范围,系统自动进行配合比计算。

b. 根据级配和道路类型的不同,推荐了相应的油石比。

9.3 软件操作

在本软件运行之前必须配备加密锁,在使用软件的过程中不允许拔出加密锁,否则系统无法运行。

9.3.1 软件安装

首先,安装软件运行环境(图9-3),运行环境为 Microsoft .NET Framework 4.5 及以上版本。如计算机已安装该程序,则可跳过此步骤。

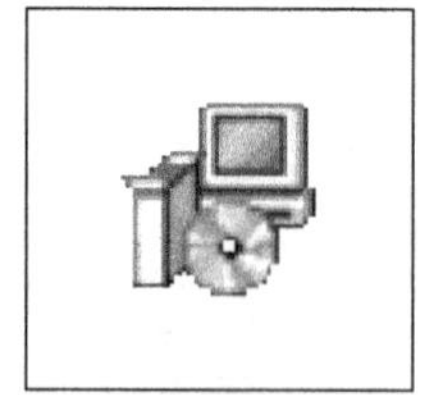

图9-3 运行环境及软件安装程序

双击名称为“沥青混合料组成设计与施工辅助系统”的文件,弹出软件安装向导,如图9-4所示。

点击“Next”按钮,按照向导提示在计算机上安装软件(图9-5)。

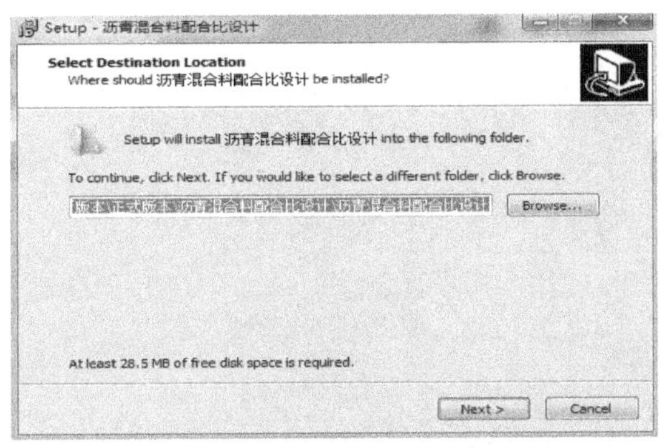

图9-4　软件安装向导

图9-5　软件安装向导

9.3.2　软件运行

双击该系统运行软件“沥青混合料组成设计与施工辅助系统”的图标,系统自动跳转到用户登录界面,如图9-6所示。

图9-6　软件用户登录界面

输入正确的用户名和密码,点击“登录”,进入系统主界面。

9.3.3　系统主界面

1)菜单工具栏(图9-7)

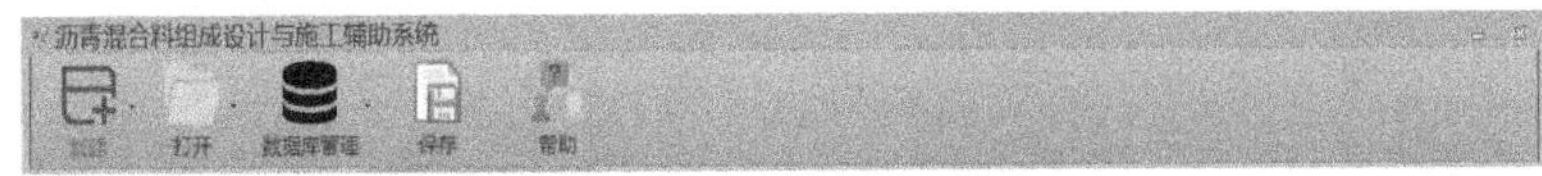

图9-7　菜单工具栏

(1)新建

包括新建工程和新建试验版本。

新建工程:新建一个新的工程项目。

新建试验版本:对已有的工程项目重新进行配合比设计,保留了原有工程项目的基础资料管理的相关数据(图9-8)。

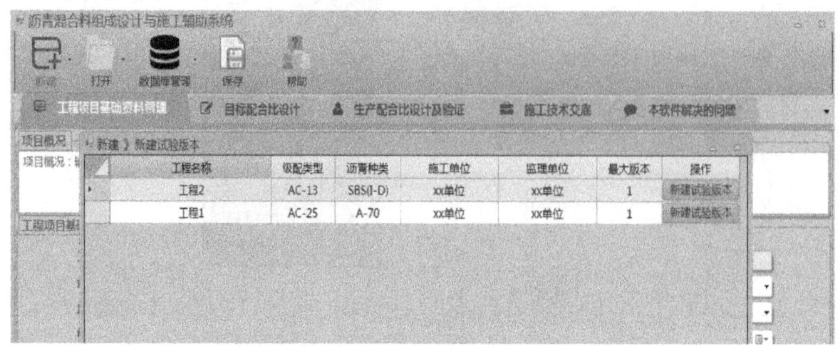

图9-8　新建试验版本界面截图

(2)打开

点击"打开"→"打开工程",可以对已经保存的工程进行编辑(图9-9)。双击可打开某一工程项目。

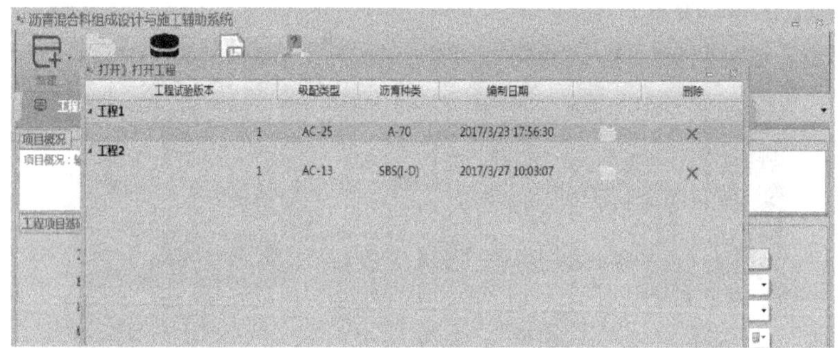

图9-9　打开工程界面截图

(3)数据库管理

①级配范围和推荐油石比(图9-10)。

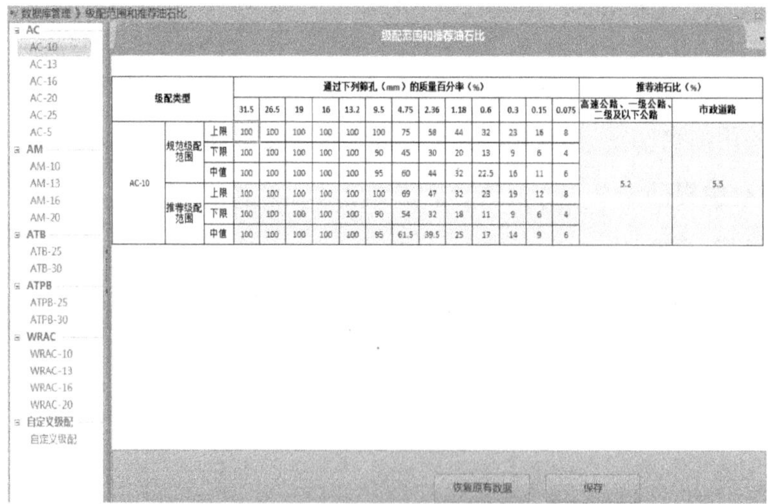

图9-10　级配范围和推荐油石比界面

其包括各级配类型的规范级配范围及根据多年工程实践经验推荐的级配范围和油石比。可以对推荐级配范围和油石比进行编辑，也可以添加自定义的级配类型。

如果对原有数据进行了编辑，编辑之后请点击“保存”按钮以保存数据；如果想要恢复系统原有数据，点击“恢复原有数据”按钮再保存即可恢复。

②数据导入和导出（图 9-11）。

对已保存的工程项目数据进行导入和导出操作。

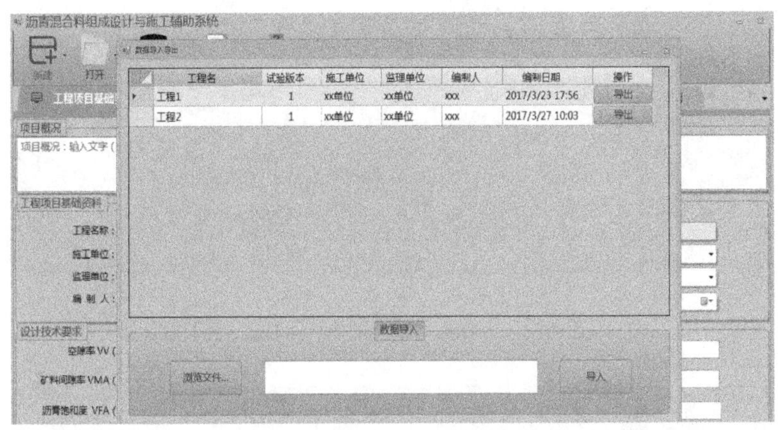

图 9-11　数据导入导出界面截图

（4）保存

点击“保存”按钮，可以保存当前已输入和计算的内容。

（5）帮助

对系统功能进行简介。

2）功能模块

（1）工程项目基础资料管理模块（图 9-12）

该模块包括项目概况、工程项目基础资料、设计技术要求三部分。

①项目概况：输入该项目概况。

②工程项目基础资料：输入工程名称、施工单位、监理单位、编制人，下拉选择混合料级配类型、沥青种类，系统自动显示试验版本号和编制日期。

③设计技术要求：输入各参数的设计技术要求值。

输入完成后，点击“下一步”按钮，进入目标配合比设计模块。

（2）目标配合比设计模块

本模块包括“工地实验室报告用”和“试验检测专业机构报告用”两部分。

工地实验室报告用：对于工地实验室，为了方便实用，根据工程经验，推荐了油石比，进行马歇尔试验验证和路用性能检验。

试验检测专业机构报告用：严格按照规范要求，进行马歇尔试验，选择 5 组油石比制作试件，确定最佳油石比，再进行路用性能检验。

①工地实验室报告用。

点击左侧“原材料筛分及密度”按钮，进入原材料筛分及密度界面（图 9-13）。

图 9-12　工程项目基础资料管理模块界面

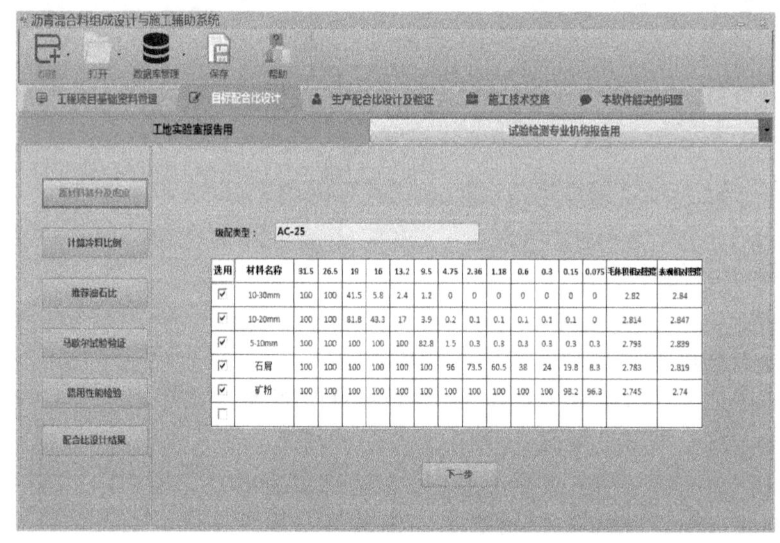

级配类型：AC-25

选用	材料名称	31.5	26.5	19	16	13.2	9.5	4.75	2.36	1.18	0.6	0.3	0.15	0.075	毛体积相对密度	表观相对密度
☑	10-30mm	100	100	41.5	5.8	2.4	1.2	0	0	0	0	0	0	0	2.82	2.84
☑	10-20mm	100	100	81.8	43.3	17	3.9	0.2	0.1	0.1	0.1	0.1	0.1	0	2.814	2.847
☑	5-10mm	100	100	100	100	100	82.8	1.5	0.3	0.3	0.3	0.3	0.3	0.3	2.793	2.839
☑	石屑	100	100	100	100	100	100	96	73.5	60.5	38	24	19.8	8.3	2.783	2.819
☑	矿粉	100	100	100	100	100	100	100	100	100	100	100	98.2	96.3	2.745	2.74
☐																

图 9-13　原材料筛分及密度界面

a. 原材料筛分及密度。

级配类型：系统自动显示工程项目基础资料管理模块中所选择的级配类型。

输入原材料筛分结果、各档料的毛体积相对密度和表观相对密度。

输入数据后，在左侧“选用”一栏勾选使用和参与计算的集料。

点击“下一步”按钮，进入计算冷料比例界面。

b. 计算冷料比例（图 9-14）。

点击“计算”按钮，系统自动计算目标级配和冷料比例，目标级配超出推荐级配范围备注提示。系统自动绘制级配曲线图。

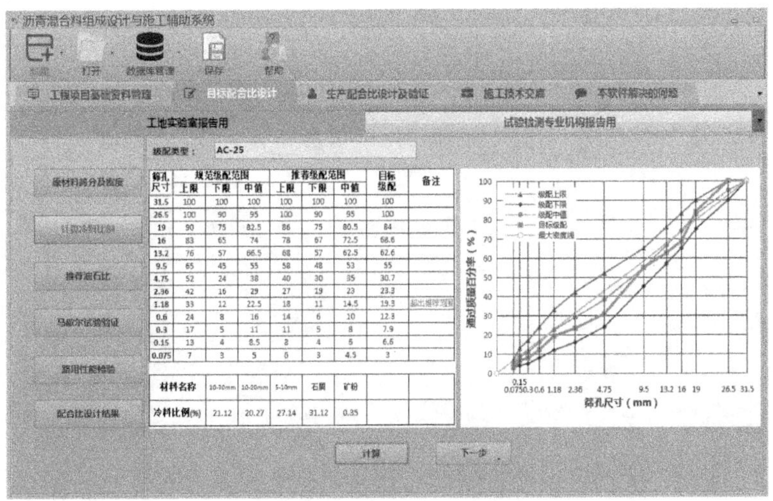

图 9-14　计算冷料比例界面

点击“下一步”按钮,进入推荐油石比界面。

c. 推荐油石比(图 9-15)。

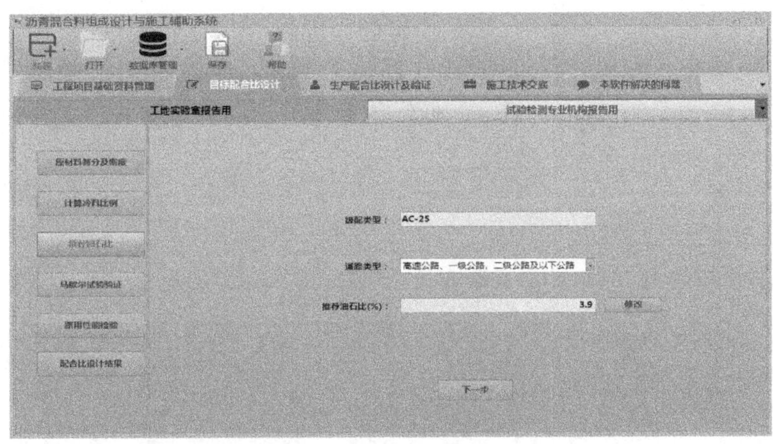

图 9-15　推荐油石比界面

下拉选择道路类型,系统自动显示推荐的油石比数值。

点击“修改”按钮,可对推荐的油石比进行修改。

点击“下一步”按钮,进入马歇尔试验验证界面。

d. 马歇尔试验验证(图 9-16)。

点击“计算”按钮,系统自动计算矿料的合成毛体积相对密度、合成表观相对密度、矿料占沥青混合料的百分率。

输入沥青混合料的最大理论相对密度、沥青相对密度、试件的毛体积相对密度。

系统自动计算空隙率、矿料间隙率、沥青饱和度,并自动检验指标是否合格。

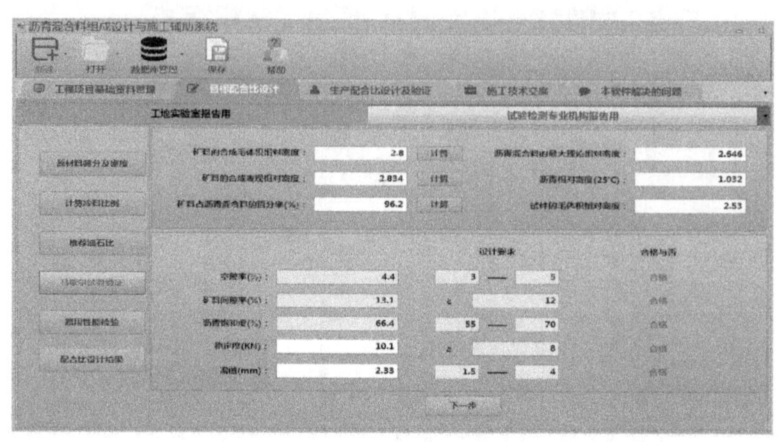

图 9-16　马歇尔试验验证界面

输入稳定度和流值的试验数据，系统自动检验指标是否合格。

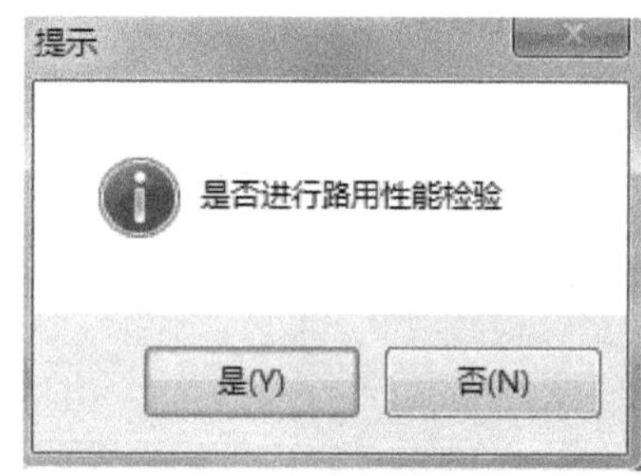

图 9-17　提示对话框

点击“下一步”按钮，弹出提示对话框，选择是否进行路用性能检验：点击“是”，进入路用性能检验界面；点击“否”，进入配合比设计结果界面(图 9-17)。

e. 路用性能检验(图 9-18)。

输入各试验数据，系统自动检验各项指标是否合格。(对检验的项在左侧进行勾选，没检验的项不勾选)

点击“下一步”按钮，进入目标配合比设计结果界面。

f. 目标配合比设计结果(图 9-19)。

该界面显示了目标配合比设计结果。

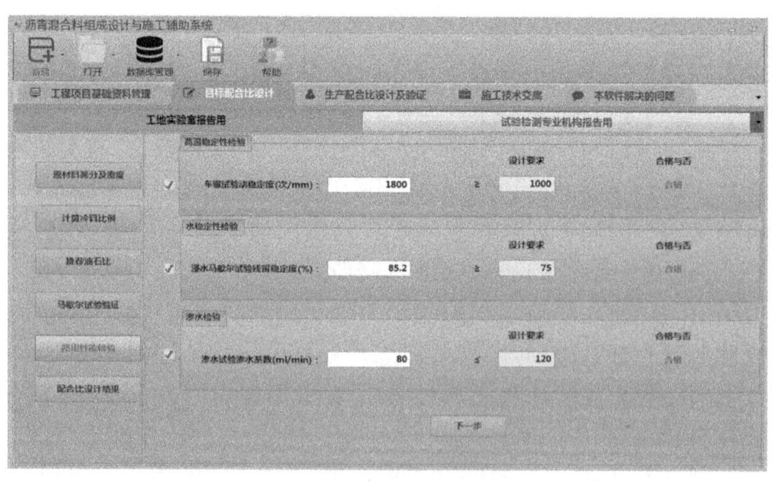

图 9-18　路用性能检验界面

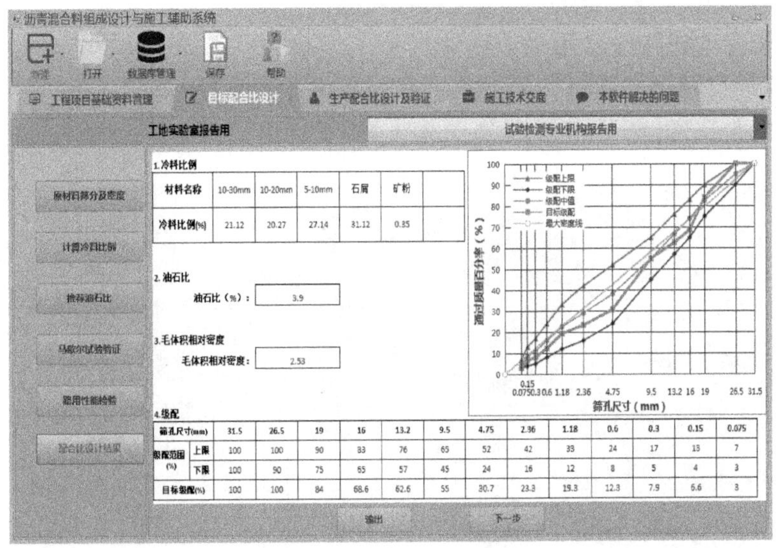

图 9-19　目标配合比设计结果界面

点击“输出”按钮,可输出目标配合比报告(图 9-20)。输出的报告为 Excel 版,可根据需要复制、调整。

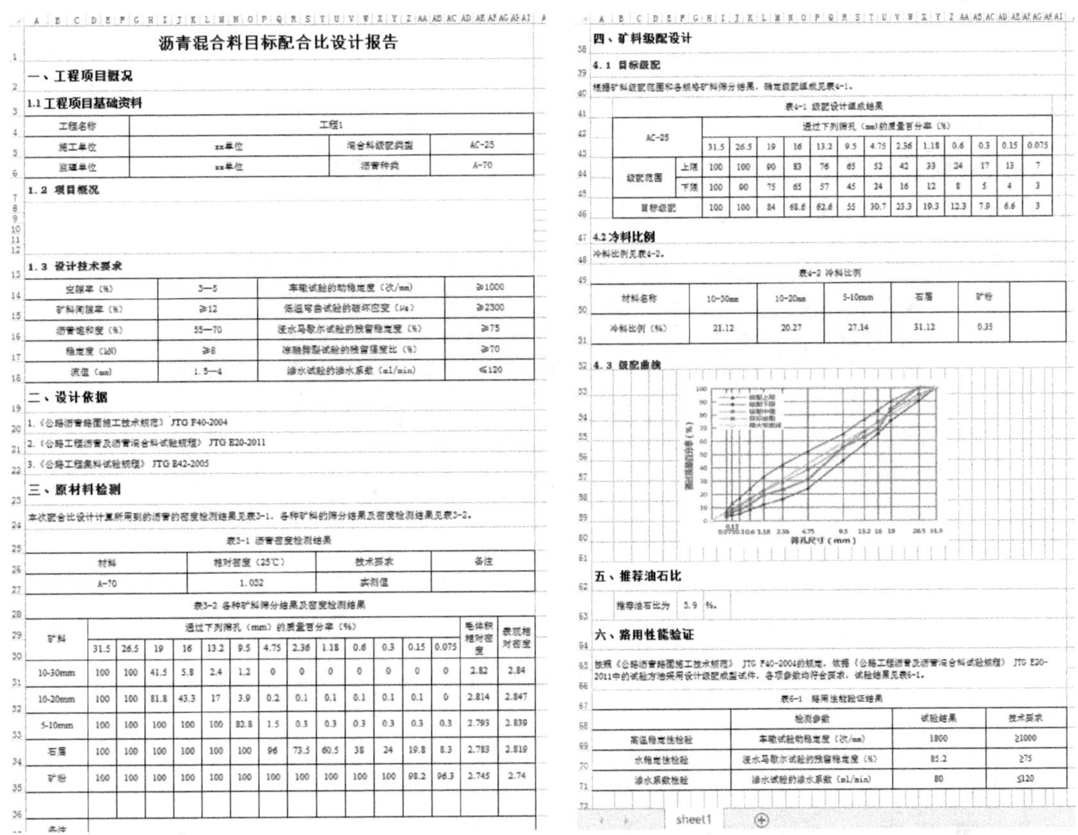

沥青混合料目标配合比设计报告

一、工程项目概况

1.1 工程项目基础资料

工程名称	工程1		
施工单位	xx单位	混合料级配类型	AC-25
监理单位	xx单位	沥青种类	A-70

1.2 项目概况

1.3 设计技术要求

空隙率（%）	3—5	车辙试验的动稳定度（次/mm）	≥1000
矿料间隙率（%）	≥12	低温弯曲试验的破坏应变（με）	≥2300
沥青饱和度（%）	55—70	浸水马歇尔试验的残留稳定度（%）	≥75
稳定度（kN）	≥8	冻融劈裂试验的残留强度比（%）	≥70
流值（mm）	1.5—4	渗水试验的渗水系数（ml/min）	≤120

二、设计依据

1.《公路沥青路面施工技术规范》 JTG F40-2004

2.《公路工程沥青及沥青混合料试验规程》 JTG E20-2011

3.《公路工程集料试验规程》 JTG E42-2005

三、原材料检测

本次配合比设计计算所用到的沥青的密度检测结果见表3-1，各种矿料的筛分结果及密度检测结果见表3-2。

表3-1 沥青密度检测结果

材料	相对密度（25℃）	技术要求	备注
A-70	1.032	实测值	

表3-2 各种矿料筛分结果及密度检测结果

矿料	通过下列筛孔（mm）的质量百分率（%）													毛体积相对密度	表观相对密度
	31.5	26.5	19	16	13.2	9.5	4.75	2.36	1.18	0.6	0.3	0.15	0.075		
10-30mm	100	100	41.5	5.8	2.4	1.2	0	0	0	0	0	0	0	2.82	2.84
10-20mm	100	100	81.8	43.3	17	3.9	0.2	0.1	0.1	0.1	0.1	0.1	0	2.814	2.847
5-10mm	100	100	100	100	100	82.8	1.5	0.3	0.3	0.3	0.3	0.3	0.3	2.793	2.839
石屑	100	100	100	100	100	100	96	73.5	60.5	38	24	19.8	8.3	2.783	2.819
矿粉	100	100	100	100	100	100	100	100	100	100	100	98.2	96.3	2.745	2.74
备注															

四、矿料级配设计

4.1 目标级配

根据矿料级配范围和各规格矿料筛分结果，确定级配组成见表4-1。

表4-1 级配设计组成结果

AC-25		通过下列筛孔（mm）的质量百分率（%）												
		31.5	26.5	19	16	13.2	9.5	4.75	2.36	1.18	0.6	0.3	0.15	0.075
级配范围	上限	100	100	90	83	76	65	52	42	33	24	17	13	7
	下限	100	90	75	65	57	45	24	16	12	8	5	4	3
目标级配		100	100	84	68.6	62.6	55	30.7	23.3	19.3	12.3	7.9	6.6	3

4.2 冷料比例

冷料比例见表4-2。

表4-2 冷料比例

材料名称	10-30mm	10-20mm	5-10mm	石屑	矿粉	
冷料比例（%）	21.12	20.27	27.14	31.12	0.35	

4.3 级配曲线

五、推荐油石比

推荐油石比为 3.9 %。

六、路用性能验证

按照《公路沥青路面施工技术规范》 JTG F40-2004的规定，依据《公路工程沥青及沥青混合料试验规程》 JTG E20-2011中的试验方法采用设计级配成型试件，各项参数均符合要求，试验结果见表6-1。

表6-1 路用性能验证结果

	检测参数	试验结果	技术要求
高温稳定性检验	车辙试验动稳定度（次/mm）	1800	≥1000
水稳定性检验	浸水马歇尔试验的残留稳定度（%）	85.2	≥75
渗水系数检验	渗水试验的渗水系数（ml/min）	80	≤120

sheet1

图 9-20　输出的目标配合比报告截图

点击“下一步”按钮，进入生产配合比设计及验证模块。

②试验检测专业机构报告用。

点击左侧“原材料试验数据”按钮，进入原材料试验数据界面。

a. 原材料试验数据（图 9-21）。

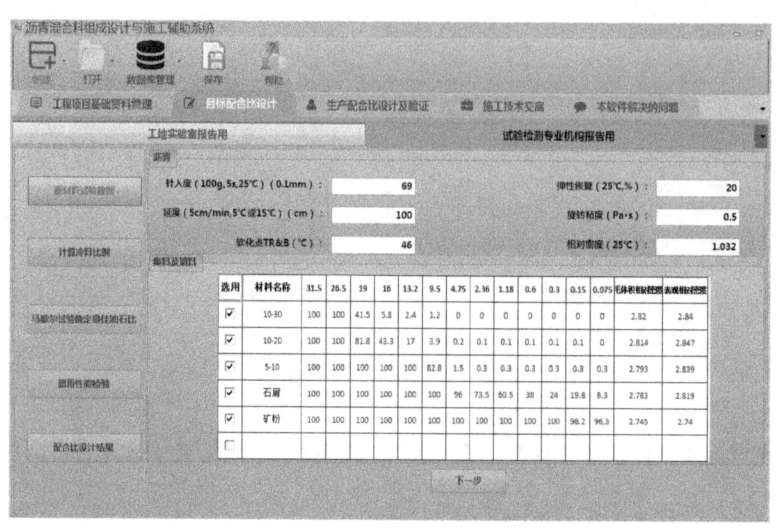

图 9-21　原材料试验数据界面

输入沥青的试验数据，包括针入度、延度、软化点、弹性恢复、旋转黏度、相对密度。

输入原材料筛分结果、各档料的毛体积相对密度和表观相对密度。

输入数据后，在左侧“选用”一栏勾选使用和参与计算的集料。

点击“下一步”按钮，进入计算冷料比例界面（图 9-22）。

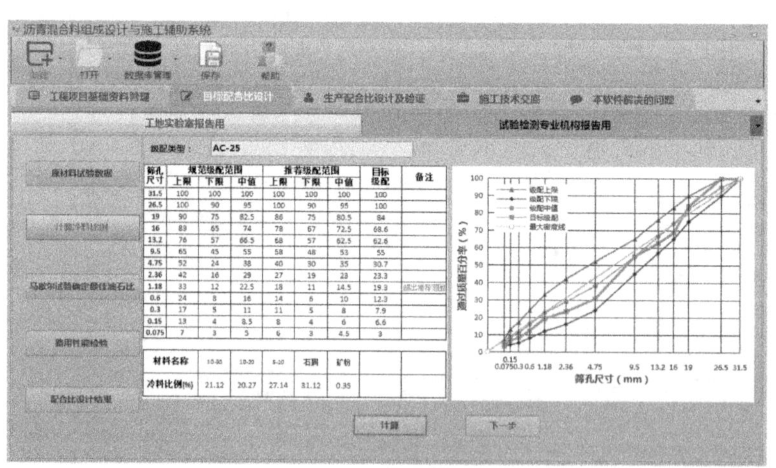

图 9-22　计算冷料比例界面

b. 计算冷料比例。

点击“计算”按钮，系统自动计算目标级配和冷料比例，目标级配超出推荐级配范围会有备注提示。系统自动绘制级配曲线图。

点击“下一步”按钮，进入马歇尔试验，确定最佳油石比界面(图 9-23)。

油石比(%)	毛体积密度(g/cm³)	空隙率VV(%)	矿料间隙率VMA(%)	沥青饱和度VFA(%)	稳定度MS(kN)	流值FL(mm)
3.2	2.517	5.66	12.86	55.98	8.93	2.26
3.7	2.533	4.56	12.72	64.17	10.1	2.47
4.2	2.526	4.03	13.38	69.91	10.18	2.61
4.7	2.518	3.56	14.07	74.68	8.96	2.71
5.2	2.511	2.9	14.72	80.29	8.43	2.79

目标空隙率：4

下一步

图 9-23　马歇尔试验结果界面

c. 马歇尔试验确定最佳油石比。

输入马歇尔试验结果和目标空隙率。

点击“下一步”按钮，进入确定最佳油石比界面(图 9-24)。

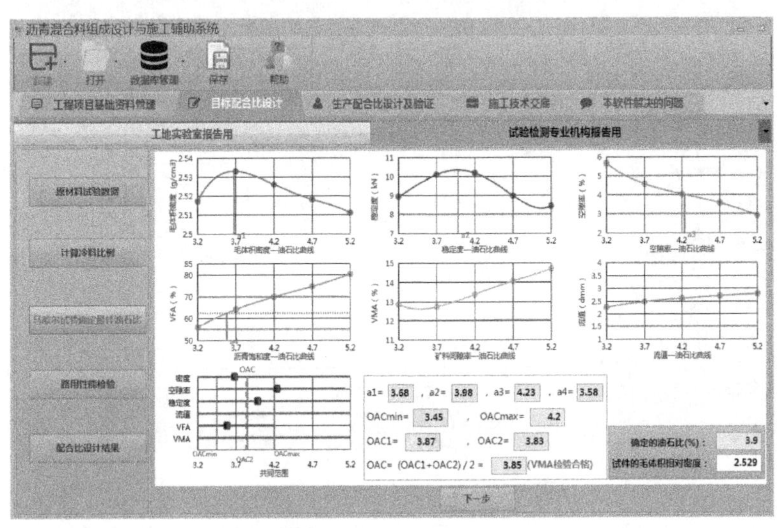

图 9-24　确定最佳油石比界面

系统自动绘制油石比与各指标的关系曲线图，并自动计算最佳油石比。

输入试件的毛体积相对密度。

点击“下一步”按钮，进入路用性能检验界面。

d. 路用性能检验(图 9-25)。

输入各试验数据，系统自动检验各项指标是否合格，在左侧勾选进行检验的项。

点击“下一步”按钮，进入目标配合比设计结果界面。

e. 目标配合比设计结果(图 9-26)。

该界面显示了目标配合比设计结果。

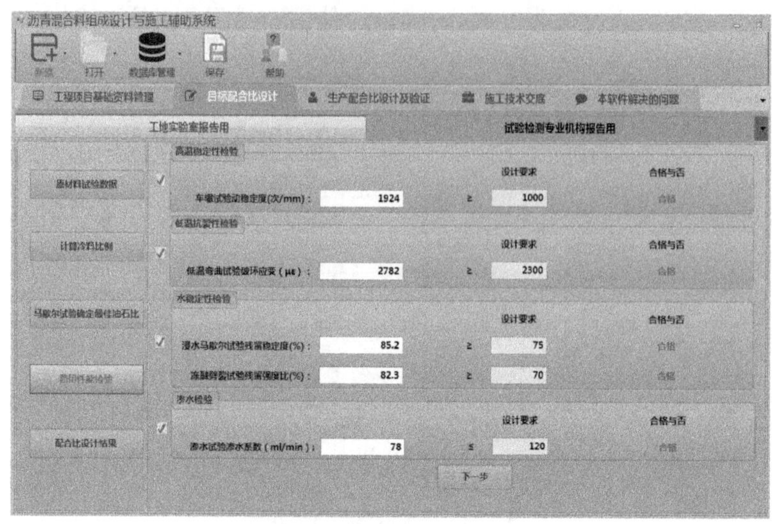

图 9-25　路用性能检验界面

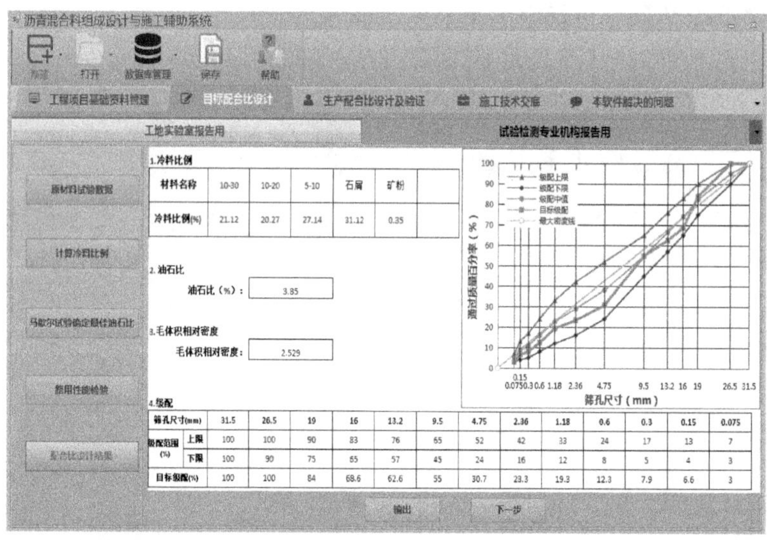

图 9-26　目标配合比设计结果界面

点击“输出”按钮,可输出目标配合比报告(图 9-27)。输出的报告为 Excel 版,可根据需要进行复制、调整。

点击“下一步”按钮,进入生产配合比设计及验证模块。

(3)生产配合比设计及验证模块

点击左侧“冷料仓标定”按钮,进入冷料仓标定界面。

①冷料仓标定(图 9-28)。

表格中的“冷料名称”,系统自动从目标配合比设计模块中调用,若无可手动输入。

在上面的表格中输入各档料的转速比和标定流量,点击“绘图”按钮,系统自动绘制标定曲线。

输入拌和站型号、每小时产量。

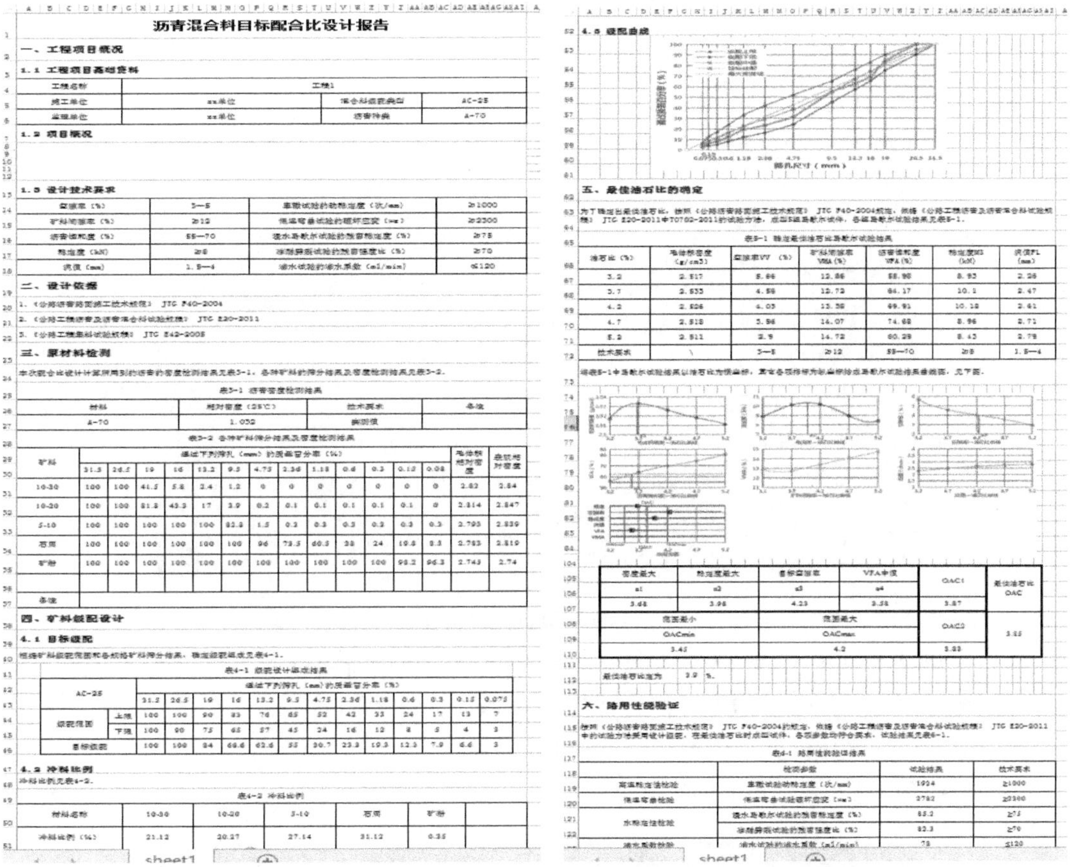

图9-27　输出的目标配合比报告截图

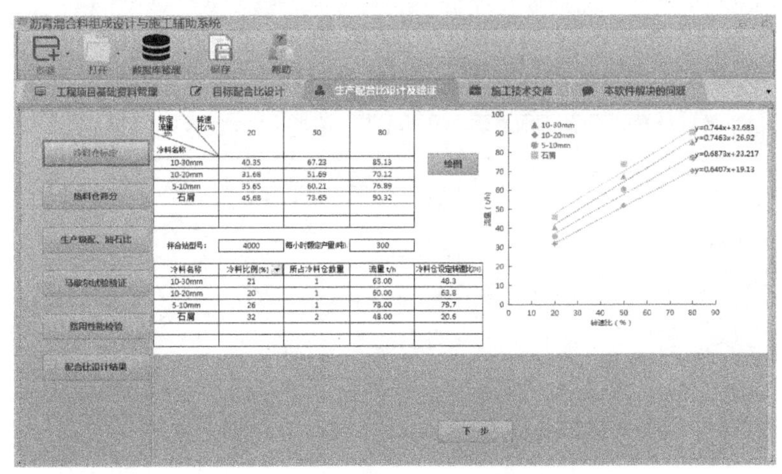

图9-28　冷料仓标定界面

在下面的表格中,从下拉选项中选择冷料比例的来源(包括工地实验室、试验检测专业机构),或手写录入。

输入所占冷料仓数量,系统会自动计算各集料的流量和转速。

经标定确定的冷料仓参数在生产过程中严禁随意变动。

点击“下一步”按钮，进入热料仓筛分界面。

②热料仓筛分(图 9-29)。

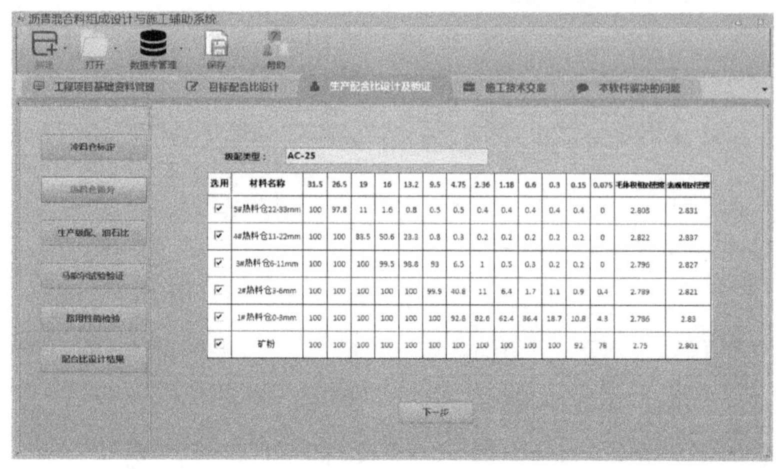

选用	材料名称	31.5	26.5	19	16	13.2	9.5	4.75	2.36	1.18	0.6	0.3	0.15	0.075	毛体积相对密度	表观相对密度
☑	5#热料仓22-33mm	100	97.8	11	1.6	0.8	0.5	0.5	0.4	0.4	0.4	0.4	0.4	0	2.808	2.831
☑	4#热料仓11-22mm	100	100	88.5	50.6	23.3	0.8	0.3	0.2	0.2	0.2	0.2	0.2	0	2.822	2.837
☑	3#热料仓6-11mm	100	100	100	99.5	98.8	93	6.5	1	0.5	0.3	0.2	0.2	0	2.796	2.827
☑	2#热料仓3-6mm	100	100	100	100	100	99.9	40.8	11	6.4	1.7	1.1	0.9	0.4	2.789	2.821
☑	1#热料仓0-3mm	100	100	100	100	100	100	92.8	82.6	62.4	36.4	18.7	10.8	4.3	2.786	2.83
☑	矿粉	100	100	100	100	100	100	100	100	100	100	100	92	78	2.75	2.801

图 9-29　热料仓筛分界面

输入热料筛分结果、各档料的毛体积相对密度和表观相对密度。

输入数据后，在左侧“选用”一栏勾选使用和参与计算的集料。

点击“下一步”按钮，进入生产级配、油石比界面。

③生产级配、油石比(图 9-30)。

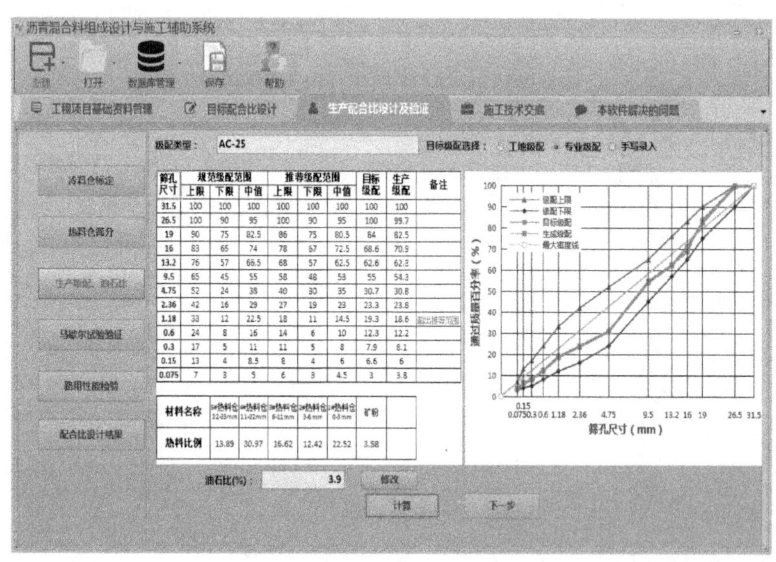

筛孔尺寸	规范级配范围 上限	规范级配范围 下限	规范级配范围 中值	推荐级配范围 上限	推荐级配范围 下限	推荐级配范围 中值	目标级配	生产级配	备注
31.5	100	100	100	100	100	100	100	100	
26.5	100	90	95	100	90	95	100	99.7	
19	90	75	82.5	86	75	80.5	84	82.5	
16	83	65	74	78	67	72.5	68.6	70.9	
13.2	76	57	66.5	68	57	62.5	62.6	62.3	
9.5	65	45	55	58	48	53	55	54.3	
4.75	52	24	38	40	30	35	30.7	30.8	
2.36	42	16	29	27	19	23	23.3	23.8	
1.18	33	12	22.5	18	11	14.5	19.3	18.6	超出推荐范围
0.6	24	8	16	14	6	10	12.3	12.2	
0.3	17	5	11	11	5	8	7.9	8.1	
0.15	13	4	8.5	8	4	6	6.6	6	
0.075	7	3	5	6	3	4.5	3	3.8	

材料名称	5#热料仓22-33mm	4#热料仓11-22mm	3#热料仓6-11mm	2#热料仓3-6mm	1#热料仓0-3mm	矿粉	
热料比例	13.89	30.97	16.62	12.42	22.52	3.58	

图 9-30　生产级配、油石比界面

首先选择目标级配，包括工地级配、专业级配、手写录入。

工地级配：系统自动调用目标配合比设计中工地实验室报告用中的目标级配。专业级配：系统自动调用目标配合比设计中试验检测专业机构报告用中的目标级配。手写录入：可自行输入目标级配。

点击“计算”按钮，系统自动计算生产级配和热料比例，生产级配超出推荐级配范围备注提示。系统自动绘制级配曲线图。

点击“修改”按钮，可对推荐的油石比进行修改。

点击“下一步”按钮，进入马歇尔试验验证界面。

④马歇尔试验验证(图 9-31)。

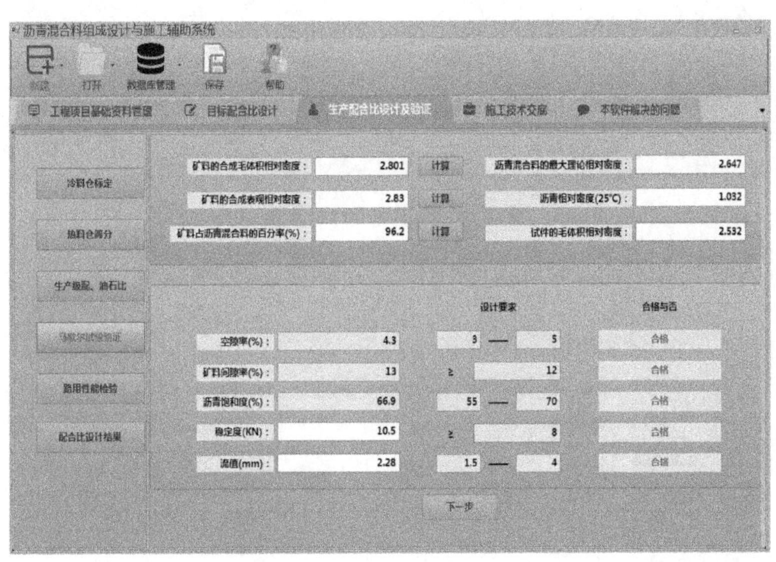

图 9-31　马歇尔试验验证界面

点击“计算”按钮，系统自动计算矿料的合成毛体积相对密度、合成表观相对密度、矿料占沥青混合料的百分率。

输入沥青混合料的最大理论相对密度、沥青相对密度、试件的毛体积相对密度。

系统自动计算空隙率、矿料间隙率、沥青饱和度，并自动检验指标是否合格。

输入稳定度和流值的试验数据，系统自动检验指标是否合格。

点击“下一步”按钮，弹出提示对话框，选择是否进行路用性能检验：点击“是”，进入路用性能检验界面；点击“否”，进入配合比设计结果界面(图 9-32)。

⑤路用性能检验(图 9-33)。

输入各试验数据，系统自动检验各项指标是否合格。在左侧勾选进行检验的项。

点击“下一步”按钮，进入生产配合比设计结果界面。

⑥生产配合比设计结果(图 9-34)。

该界面显示了生产配合比设计结果。

点击“输出”按钮，可输出生产配合比报告。

点击“下一步”按钮，进入施工技术交底模块界面。

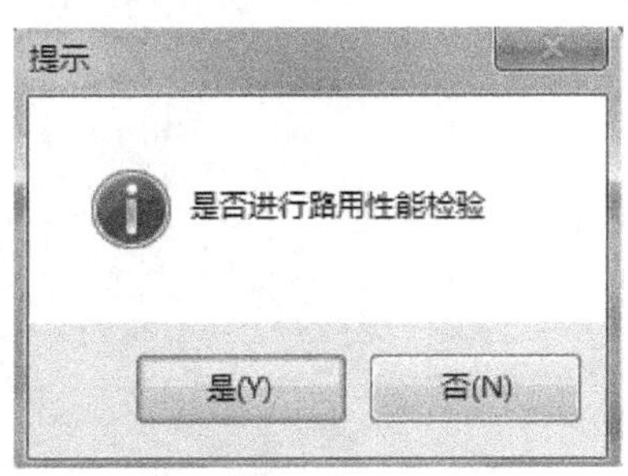

图 9-32　提示对话框

(4)施工技术交底模块(图 9-35)。

可查看几种常用的施工技术交底，也可直接下载使用。

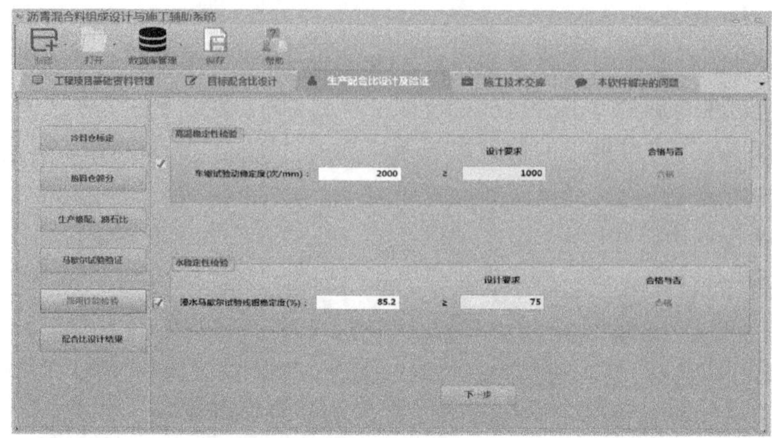

图 9-33　路用性能检验界面

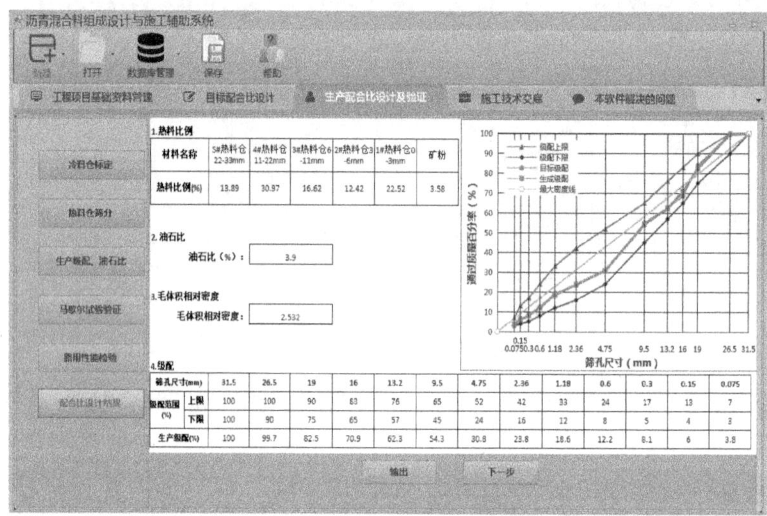

材料名称	5#热料仓22-33mm	4#热料仓11-22mm	3#热料仓6-11mm	2#热料仓3-6mm	1#热料仓0-3mm	矿粉
热料比例(%)	13.89	30.97	16.62	12.42	22.52	3.58

筛孔尺寸(mm)		31.5	26.5	19	16	13.2	9.5	4.75	2.36	1.18	0.6	0.3	0.15	0.075
级配范围(%)	上限	100	100	90	83	76	65	52	42	33	24	17	13	7
	下限	100	90	75	65	57	45	24	16	12	8	5	4	3
生产级配(%)		100	99.7	82.5	70.9	62.3	54.3	30.8	23.8	18.6	12.2	8.1	6	3.8

图 9-34　生产配合比设计结果界面

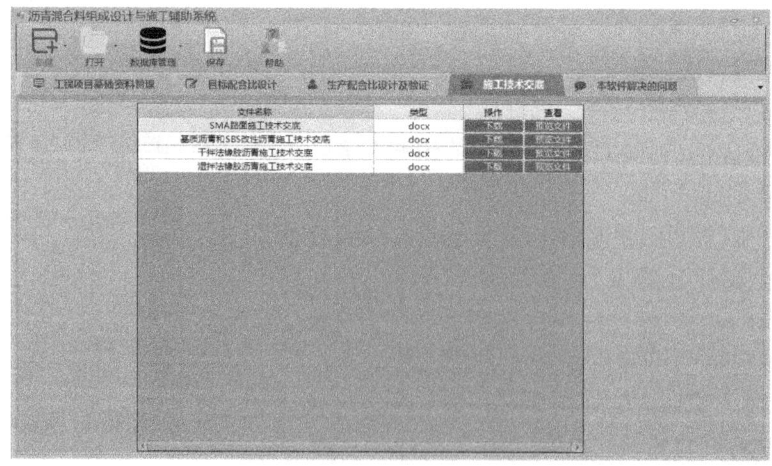

图 9-35　施工技术交底模块界面

(5)本软件解决的问题模块(图 9-36 ~ 图 9-39)。

问题模块简要说明了该软件主要解决的问题。

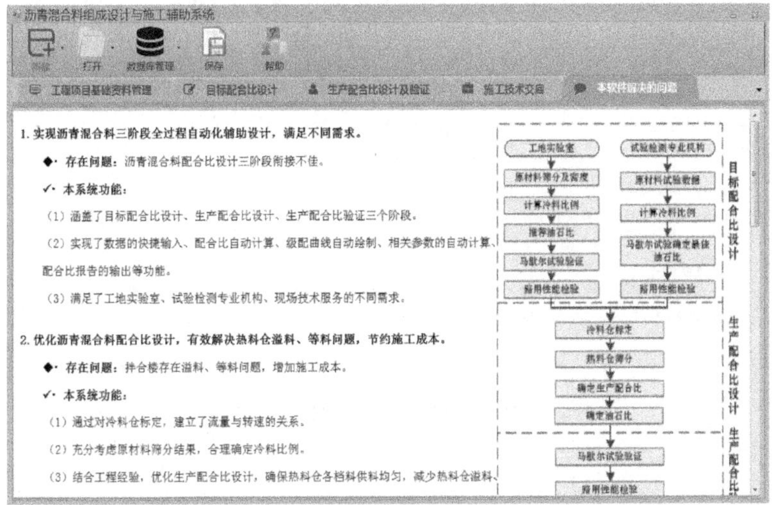

图 9-36　本软件解决的问题模块界面 1

图 9-37　本软件解决的问题模块界面 2

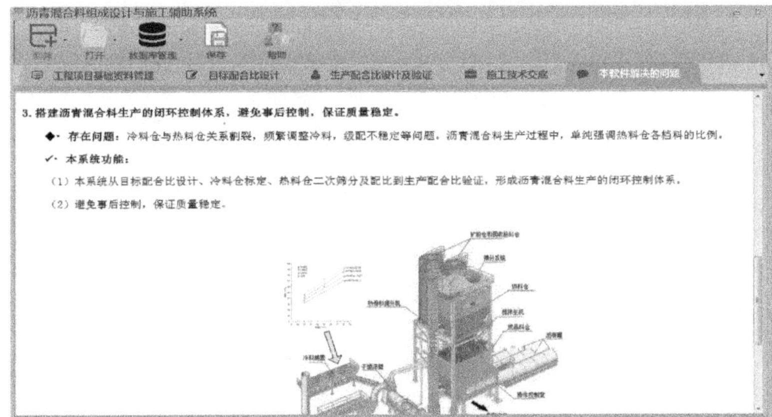

图 9-38　本软件解决的问题模块界面 3

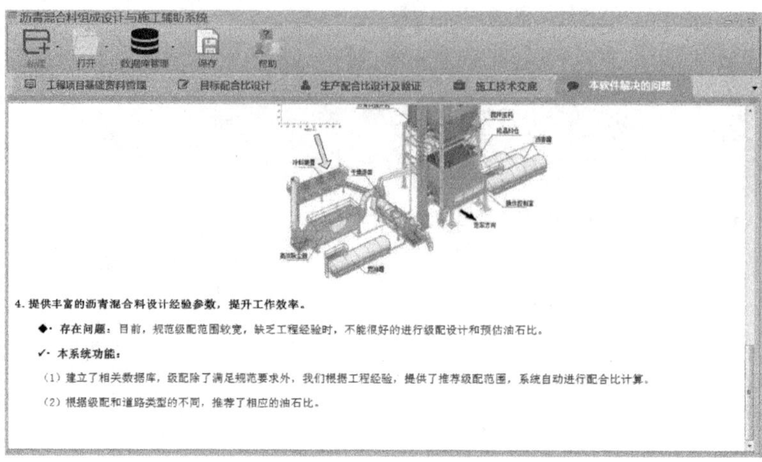

图 9-39　本软件解决的问题模块界面 4

附件1　废胎胶粉复合改性沥青路面施工技术规范（DB 41/T 1286—2016）

1　范围

本标准规定了废胎胶粉复合改性沥青路面施工的术语和定义、材料、废胎胶粉复合改性沥青路面、废胎胶粉复合改性沥青同步碎石功能层、施工质量管理与检查验收。

本标准适用于各等级公路废胎胶粉复合改性沥青路面施工，其他道路可参照执行。

2　规范性引用文件

下列文件对于本文件的应用是必不可少的。凡是注日期的引用文件，仅注日期的版本适用于本文件。凡是不注日期的引用文件，其最新版本（包括所有的修改单）适用于本文件。

GB/T 11147　石油沥青取样法

JTG E20　公路工程沥青及沥青混合料试验规程

JTG F40　公路沥青路面施工技术规范

JT/T 797　路用废胎硫化橡胶粉

JT/T 798　公路工程废胎胶粉橡胶沥青

3　术语和定义

下列术语和定义适用于本文件。

3.1

路用废胎胶粉

汽车废旧轮胎经粉碎加工得到的具有一定粒径规格、符合路用技术要求的胶粉。

3.2

废胎胶粉复合改性沥青

路用废胎胶粉、基质沥青和改性剂（SBS或SBR等）按一定比例高温拌和得到的符合技术要求的胶结料。

3.3

废胎胶粉复合改性沥青混合料（WRAC）

废胎胶粉复合改性沥青和一定级配的矿质集料及填料高温拌和得到的符合技术要求的沥青混合料。

3.4

废胎胶粉复合改性沥青同步碎石功能层

废胎胶粉复合改性沥青和一定粒径的碎石集料，采用同步撒布工艺施工形成的具有防水、黏结、延缓下卧层裂缝反射作用的功能层。

4 材料

4.1 基质沥青

基质沥青可选用符合 JTG F40 相关规定的 A 级 70 号或 90 号道路石油沥青。

4.2 路用废胎胶粉

4.2.1 宜选用常温粉碎的斜交胎胶粉，技术要求应符合 JT/T 797 的规定。
4.2.2 胶粉颗粒粒径宜在 0.18mm ~ 0.6mm(30 目 ~ 80 目)范围内。
4.2.3 胶粉掺量应根据室内试验确定，保证废胎胶粉复合改性沥青符合表 1 的技术要求。

4.3 改性剂

改性剂可采用 SBS 或 SBR 等聚合物材料。

4.4 废胎胶粉复合改性沥青

4.4.1 废胎胶粉复合改性沥青的技术要求应符合表 1 的规定。

废胎胶粉复合改性沥青技术要求 表 1

指标	技术要求		试验方法
	Ⅰ类	Ⅱ类	
175℃旋转黏度(Pa·s)	1.0 ~ 5.0	1.0 ~ 3.0	JT/T 798 附录 B
针入度 25℃,100g,5s(0.1mm)	30 ~ 70	30 ~ 70	JTG E20 T 0604
软化点 $T_{R\&B}$(℃)	≥65	≥70	JTG E20 T 0606
弹性恢复 25℃(%)	≥60	≥80	JTG E20 T 0662
延度 5℃,1cm/min(cm)	≥10	≥15	JTG E20 T 0605
48h 软化点差(℃)	≤5	≤5	JTG E20 T 0661

4.4.2 Ⅰ类废胎胶粉复合改性沥青，适用于拌制沥青混合料、洒布粘层及下封层；Ⅱ类废胎胶粉复合改性沥青，适用于洒布应力吸收层。

4.5 集料及填料

粗集料、细集料及填料的技术要求应符合 JTG F40 的相关规定。

5 废胎胶粉复合改性沥青路面

5.1 一般规定

5.1.1 施工最低气温不应低于 15℃，大风、降雨天气不得施工。

5.1.2　铺筑前应保证下卧层表面干燥、洁净、界面粗糙、结构完好。

5.1.3　正式施工前,应铺筑试验段,确定施工工艺参数。

5.2　施工准备

5.2.1　铺筑沥青面层前,应检查基层或下卧沥青层的质量,不符合要求的不得铺筑面层。下卧层被污染时,必须清洗或铣刨后方可铺筑沥青混合料。

5.2.2　沥青加工及混合料施工温度应根据改性沥青黏度及气候条件,参照表 2 综合确定。

沥青及混合料施工温度范围　　表 2

工　　序	控制温度(℃)
沥青加热温度	165 ~ 190
集料加热温度	190 ~ 200
混合料出料温度	170 ~ 190
混合料废弃温度	≥200
混合料摊铺温度	≥160
初压温度	≥150
碾压终了温度	≥90

5.3　配合比设计

5.3.1　沥青混合料宜采用间断级配,工程设计级配范围可参照表 3 确定。

矿 料 级 配 范 围　　表 3

级配类型	通过下列筛孔(mm)的质量百分率(%)											
	26.5	19	16	13.2	9.5	4.75	2.36	1.18	0.6	0.3	0.15	0.075
WRAC-20	100	90 ~ 100	77 ~ 90	64 ~ 76	45 ~ 59	25 ~ 39	18 ~ 30	14 ~ 21	8 ~ 17	6 ~ 13	5 ~ 10	4 ~ 8
WRAC-16	—	100	80 ~ 100	72 ~ 89	54 ~ 70	25 ~ 39	18 ~ 30	14 ~ 22	8 ~ 18	6 ~ 14	5 ~ 11	5 ~ 8
WRAC-13	—	—	100	80 ~ 100	62 ~ 75	25 ~ 39	18 ~ 30	14 ~ 22	8 ~ 18	6 ~ 14	5 ~ 11	5 ~ 8
WRAC-10	—	—	—	100	90 ~ 100	25 ~ 39	18 ~ 30	14 ~ 22	8 ~ 18	6 ~ 14	5 ~ 11	5 ~ 8

5.3.2　沥青混合料配合比设计采用马歇尔试验方法,其技术要求应符合表 4 的规定。当采用其他设计方法时,应按本标准规定进行马歇尔试验及各项配合比设计检验。

混合料技术要求　　表 4

指　　标	单　　位	技 术 要 求
击实次数	次	75(双面)
稳定度	kN	≥8
流值	mm	2 ~ 5
设计空隙率 V_a	%	3 ~ 5
沥青饱和度 VFA	%	70 ~ 85

续上表

指　标	单　位	技术要求	
矿料间隙率 VMA（当空隙率为4％时）	%	相应于以下公称最大粒径(mm)的 VMA 要求	
		19	≥14
		16	≥14.5
		13.2	≥15
		9.5	≥16

5.3.3　应在规定的条件下，进行车辙、浸水马歇尔、冻融劈裂、低温弯曲和渗水等试验，各项技术要求应符合表5的规定。

混合料路用性能技术要求　　表5

检验项目	技术要求		试验方法
车辙试验	动稳定度(次/mm)	≥4500	JTG E20　T 0719
浸水马歇尔试验	残留稳定度(%)	≥85	JTG E20　T 0709
冻融劈裂试验	残留强度比(%)	≥80	JTG E20　T 0729
低温弯曲试验	破坏应变(με)	≥2500	JTG E20　T 0715
渗水试验	渗水系数(ml/min)	≤100	JTG E20　T 0730

5.4　混合料的拌制

5.4.1　混合料宜采用间歇式拌和设备拌和，每盘拌和时间不少于50s，其中干拌时间不少于15s。

5.4.2　混合料宜即产即用，存储过程中降温幅度不应大于10℃。

5.5　混合料的运输与摊铺

5.5.1　混合料运输过程中应覆盖保温。运料车到达施工场地后，应逐车检测温度，严禁使用不符合施工温度要求的混合料。

5.5.2　摊铺过程中，运料车应在摊铺机前方1m～3m处空挡等候，避免撞击摊铺机。

5.5.3　混合料摊铺宜采用大功率、抗离析摊铺机单机全幅摊铺或多台摊铺机梯队同步摊铺。

5.6　混合料的压实及成型

5.6.1　混合料各阶段压实应遵循紧跟、慢压的原则，碾压温度应符合表2的规定。

5.6.2　碾压速度和碾压温度应根据试验段试压确定，碾压段长度：初压为10m～20m、复压及终压为20m～50m。

5.6.3　钢轮、胶轮压路机组合方式及碾压遍数应根据试验段试压确定，压路机数量不宜少于5台。

5.7　路面施工接缝

5.7.1　路面施工接缝应紧密、平顺，不得形成明显的接缝离析。

5.7.2　上、下层的纵向接缝应错开15cm(热接缝)或40cm(冷接缝)以上。相邻两幅或上、下层的横向接缝应错开100cm以上。

5.7.3　接缝施工采用3m直尺检验。

6　废胎胶粉复合改性沥青同步碎石功能层

6.1　一般规定

6.1.1　功能层可用于:

a)沥青面层层间黏层、水泥混凝土桥面防水黏结层;

b)路面下封层;

c)复合式沥青路面应力吸收层。

6.1.2　施工最低气温不应低于15℃,大风、降雨天气不得施工。

6.1.3　施工前应保证下卧层干燥、洁净、界面粗糙、结构完好。

6.1.4　正式施工前应选择不少于200m的试验段进行试撒布,确定集料和沥青用量、撒布速度、洒布温度等关键参数。

6.2　材料组成设计

6.2.1　集料经过拌和楼筛分、除尘,撒布量为满铺率的60%～70%。

6.2.2　沥青技术性能应符合表1的相关规定,集料规格及沥青用量应符合表6的规定。

功能层集料规格及沥青用量技术要求　表6

范　围		集料规格	沥青用量(kg/m^2)
黏层	旧路加铺、水泥混凝土桥面	S12(公称粒径5mm～10mm)	1.8～2.0
	新建路面		1.0～1.2
下封层		S10(公称粒径10mm～15mm)	1.8～2.0
应力吸收层		S10(公称粒径10mm～15mm)	2.0～2.4

6.3　功能层施工

6.3.1　功能层宜采用具备沥青搅拌功能的设备进行机械化施工,同步碎石封层车应平稳、匀速行驶,作业速度宜为3km/h～6km/h。

6.3.2　沥青洒布温度可根据黏度试验综合确定,保证其处于可流动、易喷洒状态。

6.4　功能层成型

6.4.1　功能层撒布后,宜采用轮胎压路机碾压2遍～3遍。

6.4.2　碾压完毕后,应对功能层表面进行清扫,清除松散碎石。

6.4.3　成型后的功能层应临时封闭交通,尽快进行沥青混合料摊铺,间隔时间不宜超过24h。

7 施工质量管理与检查验收

7.1 施工前材料检查

7.1.1 施工前应对原材料取样检测，每批路用废胎胶粉进场前应根据 JT/T 797 的相关要求，提供相对密度、水分、金属含量、纤维含量、筛余物等物理指标以及灰分、丙酮抽出物、炭黑含量、橡胶烃含量等化学指标的检测报告。

7.1.2 路用废胎胶粉进场后应按每 200t 的频率抽检化学指标，按每生产班次的频率抽检物理指标。

7.1.3 废胎胶粉的掺量应按照设计掺量，允许正误差 2%，不允许出现负误差。

7.1.4 对于成品废胎胶粉复合改性沥青，宜采用便携式黏度计进行现场黏度检测。采用间歇式生产，每罐抽检一次；采用连续式生产，每隔 1h 抽检一次。每次检测平行试验不少于 3 个样本。

7.2 施工过程中质量管理与检测

7.2.1 废胎胶粉复合改性沥青路面施工过程检查项目和检查频率应符合 JTG F40 的相关规定。

7.2.2 废胎胶粉复合改性沥青同步碎石功能层施工过程检查项目和检查频率应符合表 7 的规定。

废胎胶粉复合改性沥青同步碎石功能层施工过程检查项目和频率　　表 7

项　　目	检 查 频 率	质量要求或允许偏差	试 验 方 法
沥青黏度	每批检查 1 次	符合本标准规定	JTG E20　T 0625
沥青用量	每 1000 平方米检查 1 次	设计用量 ±0.15 kg/m^2	测量单位面积沥青用量
集料用量	每半天检查 1 次	设计用量 ±2 kg/m^2	测量单位面积集料用量
外观检查	随时	外观均匀一致，与下卧层黏结牢固，无露白、掉粒、松散	目测

7.3 工程验收阶段工程质量检查与验收

7.3.1 每 2000m^2 检测 1 组路面密实状况，质量标准应符合表 8 的规定。

沥青路面密实状况检查与验收标准　　表 8

控 制 指 标		上　面　层	中　面　层
压实度(%)		≥98	≥97
空隙率(%)	WRAC-13、WRAC-16、WRAC-20	≤6	≤7
	WRAC-10	4～6	—

7.3.2 废胎胶粉复合改性沥青同步碎石功能层应在上层沥青混合料摊铺前，对外观质量进行检查、验收。

附件2　干拌废胎胶粉改性沥青路面施工技术规范（DB 41/T 1611—2018）

1　范围

本标准规定了干拌废胎胶粉改性沥青路面施工的术语和定义、材料、施工技术要求、质量管理与检查验收。

本标准适用于各等级公路的干拌废胎胶粉改性沥青路面施工，其他道路也可参照执行。

2　规范性引用文件

下列文件对于本文件的应用是必不可少的。凡是注日期的引用文件，仅注日期的版本适用于本文件。凡是不注日期的引用文件，其最新版本（包括所有的修改单）适用于本文件。

GB/T 1232.1　未硫化橡胶　用圆盘剪切黏度计进行测定　第1部分：门尼黏度的测定

GB/T 3516　橡胶　溶剂抽出物的测定

GB/T 4498.1　橡胶　灰分的测定　第1部分：马弗炉法

GB/T 6038　橡胶试验胶料　配料、混炼和硫化　设备及操作程序

GB/T 13460　再生橡胶　通用规范

GB/T 14837　橡胶和橡胶制品　热重分析法测定硫化胶和未硫化胶的成分

GB/T 19208　硫化橡胶粉

JT/T 797　路用废胎硫化橡胶粉

JTG E20　公路工程沥青及沥青混合料试验规程

JTG E42　公路工程集料试验规程

JTG F40　公路沥青路面施工技术规范

JTG F80/1　公路工程质量检验评定标准　第一册　土建工程

3　术语和定义

下列术语和定义适用于本文件。

3.1

干拌废胎胶粉

由废胎胶粉、软化剂、活性剂等，在高温下经过特殊加工工艺制成的具有一定粒径规格，可直接与集料一起投入拌缸中进行拌和，并在运输、摊铺、碾压过程中继续发育的复合改性胶粉。

3.2

废胎胶粉干拌工艺

废胎胶粉不经过与基质沥青混溶环节，直接投入拌和锅用于生产沥青混合料的工艺。

3.3

干拌废胎胶粉改性沥青混合料

由基质沥青、干拌废胎胶粉和一定级配的矿质集料及填料，经拌和得到的符合技术要求的改性沥青混合料。

4 材料

4.1 干拌废胎胶粉

4.1.1 技术要求见表1。

干拌废胎胶粉的技术要求　　表1

项　　目		单　　位	技术要求	试验方法
物理指标	含水率	%	≤1	GB/T 19208
	60目筛通过率	%	≥90	GB/T 19208
	金属含量	%	≤0.03	GB/T 19208
	纤维含量	%	≤0.5	GB/T 19208
	门尼黏度ML(1+4)100℃	—	≤95	附录A和附录B
	相对密度	—	1.0~1.2	JT/T 797
	闪点	℃	≥210	附录C
化学指标	灰分	%	≤10	GB/T 4498.1
	丙酮抽出物	%	≤21	GB/T 3516方法B
	橡胶烃含量	%	≥42	GB/T 14837
	炭黑含量	%	≥28	GB/T 14837

4.1.2 胶粉粒径宜选用0.18mm~0.25mm(60目~80目)。

4.1.3 胶粉应存放在干燥、通风处，避免紫外线照射，不得与有机溶剂一同存放。

4.2 基质沥青

宜选用符合JTG F40相关规定的70号或90号A级道路石油沥青。

4.3 集料及填料

粗集料、细集料及填料的技术要求应符合JTG F40的相关规定。

5 施工技术要求

5.1 一般规定

5.1.1 施工最低气温不应低于15℃，路面潮湿、大风、雨雪天气不得施工。

5.1.2　施工前应保证下卧层表面干燥、洁净、界面粗糙、结构完好。

5.1.3　正式施工前,应铺筑试验段。

5.2　施工准备

5.2.1　铺筑沥青面层前,应检查基层或下卧层的质量,不符合要求的不应铺筑。下卧层被污染时,应清洗或铣刨后方可铺筑沥青混合料。

5.2.2　干拌废胎胶粉改性沥青混合料(DRAC)施工温度应符合表2的要求。

施　工　温　度　　表2

工　　序	控制温度(℃)
基质沥青加热	155～165
集料加热	180～190
混合料出厂	160～170
混合料废弃	≥200
混合料储存	出料后降低不超过10
摊铺	≥160
初压开始	≥150
碾压终了	≥90
开放交通	≤50

5.3　配合比设计

5.3.1　配合比设计应采用沥青混合料配合比设计方法,包括目标配合比设计、生产配合比设计及生产配合比验证三个阶段,见附录D。

5.3.2　生产配合比设计阶段应对各冷料仓进行标定,按目标配合比设计的冷料比例确定各冷料仓的皮带转速。

5.3.3　混合料宜采用间断级配,设计级配范围应符合表3的要求。

矿 料 级 配 范 围　　表3

级配类型	通过下列筛孔(mm)的质量百分率(%)											
	26.5	19	16	13.2	9.5	4.75	2.36	1.18	0.6	0.3	0.15	0.075
DRAC-10	—	—	—	100	90～100	30～45	20～32	15～25	8～18	6～15	5～12	4～7
DRAC-13	—	—	100	90～100	60～74	25～40	18～30	15～25	8～18	6～15	5～12	4～7
DRAC-16	—	100	90～100	76～90	56～70	25～40	18～30	14～24	8～18	6～15	5～12	4～7
DRAC-20	100	90～100	76～90	63～77	46～60	20～35	16～28	11～21	7～16	6～14	4～11	3～6

5.3.4　胶粉掺量可参考已有工程经验,结合项目特点综合确定,一般为基质沥青用量的15%～20%。

5.3.5　混合料配合比设计宜采用JTG E20规定的马歇尔试验方法,其技术要求应符合表4的规定。当采用其他设计方法时,应按本标准进行马歇尔试验及各项配合比设计检验。

混合料马歇尔试验技术标准 表4

试验指标	单位	技术标准	
击实次数	次	75(双面)	
马歇尔稳定度	kN	≥8.0	
流值	mm	1.5~5.0	
空隙率 VV	%	3~5	
沥青饱和度	%	70~85	
矿料间隙率 VMA（当空隙率为4%时）	%	对应于以下公称最大粒径(mm)的 VMA 要求	
		19	≥14
		16	≥14.5
		13.2	≥15
		9.5	≥16

5.3.6 按 JTG E20 规定的试验方法进行路用性能试验，各项性能指标应符合表5的要求。

混合料路用性能技术要求 表5

项目	单位	技术要求	试验方法
动稳定度	次/mm	≥4000	JTG E20 T 0719
浸水马歇尔试验残留稳定度	%	≥85	JTG E20 T 0709
冻融劈裂试验的残留强度比	%	≥80	JTG E20 T 0729
低温弯曲试验破坏应变	με	≥2500	JTG E20 T 0715
沥青混合料试件渗水系数	mL/min	≤100	JTG E20 T 0730
肯塔堡飞散损失	%	≤15	JTG E20 T 0733
析漏损失	%	≤0.1	JTG E20 T 0732

5.4 混合料拌制

5.4.1 各冷料仓应按已标定的皮带转速进行供料。

5.4.2 当原材料级配发生较大变化时，应重新进行目标配合比设计和各冷料仓的标定，并按重新标定后的皮带转速进行供料。

5.4.3 采用直投式工艺拌和，集料表面应均匀裹覆沥青结合料。

5.4.4 混合料宜采用间歇式拌和设备拌和，胶粉的投放与粗集料放料同时进行，先干拌10s~15s，再加入沥青、矿粉湿拌不少于45s，总拌和时间不少于55s。

5.4.5 胶粉的计量和投放宜采用风送或皮带运输等机械方式连续投入，投放设备计量精度允许正误差2%，不允许出现负误差。

5.5 混合料的运输与摊铺

5.5.1 混合料的运输应考虑运距、拌和效率等因素配置足够的运料车。

5.5.2 混合料运输过程中应覆盖保温。运料车到达施工场地后，应逐车检测温度，不符合施工温度要求的混合料不得使用。

5.5.3　摊铺过程中,运料车应在摊铺机前方 1m ~ 3m 处空挡等候,避免撞击摊铺机。
5.5.4　混合料摊铺宜采用大功率、抗离析摊铺机单机全幅摊铺或多台摊铺机梯队同步摊铺。

5.6　混合料的压实与成型

5.6.1　混合料各阶段压实应遵循“紧跟、有序、慢压、高频”的原则,碾压温度应符合表 2 的规定。
5.6.2　碾压速度和碾压温度应根据试验段确定,初压长度为 10m ~ 20m、复压及终压长度为 20m ~ 50m。
5.6.3　钢轮、胶轮压路机组合方式及碾压遍数应根据试验段确定,压路机数量宜不少于 5 台。

5.7　开放交通及其他

5.7.1　干拌废胎胶粉改性沥青路面施工时应封闭交通,禁止车辆通行,待路面温度低于 50℃时方可开放交通。
5.7.2　已铺筑好的干拌废胎胶粉改性沥青路面应控制交通,不得污染损坏,并做好通车后的养护管理工作。

5.8　路面施工接缝

5.8.1　路面施工接缝应紧密、平顺,不得形成明显的接缝离析。
5.8.2　上、下层的纵向接缝应错开 15cm(热接缝)或 40cm(冷接缝)以上。相邻两幅或上、下层的横向接缝应错开 100cm 以上。

6　质量管理与检查验收

6.1　材料检查

6.1.1　进场前,各种原材料应以“批”为单位取样检测,沥青、集料等重要材料应提交正式的检测报告,干拌废胎胶粉应根据表 1 要求提供检测报告,不符合要求的材料不得进场。
6.1.2　胶粉进场后应按每 100t 或每批次的频率抽检一次化学指标,按每生产班次的频率抽检物理指标。
6.1.3　胶粉存储时间若超过 90d,使用前应进行质量检测,相关技术指标应符合表 1 的要求。

6.2　施工过程中质量检查

6.2.1　施工过程质量检查项目和频率应符合 JTG F40 的相关规定。
6.2.2　干拌废胎胶粉的掺量应按照设计文件规定执行,允许正误差 2%,不允许出现负误差。
6.2.3　混合料成品温度应逐车检测,温度符合表 5 的规定。
6.2.4　路面压实度、空隙率、渗水系数应符合表 6 的规定。

路面密实状况检查与验收技术要求　　表6

项　　目	单　　位	技术要求		试验方法
		上面层	中面层	
压实度	%	≥98	≥97	JTG E60 T 0924
空隙率	%	≤6	≤7	JTG E20 T 0705
渗水系数	mL/min	≤120	≤200	JTG E60 T 0971

6.3 交工验收质量检查与验收

交工验收过程中检查项目和频率应符合 JTG F80/1 的相关规定。

附　录　A
(规范性附录)
门尼黏度测定

A.1　试验方法

在规定的试验条件下,使转子在充满橡胶粉的圆柱形模腔中转动,测定橡胶粉对转子转动所施加的扭矩。橡胶粉的门尼黏度以橡胶粉对转子转动的反作用力矩表示,单位为门尼单位。

A.2　仪器与设备

A.2.1　模体:由不易变形、无镀层、洛式硬度不小于 60HRC 的硬质钢制成,包括上、下两部分,中间构成模腔,模腔直径为 50.9mm ±0.1mm,高度为 10.59mm ±0.03mm。

A.2.2　转子:应由不易变形、无镀层、洛式硬度不小于 60HRC 的硬质钢制成。转子分为大、小两种类型,大转子直径为 38.1mm ±0.03mm,厚度为 5.54mm ±0.03mm;小转子直径为 30.48mm ±0.03mm,厚度与大转子相同。转子在工作时的转动速度应为 0.209rad/s ±0.002rad/s(2.00r/min ±0.02r/min),偏心度或径向跳动不应超过 0.1mm。转子一侧与直径 10mm ±1mm 的转子杆垂直固定,转子杆长度应使模腔闭合后,转子上间隙与下间隙相差不超过 0.25mm。

A.2.3　温控系统:由加热装置和温度测量系统两部分组成。加热装置安装在上下模体上,并使模腔温度恒定在测试温度的 ±0.5℃以内,试样放入模腔后,该装置应能使模腔温度在 4min 以内恢复至测试温度的 ±0.5℃范围内;温度测量系统包括测量测试温度的两个热电偶测温探头和测量模体温度的温度传感器,热电偶测温探头和温度传感器的指示温度应精确至 ±0.25℃。

A.2.4　模腔闭合系统:在测试期间,用液压、气压或机械装置使模腔关闭,并持续对模腔施加 11.5kN ±0.5kN 的闭合力,使模腔保持闭合状态。当闭合模腔时,应用厚度不大于 0.04mm的柔软纸巾置于上下模体间,纸巾应显示均匀一致、连续的压痕,否则表明闭合系统调整不当或模体有磨损、错误或变形,可能导致胶料泄漏或结果偏差。当试样的黏度较高时,闭合模腔可能需要较大的压力,但至少在转子启动前 10s,闭合力应降至 11.5kN ±0.5kN,并在整个测试过程中保持此闭合力。

A.2.5　扭矩测量装置:扭矩测量采用以门尼单位为分度的线性标尺。一个门尼单位相当于 0.083N · m 的扭矩,标尺的精确度为 0.5 个门尼单位。当关闭模腔转子空转时,读数与零点之差应小于 0.5 个门尼单位。

A.2.6　扭矩校准装置:扭矩校准通过经标定的校准砝码完成。黏度计校准时,应在规定的测试温度下,将易弯曲的金属丝一端固定在特制的转子上,另一端悬挂经标定的校准砝码,转子以 0.209rad/s 的速度转动,使标尺上的读数校准至 100。如果黏度计装配有转子弹出弹簧,则应打开模腔进行零位校准,以防转子压到上模腔。

A.3 试样制备

A.3.1 按 GB/T 6038 和有关橡胶材料标准规定的方法制备门尼黏度试验用试样,试样应由两个直径约 50mm、厚度为 6mm 的圆形胶片组成,在其中一个胶片的中心打一个圆孔,以便转子插入。

A.3.2 试样测试前应在标准实验室温度(23℃ ±2℃)下调节至少 30min。均匀化后的样品应在 24h 内进行测试。

A.3.3 试样的制备方法及存储条件都会影响门尼黏度测试结果,因此,在评价特定的橡胶性能时,应严格按照测试方法中规定的程序进行。

A.3.4 成型的试样应尽可能排除气泡,以免在转子和模腔形成气穴,影响测试结果。

A.4 试验条件

除在有关材料标准中另有规定外,试验应在 100℃ ±0.5℃ 温度下进行,试验时,试样应先预热 1min,再测试 4min 后,读取试验结果。

A.5 试验步骤

A.5.1 把模腔和转子预热到试验温度,并使其达到稳定状态。门尼黏度计在空腔运转时,门尼值记录器上的门尼值应在 0 ±0.5 范围内。检查模腔和转子上有无遗留胶料,要给予及时清理。

A.5.2 打开模腔,将转子插入带孔胶片的中心孔内,并将转子放入模腔中,再把另一块胶片放在转子上面,迅速关闭模腔预热试样。测定低黏度或发黏试样时,可以在试验与模腔、转子之间衬以 0.03mm 厚的聚酯薄膜,以便清除试验后的试样。但这种薄膜可能会影响试验结果。

A.5.3 试验预热 1min 时,转子转动 4min。所获得的数值为该试样的门尼黏度值,如不是连续记录,则应在规定的读数时间前 30s 内观察刻度盘上的门尼值。

A.5.4 打开模腔(自动控制的设备到时间自动打开模腔),取出转子,将转子上胶料取下,清理模腔内和转子上的余胶,将转子插回模腔。

A.5.5 打印记录的曲线和各种试验结果。

A.6 试验结果

一般试验结果应按如下形式表示:

$$50ML(1+4)100℃ \tag{A.1}$$

式中:$50M$——门尼黏度,单位为门尼值;

L——大转子(小转子用 S 表示);

1——预热时间(min);

4——转子转动时间(min),也是最终读取黏度值的时间;

100℃——试验温度。

测定值精确到0.5个门尼值。用不少于两个试验结果的算术平均值表示样品的门尼值。两个试验结果的差值不得大于2个门尼值,否则应重新试验。

A.7 试验影响因素

A.7.1 炼胶工艺和胶料停放时间

橡胶的塑炼、混炼和薄通等工艺对门尼黏度值有较大的影响,即与试样制备方法有关。因此做比较试样时,试样的制备要在同一方法和工艺下进行;胶料的停放条件和时间对黏度试验结果有一定影响,不可放置过久,不同的气候条件采取不同的停放时间,以免胶料在停放过程中有焦烧倾向。

A.7.2 试验温度

试验温度的波动会引起胶料黏度的波动,导致转矩值发生变化,门尼曲线出现波动,带来试验误差。因此试验温度要严格控制在规定的范围内,以确保试验数据的准确性。

A.7.3 装胶量

由于模腔的容积是一定的,装胶量的多少会影响模腔内转子的转动。如若试样没有充满模腔,会影响试验数据的重现性,所得门尼值不准确。

A.7.4 预热时间

预热时间直接影响胶料的初始门尼值的高低,应严格控制预热时间。

A.7.5 转子新旧程度

转子在长期使用之后,其表面花纹会受到磨损,出现打滑现象,影响试验结果,应及时予以更换。

附　录　B

（规范性附录）

干拌废胎胶粉门尼黏度试样制备方法

B.1　一般说明

试样的制备方法和试验前的试样调节都会影响门尼值，因此应严格按照测定方法中规定的程序进行。废胎胶粉多为混炼胶，因此，干拌废胎胶粉门尼黏度试样可参照 GB/T 6038 和有关橡胶材料标准规定的方法制备。

B.2　仪器与设备

电子天平：量程 1kg，感量 0.1g。

开放式炼胶机：橡胶制品加工使用最早的一种基本设备之一，其主要技术特征见表 B.1，若使用其他规格的开放式炼胶机，需调整混炼程序。

开放式炼胶机主要技术参数　　表 B.1

项　目	单　位	技术参数
辊筒直径（外径）	mm	150～155
辊筒长度（两挡板间）	mm	250～280
前辊筒（慢辊）转速	r/min	24±1
辊筒速比	—	1.0:1.4
两辊筒间隙（可调）	mm	0.2～8.0
辊距允许偏差	%或 mm	±10 或 0.05，取其中较大者
控温偏差	℃	±5

B.3　试样制备步骤

B.3.1　将开炼机辊距调至 1.4mm±0.1mm，辊温保持在 50℃±5℃。

B.3.2　称取试料 500g±5g，将胶料包在前辊上过辊。第一次过辊后，将胶片对折后再次放入辊筒过辊，散落的固体全部混入胶料中，样品达到规定的厚度（6mm 左右）时，停止过辊并取下胶片。

B.3.3　取下的胶片应放置在平整、干净、干燥的金属表面冷却至室温，冷却后应用铝箔或其他合适材料包好以防污染。

B.3.4　在混炼过程中，辊筒温度应始终保持在 50℃±5℃范围内，采用精度为±1 的表面测温计测量辊筒表面中间部位的温度。为了测量前辊筒表面温度，可以把胶料迅速地从炼胶机上取下，测定辊温后再将胶片放回。

B.3.5　在制备好的胶片上裁取两个直径约 50mm、厚度为 6mm 的圆形胶片，在其中一个胶片的中心打一个直径约 12mm 的孔。裁取胶片时，应尽可能排除气泡。

附 录 C
(规范性附录)
干拌废胎胶粉闪点试验

C.1 试验方法

废胎胶粉在高温条件下,会释放出少量 H_2S、SO_2 等可燃性气体,遇到空气时,可能发生自燃现象。因此,将干拌废胎胶粉用于沥青混合料时,必须对橡胶粉的闪点进行检测,以免胶粉燃烧,危及人身和施工安全。干拌废胎胶粉的闪点检测可借鉴黏稠石油沥青的克利夫兰开口杯法(简称 COC 法)进行测定,即将干拌胶粉试样放置在规定的克利夫兰开口杯(简称 COC)盛样器内,按规定的升温速度加热,每隔一定时间使用点火器以规定的方法用试样上部扫过,初次发生一瞬即灭火焰时的试样温度即为闪点,以℃表示。

C.2 仪具与设备

C.2.1 闪点仪:采用克利夫兰开口杯式闪点仪。组成如下。

a) 克利夫兰开口杯:用黄铜或铜合金制成,内口直径(63.5 ±0.5)mm、深(33.6 ±0.5)mm,在内壁与杯上口的距离为(9.4 ±0.4)mm 处刻有一道环状标线,带一个弯柄把手。

b) 加热板:黄铜或铸铁制,为直径 145mm ~ 160mm、厚约 6.5mm 的金属板,上有石棉垫板,中心有圆孔,以支承金属试样杯。在距中心 58mm 处有一个与标准试焰大小相当的 ϕ(4.0 ±0.2)mm 电镀金属小球,供火焰调节时对照使用。

c) 温度计:0℃ ~360℃,分度值不大于2℃。

d) 点火器:金属管制成,端部为产生火焰的尖嘴,端部外径约 1.6mm、内径为 0.7mm ~ 0.8mm,与可燃性气体压力容器(如液化丙烷气或天然气)连接,火焰大小可以调节。点火器可以 150mm 半径水平旋转,且端部恰好通过坩埚中心上方 2mm 以内,也可采用电动旋转点火用具,但火焰通过金属试验杯的时间应为 1.0s 左右。

e) 铁支架:高约 500mm,附有温度计夹及试样杯支架,支脚为高度调节器,使加热顶保持水平。

C.2.2 防风屏:金属薄板制,三面将仪器围住挡风,内壁涂成黑色,高约 600mm。

C.2.3 加热源:附有调节器的 1kW 电炉或燃气炉,根据需要,可以控制加热试样的升温速度为 14℃/min ~17℃/min、5.5℃/min ±0.5℃/min。

C.3 方法与步骤

C.3.1 将试样杯用溶剂洗净、烘干,装于支架上。加热板放在可调电炉上,如用燃气炉时,加热板距炉口约 50mm,接好可燃气管道或电源。

C.3.2 安装温度计,垂直插入试样杯中,温度计的水银球距杯底约 6.5mm,位置在与点火器相对一侧距杯边缘约16mm处。

C.3.3 将准备好的橡胶粉样品倒入试样杯中至标线处,试样杯的其他部位不能沾有样品。

C.3.4 全部装置应置于室内光线较暗且无明显空气流通的地方,并用防风屏三面围护。

C.3.5 将点火器转向一侧并点火,调节火苗成标准球的形状或成直径为(4±0.8)mm的小球形试焰。

C.3.6 加热样品,升温速度迅速达到14℃/min~17℃/min,待试样温度达到预期闪点前56℃时,调节加热器降低升温速度,以便在预期闪点前28℃时能使升温速度控制在5.5℃/min±0.5℃/min。

C.3.7 样品温度达到预期闪点前28℃时开始,每隔2℃将点火器的试焰沿试验杯口中心以150mm半径作弧水平扫过一次;从试验杯口的一边至另一边所经过的时间约1s。此时应确认点火器的试焰为直径(4±0.8)mm的火球,并位于坩埚口上方2mm~2.5mm处。

C.3.8 当样品表面出现一瞬即灭的蓝色火焰时,立即从温度计上读记温度,作为试样的闪点。注意勿将试焰四周的蓝白色火焰误认为是闪点火焰。

C.4 报告

C.4.1 同一样品至少进行两次平行试验,两次测定结果的差值不超过重复性试验允许差(8℃)时,取其平均值的整数作为试验结果。

C.4.2 当试验时大气压在95.3kPa以下时,应对闪点的试验结果进行修正,若大气压为95.3kPa~84.3kPa时,修正值为试验结果增加2.8℃;若大气压为84.3kPa~73.3kPa时,修正值为试验结果增加5.5℃。

C.5 精密度或允许差

重复性试验精度的允许差为8℃,再现性试验精度的允许差为16℃。

附　录　D

(规范性附录)

干拌废胎胶粉沥青混合料配合比设计

D.1　一般规定

D.1.1　除本方法另有规定外,其余均应遵照 JTG F40 附录 B 的规定执行。

D.1.2　干拌废胎胶粉改性沥青混合料的配合比设计采用马歇尔试件的体积设计方法进行,马歇尔试验的稳定度和流值并不作为配合比设计接受或者否决的唯一指标。

D.1.3　干拌废胎胶粉改性沥青混合料的目标配合比设计宜按图 D.1 的步骤进行。

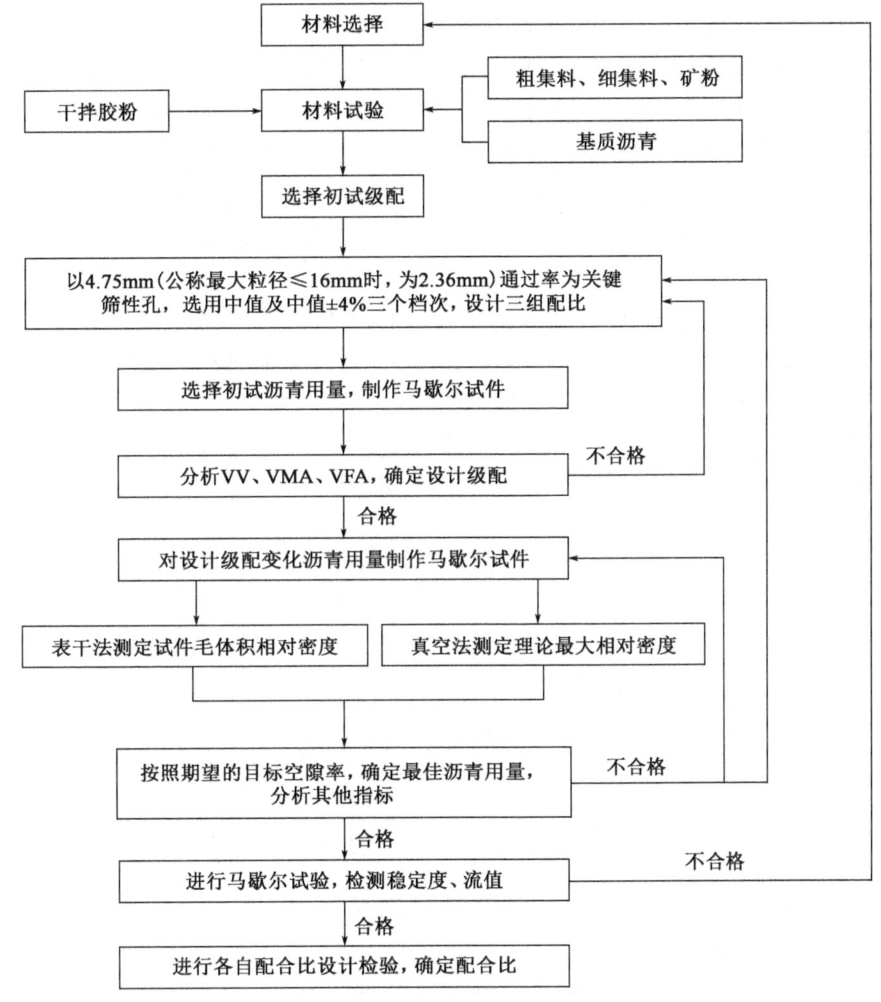

图 D.1　干拌废胎胶粉改性沥青混合料的目标配合比设计流程图

注:当马歇尔试验的稳定度确实不符合要求时,混合料的稳定度可以放宽到 7.5kN,但车辙试验的动稳定度必须合格。

D.2 材料选择

D.2.1 配合比设计的各种矿料必须按 JTG E42 规定的方法,从工程实际使用的材料中取代表性样品,其质量必须符合 4 材料规定的技术要求。

D.2.2 干拌废胎胶粉改性沥青混合料一般采用 70 号重交通道路石油沥青,当已有成功经验证明使用其他种类沥青能满足使用要求时,也可使用。

D.2.3 配合比设计所用的各种材料应符合气候和交通条件的需要,其质量应满足相关技术规范的技术要求。当单一规格的集料某项指标不合格,但不同粒径规格的材料按级配组成的混合料指标符合规范要求时,允许使用。

D.3 初试矿料级配的确定

D.3.1 干拌废胎胶粉改性沥青混合料的工程设计级配范围宜直接采用表 4 规定的矿料级配范围。当干拌废胎胶粉改性沥青混合料的公称最大粒径等于或小于 16mm 时,以 2.36mm 作为粗集料的分界筛孔;当公称最大粒径大于 16mm 时,以 4.75mm 作为粗集料的分界筛孔。

D.3.2 在工程设计级配范围内,调整各种矿料比例设计 3 组不同粗细的初试级配,3 组级配的粗集料骨架分界筛孔的通过率处于级配范围的中值、中值 ±4% 附近。

D.3.3 计算初试级配的矿料的合成毛体积相对密度 γ_{sb}、合成表观相对密度 γ_{sa}、有效相对密度 γ_{se}。其中各种集料的毛体积相对密度、表观相对密度试验方法遵照 JTG E42 的规定进行。

D.3.4 根据工程项目特点,预估混合料的适宜油石比 P_a,作为马歇尔试件的初试油石比。

D.3.5 按照选择的初试油石比和矿料级配制作干拌废胎胶粉改性沥青混合料试件,马歇尔标准击实的次数为双面 75 次,一组马歇尔试件的数目不得少于 4~6 个。

D.3.6 按式(D.1)、式(D.2)、式(D.3)计算沥青混合料试件的空隙率 VV、矿料间隙率 VMA、有效沥青的饱和度 VFA 等体积指标,取 1 位小数,进行体积组成分析,确定设计级配。

$$VV = \left(1 - \frac{\gamma_f}{\gamma_t}\right) \times 100 \tag{D.1}$$

$$VMA = \left(1 - \frac{\gamma_f}{\gamma_{sb}} \times P_s\right) \times 100 \tag{D.2}$$

$$VFA = \frac{VMA - VV}{VMA} \times 100 \tag{D.3}$$

式中:VV——试件的空隙率(%);

γ_f——试件的毛体积相对密度,无量纲;

γ_t——沥青混合料的最大理论相对密度,无量纲;

VMA——试件的矿料间隙率(%);

P_s——各种矿料占沥青混合料总质量的百分率之和(计算时胶粉质量不宜计入矿料质量,而应计入沥青质量中)(%);

γ_{sb}——矿料混合料的合成毛体积相对密度,无量纲;

VFA——试件的有效沥青饱和度(%)。

D.3.7　从3组初试级配的试验结果中确定设计级配时,应要求VV、VMA、VFA等指标均满足相关标准和设计要求,当有1组以上的级配同时符合要求时,选择粗集料分界筛孔通过率大且VMA较大的级配作为设计级配。

D.4　确定最佳沥青用量

D.4.1　根据选择的设计级配和初试油石比试验的空隙率结果,以0.2%~0.4%为间隔,调整3个以上不同的油石比,拌制混合料,制作马歇尔试件,一组试件数不宜少于4~6个。

D.4.2　采用表干法测定试件的毛体积相对密度,采用真空法测定试件的最大理论相对密度,并计算试件的空隙率等各项体积指标。

D.4.3　进行马歇尔试验,检验稳定度和流值是否符合本标准规定的各项技术要求。

D.4.4　根据期望的目标空隙率,确定油石比,作为最佳油石比OAC。所设计的干拌废胎胶粉改性沥青混合料应符合5.3规定的各项技术要求。

D.4.5　如初试油石比的混合料体积指标恰好符合设计要求时,可以省去D.4.1~D.4.4,但应进行一次复核。

D.5　配合比设计检验

对于所设计的干拌废胎胶粉改性沥青混合料,除检验JTG F40附录B规定的项目外,还应进行肯塔堡飞散试验和谢伦堡沥青析漏试验。配合比设计应符合5.3的技术要求,不符合要求的应重新进行配合比设计。

D.6　配合比设计报告

配合比设计结束后,应及时出具配合比设计报告。

参考文献

[1] 交通部公路科学研究院.橡胶沥青及混合料设计施工技术指南[M].北京:人民交通出版社,2008.

[2] 杨志峰,李美江,王旭东.废旧橡胶粉在道路工程中应用的历史和现状[J].公路交通科技,2005(07):19-22.

[3] 黄彭,吕伟民,张福清,魏晓静.橡胶粉改性沥青混合料性能与工艺技术研究[J].中国公路学报,2001(S1):6-9.

[4] 王笑风,曹荣吉.橡胶沥青的改性机理[J].长安大学学报(自然科学版),2011,31(02):6-11.

[5] 吕伟民.橡胶沥青路面技术[M].北京:人民交通出版社,2011.

[6] 孙祖望,陈飙.橡胶沥青技术应用指南[M].北京:人民交通出版社,2007.

[7] 孙大权,金福根,徐晓亮,等.橡胶沥青路面湿法和干法技术研究进展[J].石油沥青,2008,22(06):1-5.

[8] 曾玉珍,廖正环.废旧轮胎在国外道路工程中的应用[J].国外公路,2000(01):40-42.

[9] 王笑风,苏青山,王振军.橡胶粉纤维沥青混合料高温性能及施工和易性[J].武汉理工大学学报(交通科学与工程版),2006(05):846-849.

[10] Kak B V, Olak H. Laboratory comparison of the crumb-rubber and SBS modified bitumen and hot mix asphalt[J]. Construction & Building Materials, 2011, 25(8):3204-3212.

[11] Shatanawi K M, Biro S, Geiger A, et al. Effects of furfural activated crumb rubber on the properties of rubberized asphalt[J]. Construction and Building Materials, 2012, 28(1):96-103.

[12] Kim H H, Lee S J. Effect of crumb rubber on viscosity of rubberized asphalt binders containing wax additives[J]. Construction & Building Materials, 2015, 95:65-73.

[13] Thodesen C, Shatanawi K, Amirkhanian S. Effect of crumb rubber characteristics on crumb rubber modified (CRM) binder viscosity[J]. Construction & Building Materials, 2009, 23(1):295-303.

[14] Lee S J, Akisetty C K, Amirkhanian S N. The effect of crumb rubber modifier (CRM) on the performance properties of rubberized binders in HMA pavements[J]. Construction and Building Materials, 2008, 22(7):1368-1376.

[15] 叶智刚,孔宪明,余剑英,等.橡胶粉改性沥青的研究[J].武汉理工大学学报,2003(01):11-14.

[16] 汪水银,郭朝阳,彭锋.废胎胶粉沥青的改性机理[J].长安大学学报(自然科学版),2010,30(04):34-38.

[17] 王笑风,褚付克.直投胶粉复合改性沥青路面技术[J].中国公路,2017(10):45-47.

[18] Takallou H B, Hicks R G. Development of improved mix and construction guidelines for rubber- modified asphalt pavements[C]. Transportation Research Board, 1988: 113-120.

[19] Macleod D , Ho S , Wirth R , et al. Study of crumb rubber materials as paving asphalt modifiers[J]. Canadian Journal of Civil Engineering, 2007, 34(10):1276-1288.

[20] Shu X , Huang B . Recycling of Waste Tire Rubber in Asphalt and Portland Cement Concrete: An Overview[J]. Construction & Building Materials, 2014, 67(Part B):217-224.

[21] Celauro B , Celauro C , Lo Presti D , et al. Definition of a laboratory optimization protocol for road bitumen improved with recycled tire rubber[J]. Construction & Building Materials, 2012, 37(37):562-572.

[22] Tortum A , Cafer Çelik, Abdulkadir Cüneyt Aydin. Determination of the optimum conditions for tire rubber in asphalt concrete[J]. Building and Environment, 2005, 40(11): 1492-1504.

[23] 褚付克,王笑风,郝孟辉,等.利用Ⅰ法和贝雷法对间断级配废胎胶粉复合改性沥青混合料WRAC-13的优化设计[J].公路,2017,62(05):7-12.

[24] 李培蕾.橡胶沥青混合料配合比设计及路用性能研究[D].西安:长安大学, 2012.

[25] 曹卫东,吕伟民.废旧轮胎橡胶混合法改性沥青混合料的研究[J].建筑材料学报,2007(01):110-114.

[26] 张宏雷,李金亮,王仕峰,等.工厂化胶粉改性沥青的开发与应用进展[J].公路, 2011(10):199-203.

[27] 郝培文,徐金枝,周怀治.应用贝雷法进行级配组成设计的关键技术[J].长安大学学报(自然科学版),2004(06):1-6.

[28] 杨光.季冻区工厂化废橡胶粉/SBS复合改性沥青(CR/SBSCMA)及混合料性能研究[D].西安:长安大学,2016.

[29] 孙立军.沥青路面结构行为学[M].上海:同济大学出版社, 2013.

[30] 张慧鲜.基于抗剪强度的沥青混合料高温性能影响因素分析及改善措施研究[D].西安:长安大学,2010.

[31] 张争奇,袁迎捷,王秉纲.沥青混合料旋转压实密实曲线信息及其应用[J].中国公路学报,2005(03):1-6.

[32] 张肖宁,王绍怀,吴旷怀,等.沥青混合料组成设计的CAVF法[J].公路,2001(12):17-21.

[33] 余苗,吴国雄.干法橡胶改性沥青混合料配合比设计研究[J].建筑材料学报, 2014, 17(01):100-105.

[34] 曹卫东,吕伟民.废橡胶粉改性骨架密实型沥青混合料的设计方法[J].公路,2007(04):166-169.

[35] 丁红霞,程国香,张建峰.废轮胎胶粉/SBS复合改性沥青制备工艺优化研究[J].石油沥青,2011(06):25-29.

[36] 韦大川,云鹏,李世武,等.橡胶粉与SBS复合改性沥青路用性能与微观结构[J].吉林大学学报(工学版), 2008, 38(03): 525-529.

[37] 王清.胶粉改性沥青混合料的配合比设计方法及施工工艺研究[D].长沙:长沙理工大学, 2008.

[38] 张春生.橡胶粉沥青的试验研究及其工程应用[D].长春:吉林大学,2004.
[39] 王伟.橡胶沥青混合料高温性能研究[D].上海:同济大学,2008.
[40] 镇方宇.橡胶沥青混合料路用性能与施工工艺的研究[D].西安:长安大学,2014.
[41] 张永辉.SBS改性沥青和橡胶粉改性沥青机理及路用性能研究[D].西安:长安大学,2015.
[42] 夏玮.废胶粉改性沥青及沥青混合料路用性能研究[D].重庆:重庆交通大学,2009.